水理模型実験の理論と応用

― 波動と地盤の相互作用 ―

土木学会　海岸工学委員会

水理模型実験における地盤材料の取扱方法に関する研究小委員会

発刊にあたり

　本書は、2016年6月に土木学会海岸工学委員会に設置された「水理模型実験における地盤材料の取扱方法に関する研究小委員会」の6年間にわたる研究活動をまとめたものである。活動成果をまとめるにあたり、その活動の背景などについて述べさせていただきたい。

　実スケールの実験が実施困難な水理学分野の模型実験では、模型縮尺の設定に際してフルード相似則を用いることが通例である。しかしながら模型実験において地盤材料を用いる場合には、フルード相似則をそのまま幾何縮尺として厳密に適用すると、例えば現地の材料が砂であるのに対して模型では粘土を用いなければならないことになり、そのまま実験を実施すれば材料性状の違いから得られる実験結果が現地の現象を適切に再現したものとはならない。そのため水理学分野では、同質でできるだけ小さな地盤材料を用いる手法が一般的に用いられる。ただし、この場合は実験結果を現地換算する際に、材料の幾何学的相似則および力学的相似則の相違を考慮する必要がある。

　一方、地盤工学分野では、水の挙動をともなう実験において、従来から活用されてきた遠心載荷実験装置を用いて模型実験を行う手法が開発され、その適用事例が海岸工学講演会（土木学会海岸工学委員会主催）などでも報告されるようになっている。遠心載荷実験装置による水理模型実験においてもフルード数を一致させる相似則を用いるが、水理学分野では重力による復元力を重視し、1G場を前提としたフルード相似則を用いるのに対して、遠心載荷実験では現地と模型の圧力・応力場を一致させることを重視し、遠心力を使って重力加速度を変化させた相似則を用いている。このため、流体と地盤の複合場では、同じ現象を扱う場合でも、水理学分野と地盤工学分野の研究者において相似則を含めた実験の整合性および結果の取扱いに対する共通認識は形成されていなかった。

　そのような中、2011年3月に発生した東日本大震災では、それぞれの単独の分野では解明が困難な数多くの課題が明らかになり、分野を超えた連携のもとで実施、解明すべき喫緊の課題が山積されることとなった。そのような中、上記の共通認識とともにそれぞれの模型実験の結果の解釈を実務に活かす上で相似則の問題が大きくクローズアップされた。

　本小委員会では、このような背景のもと、①水理学分野および地盤工学分野における既往研究における地盤材料の取扱いをレビューし、②両分野で用いる相似則の整合性や、実験結果を現地換算する際の留意点を整理して、③水理模型実験における地盤材料の取扱い方法について一定の方向性を示すことを目的とし、土木学会海岸工学委員会のもとに設置され、2度の期間の延長を認めていただき、精力的にこの課題に取り組んできた。小委員会設立当初に小委員長を仰せつかった関係で本報告書の序を書かせていただいて

いるが、その後の事例検討の実施時期には荒木進歩准教授（大阪大学）に小委員長をお願いし、また今回の出版に関わる本格的な活動期には有川太郎教授（中央大学）に小委員長を担当いただいて精力的に活動いただいた。本報告書はこの6年間の成果をまとめたものである。この分野の研究者や技術者の方々の今後の取り組みの一助になれば幸いである。

　最後に、有川小委員長、荒木前小委員長、またまとめ役を担当いただいた小竹副小委員長（東洋建設）をはじめ、熱心に活動いただいた委員各位に感謝するとともに、本小委員会の活動を支えていただいた土木学会海岸工学委員会に謝意を表する次第である。

2021年9月
水理模型実験における地盤材料の取扱方法に関する研究小委員会　初代小委員長
名古屋大学大学院教授　水谷法美

水理模型実験における地盤材料の取扱方法に関する

研究小委員会　委員名簿

（2021.4.1 現在）

水谷　法美　名古屋大学大学院　工学研究科（第 1 期小委員長）

荒木　進歩　大阪大学大学院　工学研究科（第 2 期小委員長）

有川　太郎　中央大学　理工学部　都市環境学科（第 3 期小委員長）

小竹　康夫　東洋建設株式会社　総合技術研究所　鳴尾研究所（副小委員長）

池野　勝哉　五洋建設株式会社　技術研究所

池野　正明　電力中央研究所　環境科学研究所　水域環境領域

伊藤　一教　大成建設株式会社　技術センター土木技術研究所　水域・環境研究室

緒方　ゆり　東電設計株式会社　社会基盤推進部　構造設計・港湾グループ

加藤　史訓　国土技術政策総合研究所　河川研究部海岸研究室

久保田　真一　株式会社不動テトラ　総合技術研究所　海洋・水理グループ

小林　孝彰　鹿島建設株式会社　土木設計本部　解析技術部

澤田　豊　神戸大学大学院　農学研究科

佐々　真志　港湾空港技術研究所　地盤研究領域　動土質研究グループ

鈴木　高二朗　港湾空港技術研究所　海洋研究領域　耐波研究グループ

鈴木　崇之　横浜国立大学大学院　都市イノベーション研究院

下園　武範　東京大学大学院　工学研究科

高橋　英紀　港湾空港技術研究所　地盤研究領域　地盤改良研究グループ

飛田　哲男　関西大学　環境都市工学部

中村　友昭　名古屋大学大学院　工学研究科

原田　英治　京都大学大学院　工学研究科

藤澤　和謙　京都大学大学院　農学研究科　地球環境科学専攻

前田　健一　名古屋工業大学　都市社会工学科

松田　達也　豊橋技術科学大学　建築・都市システム学系

宮本　順司　東洋建設株式会社　総合技術研究所　鳴尾研究所

著者一覧 (50音順)

編集事務局（校正担当）　緒方ゆり（2章）・小林孝彰（3章）・池野勝哉（4章）

                       有川太郎（5章）・小竹康夫（1章・6章）

目次

1. はじめに

　本書では、海岸工学の分野で長年、取扱いの難しさが指摘されてきた「流体（波動）と地盤の複合場において相互作用が影響する現象」に着目し、模型実験の実施方法やその際に留意すべき相似則の考え方を整理するとともに、実験事例を踏まえて相似則と現象の対比や留意点について説明する。また今後は模型実験を補完、あるいは代替し得る数値解析技術について現況を紹介する。これにより、これから土木工学を目指す若い研究者や、実務において流体（波動）と地盤の複合場の取扱いに苦労されてきた技術者の皆様に活用いただける情報を提供することで、水理学と地盤工学の境界分野における複合現象に対して共通認識を図るとともに、現状での課題と今後の発展に向けた足掛かりとなることを目的としている。

　図 1.1.1 は本書で取り上げる流体（波動）と地盤の複合場において相互作用が影響する代表的な現象を模式的に示している。ここで流体（波動）と地盤の複合場あるいはその相互作用とは、流体の波動運動を外力として地盤が侵食、堆積され、その結果、流体場の特性が変わり、さらに流体場が変わった影響で地盤の挙動が変わる現象を指している。従来、このような学際的な分野においては、地盤工学あるいは水理学を専門とする各分野が独立して研究を行ってきた。例えば地盤工学的なアプローチでは、地盤を土粒子の集合体としてとらえ、飽和、不飽和や浸透など間隙水の影響を考慮した「土塊（土要素）」としての変形特性に着目した研究が進められてきた。一方で水理学的なアプローチでは、波動による流体運動を外力として地盤の表面に作用するせん断力により土粒子が移動する現象に着目した研究が進められてきた。各々の分野においては実務的には利用可能な成果が報告されてきているが、各分野ともある一定の理論的仮説や経験モデルに基づいた研究がなされているのが現状であり、複合場におけるすべてのメカニズムが解明されているわけではない。また、今後メカニズムの解明を進める上では、これまで独立していた分野の融合を図り、まずは共通認識を得る必要性が高まった。そこで「発刊にあたり」で紹介の通り、土木学会海岸工学委員会では、地盤工学分野と水理学分野の各々において本テーマに従事している研究者により「水理模型実験

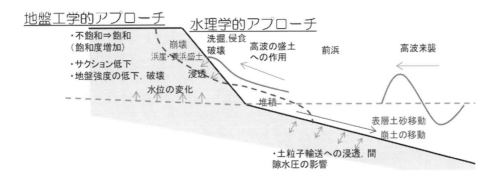

図 1.1.1　流体（波動）と地盤の複合場における相互作用が影響する代表的な現象

表 1.1.1　流体場で使用する主要な相似則と無次元数

主要な相似則		対応する無次元数	
（本書での表記）	流体場で使用する場面	名称（英語表記）	定義
フルード則	重力が支配的な現象	フルード数（Froude Number）	慣性力と重力の比
レイノルズ則	粘性が支配的な現象	レイノルズ数（Reynolds Number）	慣性力と粘性力の比

表 1.1.2　流体と地盤の複合場における主要な無次元数

主要な無次元数（英語表記）	定義	複合場で使用する場面
シールズ数（Shields Number）	海底面に作用するせん断力（底面摩擦応力）と底質の静的なせん断抵抗の比	海底面に作用する流体のせん断力による砂粒子の移動
ディーン数（Dean Number）	粒子に働く力（水平方向の波力）と重力（鉛直方向の力）の比	漂砂や洗掘において砂粒子の沈降を伴う地形変化

における地盤材料の取扱方法に関する研究小委員会」を設立し、流体（波動）と地盤の複合場における相互作用が影響する現象の解明に向けた議論を進めてきた。

　各々の分野では、理論的な解析に加え、従来は現象解明のための模型実験が積極的に実施されてきた。最近では、コンピューターの高度化に伴い、模型実験に代わり得る計算手法も提案されており、今後は数値計算によりメカニズムの解明が進められることが期待されるが、計算モデルの構築に模型実験が重要な役割を果たすことには変わりない。

　さて模型実験では縮尺をどのように考え、実験結果をいかに実現象に当てはめていくかが工学的に非常に重要である。各分野における模型実験の歴史や具体的な実験手法については第 2 章に、模型縮尺を考える上で重要となる相似則については、第 3 章に詳しく記載されているので、それらの章を読み進めていただきたい。ここでは第 2 章、第 3 章や、具体的事例を紹介している第 4 章でも用いられる相似則やそれに関連する無次元数について、あらかじめ簡単に紹介する。

　表 1.1.1 は流体場で使用する主要な相似則とそれに関連する無次元数をまとめたものである。特にフルード則は一般的な海岸水理現象を模型実験で再現するための相似則として用いられることが多く、粘性が支配的な現象に対してはレイノルズ則が用いられる。これらの相似則については、対応する無次元数として表に記載している各無次元数を、模型スケールと実スケールで一致させることにより、模型と実現象の換算に用いられる。なおこれらは「フルード相似則」「フルードの相似則」「レイノルズ相似則」「レイノルズの相似則」と表記される場合もあるが、本書においてはカタカナで「フルード則」「レイノルズ則」と表記する。

　つぎに**表 1.1.2** には流体と地盤の複合現象に使用する主要な無次元数として、シールズ数とディーン数を紹介している。シールズ数は従来から、局所的な漂砂や洗掘現象に対して、海

底面の砂移動を表現するための無次元底面摩擦として使用され、河川分野では無次元掃流力と呼ばれることが多い。一方、ディーン数は定義に記載した通り、砂粒子に働く水平方向の波力と鉛直方向の重力の比を表し、地形変化を検討対象とする場合に用いられる無次元数であるが、シールズ数に比べて歴史が浅いことから、既往文献ではアルファベット表記で Dean Number と記載されることが多い様である。本書では、読みやすさも考慮して「ディーン数」と表記する。

以下では各章の内容について紹介する。なお、水理学（あるいは海岸工学）と地盤工学の各々の分野で歴史的に同じパラメータを異なる記号で表現している場合が多々ある。そのために本書においては、できるだけ本文中の近い箇所で記号の説明をするように心がけているが、同じ記号でも章や節によっては、異なるパラメータを指している場合があることに注意していただきたい。

まず第 2 章では、先にも述べた通り、水理学および地盤工学分野での模型実験手法について整理している。実験手法について過去の実施事例も交えて簡潔かつ非常に詳しく記載しているので、これから実験を始める皆さんへの導入としても活用いただきたい。特に、水理学（あるいは海岸工学）と地盤工学の各分野の従来手法が紹介されており、また、「地盤材料の取扱いに関するレビューと課題の整理」も示されており、その境界分野を研究対象とする読者には是非ご一読いただきたい。

つぎに第 3 章では各々の分野で用いる相似則について紹介している。ここでは相似則の歴史を紐解き、水理学と地盤工学で着目する現象に対してこれまで用いられてきた相似則を紹介し、流体（波動）と地盤の複合問題への適用につなげることで、現状の課題を分かりやすく整理している。ここまで順を追って読み進めていただくことで、模型実験の考え方や、模型実験の結果を現地スケールに落とし込む際の留意事項を理解いただくことが出来るであろう。ただしここで紹介する最新の知見の中には、今後様々なデータを蓄積しながら実証を進めていく必要があるものも含まれている点にはご注意いただきたい。

そして第 4 章では、本書が対象とする現象の中で最も重要である、『流体（波動）と地盤の複合場において相互作用が影響する現象』に関するケーススタディーを記載している。一つ目の事例は、捨石や消波ブロックで構成される透水性構造物下部が洗掘され、堤体が沈下する現象であり、構造物が介在する事例である。なおこの事例は、「水理模型実験における地盤材料の取扱方法に関する研究小委員会」において、実際に沿岸部で発生した被災事例に対する大縮尺の実規模に近い実験を基本モデルとして設定し、委員が所属する機関の研究施設で実施した結果に基づき、縮尺や実験材料の違いの考察や、水理学分野で一般的な重力場での水理模型実験に対して、地盤工学分野で活用される遠心載荷実験装置を用いた遠心力場で実施した水理模型実験との比較なども紹介されている。二つ目の事例は、盛土状の養浜砂が侵食され、浜崖が形成される現象であり、効果的かつ効率的な養浜に資する技術を開発することを目的に実施された実験であり、**図 1.1.1** にイメージを示した現象に近い事例である。これら 2 つの事例は実際に沿岸部で生じた被災事例などを対象に実施した実験をもとにしており、構造物を計画するにあたっての注意点など設計の概念も丁寧に解説されているので、実現象を頭に思い描きながら読み進めていただくことで、より理解が進むであろう。

そして最後に第 5 章で最先端の数値計算の情報を紹介する。従来は相似則を考慮した模型実験を駆使して現象の解明に努めてきたが、問題が高度化するにつれ、これまでの章に示したような模型実験や相似則の適用が困難な事象が増えてきている。一方で、計算機の性能向上により数値解析技術も高度化し、模型実験に代替し得る性能を有する手法も提案されてい

る。ただし本書で取り扱う、流体と地盤の境界領域を扱い、両者を連成する数値解析モデルは現在も開発途上である。そこでこの章では、今後のこの分野で活用が期待される最新の数値解析に関する情報を併記する。

　ここまで紹介した通り、各章は各分野の研究者により記述されており、全体を通して関連しているものの、個別にも完結するように記されていることから、興味のある章から読み進めていただいても十分に理解いただける構成となっている。是非、これから土木工学を目指す若い研究者だけでなく、既に多くの実務経験を有する技術者の皆様にも御活用いただきたい。

2. 模型実験の方法論

2.1 実験の目的

　構造物の建造や土構造物の造成、自然災害メカニズムの解明とその対策など、土木工学においては複雑な条件かつ未知の現象に対して適切な最適解を導き出す必要がある。例えば、実際に起こり得る現象を明らかにするために、事象に対して実物または実物と同等規模の模型を用いて検討ができれば有益な情報が得られる。しかしながら、例えば実物または実物と同等規模の実験を行う際には実験コスト、実験設備、実験の再現性や安全性など様々な問題が生じると考えられる[例えば, 2.1.1)]。

　そのため、実際に起こり得る現象に対して、土木工学においては厳密な理論、模型実験、数値解析を駆使して問題を解決してきた。このことは工学全般において取られる方法ではあるが、その中でも土木工学における特徴としては、縮尺模型実験による現象解明が非常に重要な役割を担っており、現在においてもその需要が高いことが挙げられる。

　模型実験の魅力は、設定した条件（入力）に対して、必ず結果（出力）が物理量として、さらには、映像として現象が視覚的に得られることである。ここで重要なことは、いかに模型実験を実施するかということで、入力条件が正しい場合でもその実施方法によっては、正解値とは全く異なる結果が得られることになる。そのため、模型実験を実施するにあたっては、実物で起こり得る現象に対して、その現象を再現するためにいかに「工夫」を施すかが重要となる。

　海岸工学分野では、波や流れ、海浜変形などといった、海岸で生じている諸現象の機構を明らかにするために、長年にわたり模型実験が行われてきた。また、模型実験は、各種構造物の設計において、波浪に対する構造物の機能の確認や最適な構造等を決定するための一般的な手法として位置付けられており、これまでに多くの実験が行われている。当初は、実験水槽内に規則波を発生させて、各種観測や計測が実施されていたが、その後、海岸の構造物に作用する波の不規則性の重要性が認識されるにつれ、不規則波による実験が急速に発展してきた。それに伴い不規則波特有の実験手法が開発されるとともに、現在では、水槽内に多方向スペクトル波浪を再現するに至っている。数値計算技術が著しく発達した現在においても、模型実験の重要度は依然として高く、数値計算に必要な各種係数の決定や、計算モデルの妥当性検証のためにも、精度良い実験が求められている。

　地盤工学分野では[2.1.2), 2.1.3)]地盤の力学的特性を明らかにするため、また、地盤の破壊現象や構造物との相互作用を解明するために模型実験が実施されてきた。三笠[2.1.2)]によると、古くは地盤材料の力学的特性を明らかとするため、地盤材料を弾性体とみなし、土圧論や支持力論等に関する模型実験が行われてきた。その後、Terzaghi[2.1.4)]により土の物理的、力学的性質の重要性が示され、力学試験や原位置試験が主として行われてきた。しかしながら、地盤材料の挙動が複雑ゆえに、例えば、すべり面やクラックの発生機構、進行性破壊[2.1.2)]、さらには、

粒状体としての挙動を解明する必要があり、模型実験がその一端を担う手法として今日まで継続的に行われてきた。地盤工学における模型実験では、地盤材料の力学的特性を支配する構成要因を踏まえた相似則が導出されて[例えば, 2.1.5)]、重力模型実験が行われてきた。一方で、土構造物の安定問題、構造物－地盤の相互作用による支持力問題などを検討する場合、地盤の自重応力が重要なため、地盤の応力状態を実物と模型で等価にする必要がある。そのため、模型において実物と等価な応力場を再現するための工夫として、模型に遠心力を載荷した条件下での実験に関する相似則が導出され[2.1.6)]、遠心力模型実験が行われてきた。

　本章では、海岸工学および地盤工学の各分野において、これまでに培われてきた実験方法や計測方法をもとに、実験を実施するにあたり必要な情報を具体的に説明する。特に、各分野における実験例を交えて説明することで、これから実験を実施される方々にとって有益な情報が得られるように心掛けた。本章の最後では、本書籍の重要なテーマである流体－地盤の複合問題を対象とした既往の実験例を挙げ、地盤材料の取扱いに関する課題を抽出し、整理している。

2.2 水理模型実験

2.2.1 模型実験の計画

(1) 模型縮尺の設定

　海岸工学の分野では、波浪や潮流などを外力として生じる諸現象が実験の対象となる。例えば、防波堤に働く波力や、消波ブロックの安定性、港内の波高分布、汀線や海底地形の変化等が挙げられる。実験は水理模型実験と称され、縮尺模型を用いて実施される。縮尺模型を用いた実験では、実物と模型の間で力学的な相似の関係を保つ必要があり、その関係を決めるものが相似則とよばれている。例えば、長さの縮尺を決めた場合に、その他の物理量をどのように縮尺するべきかを示すものが相似則といえる[2.2.1)]。

　水理現象を引き起こす主たる力としては、次の 3 つが挙げられる。一つ目は慣性力である。これは水の運動により生じる力で、質量と加速度の積で表される。二つ目は重力であり、質量と重力加速度の積で表される。三つ目は粘性力であり、流体の粘性によって生じる力である。模型と実物で、これら 3 つの力の縮尺を同じにすることは、実物で実験しない限りは不可能である[2.2.1)]。そのため、縮尺模型を用いた模型実験において、いかに相似条件を成立させるかが工学上の工夫のしどころであり問題点ともいえる。相似則の詳細については第 3 章に譲るが、水理模型実験では、波や流れが作用することによる物体の運動を対象とすることが多く、そのため、慣性力について相似にすることがまず求められるといえる。そこで、一般的には、慣性力と重力の比率を合わせる方法（フルード則）、あるいは慣性力と粘性力の比率を合わせる方法（レイノルズ則）で実験が行われている。海岸工学の分野、特に構造物を対象とした水理模型実験では、重力が粘性力よりも卓越する場合が多く、フルード則に従って実験を行うことが多い[2.2.1), 2.2.2)]。

　実験における具体的な縮尺は、まず、使用する水槽の大きさや造波能力によって縮尺の最大値が決まる。すなわち、実験対象の海象条件および地形条件を水槽内で再現可能な最大の縮尺についての制約が生じる。次に、計測機器を用いたデータの取得において、データの信頼性を確保するためには、縮尺の最小値を考慮しておく必要がある。上記を踏まえて、できるだけ大きな縮尺を設定するのが理想ではあるが、大きな縮尺での実験は、より多くの費用

がかかるため、実際には経済性も加味した上で、適切な模型縮尺が決定されることが多い[2.2.1)]。

(2) 実験施設

実験施設として使用する水槽にはその形状から、水路型である断面水槽（図2.2.1）と、プール型の平面水槽（図2.2.2）とがある。国内外において様々な機関が図2.2.3と図2.2.4に示すような規模の水槽を保有している[2.2.3)]。断面水槽では、水理現象の断面的な特性を再現することができる。例えば、防波堤のケーソンの滑動安定性、消波ブロックの安定性、伝達波高、反射率、護岸の越波量などの検討においては、断面水槽を用いることが多い。平面水槽では、水理現象の3次元的な特性を再現することができる。例えば、防波堤の堤頭部や護岸の隅角部における諸検討においては、平面水槽を用いることが多い。

水槽には、波を起こすための造波機が付随して設置されている。造波機はその造波方式の違いにより様々なタイプがあるが、ピストン型（鉛直な造波板を前後に往復運動させて造波）あるいはフラップ型（造波板の下端をヒンジとし、上端付近を前後に往復運動させて造波）が多く用いられている。一般的には、規則波に加えて、波の有する周波数スペクトルを再現した不規則波についての造波が可能である。また、平面水槽では波の方向スペクトルを再現できる多方向不規則造波機が設置されることがある。近年の造波装置は、反射波を吸収制御できるようになっているものが多い。

図2.2.1　断面水槽

図2.2.2　平面水槽

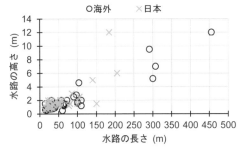

図2.2.3　断面水槽の規模

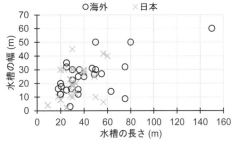

図2.2.4　平面水槽の規模

2.2.2 模型実験の分類と対象

　水理模型実験は、断面水槽実験と平面水槽実験に大別される。2.2.1 (2) に示した断面水槽を用いる実験と、平面水槽を用いる実験である。また水槽内には、海底床を模した模型床（固定床・移動床）が目的に応じて設けられ、各々、固定床実験および移動床実験と称される。

(1) 断面水槽実験

　断面水槽は水槽壁の片面がガラス張りとされており、波作用状況を側面から観察することができる。（ガラスの代わりにアクリルが用いられている施設や、水槽壁の両面がガラス張りの施設もある。）一般的に、平面水槽と比べると断面水槽のほうが深く、造波能力も大きいので、平面実験よりも大きな模型で実験を行うことができる。これらの特徴により、新しい構造の開発や現象解明のための実験の実施に適している。水位、流速、波圧などのデータを取得できることに加えて、現象を目視で確認できることが模型実験の利点である。図 2.2.3 に示すように国内最大級の断面水槽は長さが 150～200 m 級であるが、このような大きな水槽を使用できる機関は限られている。一般的な規模の断面水槽においても、縮小模型を用いることによる影響を減じるために、経済性において許される範囲内でできるだけ大きな模型縮尺を採用する。

　海浜、海岸護岸、防波堤などの連続構造物の標準部の検討を行う場合には、断面水槽実験が適用されることが多い。この場合には、断面水槽の幅方向に断面形状が均一な模型を設置する。水路幅方向に断面形状が異なる模型を設置する場合には、水路幅方向に水面振動が発生する場合があるので、注意を要する。柱状の構造物を断面水槽の中に設置して実験を実施する場合もある。この場合には、一般的には断面水槽の幅方向の中心に構造物模型を設置する。構造物模型と水槽壁の間を波や流れが通過するので、実験結果に水槽壁の影響が含まれてしまう。断面水槽内に設置した矩形構造物に作用する津波力を評価する模型実験において、水路幅が模型幅の 4 倍より小さいと水路壁の影響が大きく、8 倍より大きければ水路幅の影響が小さいことが指摘されている[2.4)]。

　断面水槽において消波ブロックや被覆ブロックの安定性を確認する実験が多く行われている。断面水槽ではガラス越しに水槽内の状況を目視で観察することができるので、波作用によるブロックの揺れ動きを確認することができる。消波ブロックを用いる実験では、消波工の断面内に入るブロック個数を計算し、所定の数量で断面を設置することで、空隙率を所定の値と一致させる。空隙率が異なれば消波工の水理性能や安定性に影響を与えてしまう。水槽壁に接触している消波ブロックはブロックのかみ合わせが不十分なため、かみ合わせが十分なブロックよりも脱落しやすい。そのため、水槽壁沿いのブロックは安定性の評価対象外とすることが多い。

　実験模型の天端上を波が乗り越えて背後に伝達する条件での実験においては、越波によって模型の前面の水位が低下して背後の水位が上昇する場合がある。これによって生じる水位変化が問題となる場合には、越波した水塊を沖側に戻すことが必要となる。その方法の例を以下に述べる。

① 断面水槽に備え付けられている還流装置を使用
② ポンプを用いて模型背後の水を沖側に移動
③ 模型床の陸側と沖側に通水口をつくり模型床を通じて還流
④ 水路幅方向に仕切り壁を立てて、仕切り壁のガラス面側に実験模型を設置し、反対側を還流水路として利用

　なお、④の方法では還流水路側に消波材を設置することにより、造波された波が還流水路

を通じて模型背後に影響することを防ぐことができる。

　造波板を引いた状態から一気に押し出すことで孤立波を発生させることができる。この孤立波を津波として取り扱う実験が行われることがある。造波機の他にポンプを用いた循環流装置が備え付けられた断面水槽では、潮流と波の同時作用の検討を行うことができる。循環流装置のポンプの能力が十分に大きければ、津波流れの実験を行うことができる。造波機の他に送風機を備えた断面水槽では、越波に与える風の影響を考慮することが可能である。

(2) 平面水槽実験

　平面水槽実験は幅方向に広いので、海底地形や構造物の形状などによる 3 次元的な効果を検証することができる。すなわち、海底地形による波の収れん、護岸の越波量に対する隅角部や端部の影響、防波堤堤頭部における被覆材の安定性などを検討することができる。また、断面水槽実験では取り扱うことができない斜め入射波の検討を行うことが可能である。多方向不規則波を発生可能な造波装置では造波角度を変更することが可能であるため、実験模型の設置角度を変更せずに異なる入射角の実験を行うことができる。多方向不規則波や斜め造波の実験を行う場合には、実験対象領域が有効造波領域に入るようにする。多方向不規則波造波装置が水槽壁の 2 面に設置された平面水槽では、有効造波領域を広くとることができる。

　後述する移動床実験で海浜変形を取り扱う場合や、固定床実験での測定結果により海浜変形を検討するような場合には、現地には存在しない水槽壁により海浜流の状態に影響を与えることを考慮して模型配置などを検討する。

　造波装置の他に流れの発生装置を備えた平面水槽では、潮流と波浪の同時作用による検討を行うことができる。流れ発生装置の構造と使用方法によっては、波浪作用中に潮位変化を制御することもできる。

　平面水槽を使用する実験は、断面水槽を使用する実験よりも模型縮尺を小さくせざるを得ないことが多い。静穏度実験などの波高測定の実験では、波高が数 cm 程度に小さくなるまで模型縮尺を小さくすることもできるが、構造物の安定性を対象とする実験では波高が 10 cm 以上となるような縮尺を採用することが望ましい。

(3) 固定床実験と移動床実験

　水槽内には、海床を模した模型床が設けられる。主に水位変化や流れの変化といった流体場の把握を目的として、モルタル等で作成した模型床を用いて実施する実験が固定床実験である。一方、波や流れによる海底の変化を実験対象として、砂で作製した模型床を用いて実施されるのが移動床実験である（後掲の図 2.2.10、図 2.2.11）。固定床実験は、主に水位や流れの変化といった流体場の把握を目的とした実験といえ、それら流体場の変化に起因して引き起こされる構造物の安定性や波力といった作用外力の測定等の実験が挙げられる。移動床実験は、波や流れによる底質の洗掘現象や地形変化が対象となる。

2.2.3 計測対象と計測方法

　種々現象の計測においては、その計測対象に応じて機器を選択し、適切に計測を実施する必要がある。機器を用いて計測された実験データは、A/D 変換によってデジタルデータとして記憶媒体に蓄積される。デジタルデータはもともと連続したアナログデータを離散化して得られたデータであり、対象とする現象を適切に捉えるため、その取扱いには注意が必要である。

(1) 波高

　水理模型実験において、必ず行われる計測項目として、波高の計測が挙げられる。測定に

は、容量式波高計やサーボ式波高計を用いることが多い。図2.2.5に、容量式波高計の検出部と本体（アンプ）の例を示す。検出部を測定位置に設置し、検出部の容量線と水の間の電気容量が水位に追随して変化することを利用して、波高を計測するものである。サーボ式波高計とは、針電極とアース電極間の抵抗値が常に一定となるようにサーボモーターを駆動させるものであり、この針電極の位置をポテンショメーターにより水位変化として測定するものである[2.2.1]。

(2) 流速

　流速測定には、プロペラ式流速計、電磁流速計、超音波式流速計、レーザードップラー式流速計などが用いられる[2.2.1]。図2.2.6に流速計の例を示す。プロペラ式流速計は1方向、電磁流速計は、2方向あるいは3方向、超音波式流速計は3方向の流速成分を検出可能である。電磁流速計は計測モードの状態で気中に露出させると検出部が熱で損傷してしまうため、常に水中にある状態でないと使用できない。プロペラ流速計は水没と干出を繰り返す条件でも使用可能である。ただし、気中に干出した状態でも風によってプロペラが回ると流速として検出してしまうので、注意を要する。

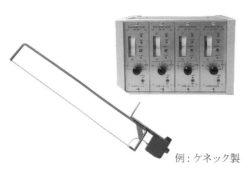
例：ケネック製

例：三井E&Sシステム技研製

図2.2.5　容量式波高計

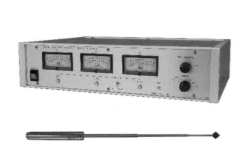
(電磁流速計)

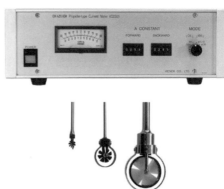
(プロペラ流速計)

例：ケネック製　　　　　　　　　　　　　　　　　　　　　　例：ケネック製

図2.2.6　流速計

(3) 波力・波圧

　構造物に作用する力の測定には、堤体全体に働く力（波力）を測定する場合と、任意の箇所における波圧を測定する場合がある[2.2.1)]。波力測定に用いられるのが分力計（図 2.2.7）である。測定可能な項目として、水平力、鉛直力、モーメントが挙げられる。計測可能な成分の数により、3 分力計、6 分力計等がある。波圧の測定に用いられるのが波圧計（図 2.2.8）である。構造物の表面に取り付けて、作用する波圧を圧力変動として測定するものである。分力計および波圧計ともに、ひずみを測定することにより物理量（波力、波圧）の変化を得る計測機器である。

(4) 浮遊砂濃度計（濁度計）

　浮遊砂に限らず水中に存在する微粒子の濃度（濁度）を計測する際に使用する（図 2.2.9）。主に、微粒子の混合度を光の透過光量の変化で計測する方式と照射された光の後方散乱の変化を用いる方式がある。

2.2.4 模型実験の手順

(1) 模型の製作

　a) 模型床の製作

　水槽内には、海底勾配や現地地形を再現した模型床が設けられる。断面水槽では、一様勾配の海底勾配を再現し、検討対象位置に構造物模型を設置する場合が多い。2.2.2 (3) で述べ

例：共和電業製

図 2.2.7　3 分力計

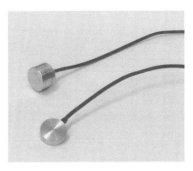

例：エス・エス・ケイ製

図 2.2.8　波圧計

例：ケネック製

図 2.2.9　浮遊砂濃度計

たように、模型床には固定床と移動床がある。各々の例を図 2.2.10 および図 2.2.11 に示す。固定床は、海底面を固定された床面で再現したものであり、鋼製やステンレス製のフレームの上面に床版を設置した形式や砕石の上にモルタル床を設けた形式がある。移動床は、海底面を実際の砂を用いて再現するものである。既往の実験において使用された砂の諸元については、2.4 で紹介する。

b) 構造物模型の製作

　構造物模型は、必要に応じてアクリルや木材等で製作する。防波堤のケーソン模型や消波ブロック等、その挙動が実験対象となる模型については、比重が実物と同一となるように製作する。ケーソンの挙動を対象とする場合には、ケーソン模型内への水の出入りにより模型質量が変化しないように配慮する。ケーソン模型については、モルタルや木材、あるいはアクリルで製作する。その内部に重錘を入れて比重を調整するとともに、底面の粗度を現地と同じ摩擦係数にすることが望ましい。また、消波ブロックは、比重を調整したモルタルを用いて製作することが多い。構造物模型の例を図 2.2.12 および図 2.2.13 に示す。

(2) 計測機器の設置とキャリブレーション

　センサーには計測限界値や分解能があり、各種実験における物理量を計測するにあたり、実験に用いる手持ちセンサーが適切に計測できるか確認する必要がある。

a) 波高計

　水槽上の台車や架台を介して波高計を設置する。なお、波高計の使用においては、昇降機（波高計を上下に移動させる装置）を併用する場合が多い。波高計は水面に対して鉛直にな

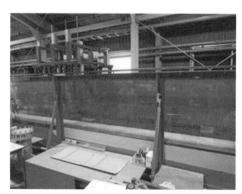

図 2.2.10　固定床の例

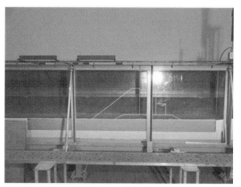

図 2.2.11　移動床の例

図 2.2.12　ケーソン模型
（中央：アクリル製、両サイド：木製）

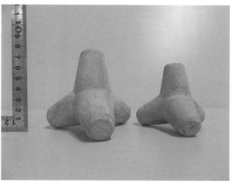

図 2.2.13　消波ブロック模型（モルタル製）

るように、また、センサー部がなるべく水路中央に位置するように設置する。図 2.2.14 に容量式波高計の設置例を示す。

　キャリブレーションは、センサーから出力される信号と計測対象の物理量を関係づける作業である。キャリブレーション方法の詳細については、後述の 2.2.4(2)e) を参照されたい。波高計のキャリブレーションでは、観測対象となる波高が計測できるよう、水槽内に水を入れた状態で、波高計を上下に移動させて行う。観測対象となる波高が計測できるよう、キャリブレーションのレンジ（最大水位、最小水位）を定める。水面は一定の状態で、定めたレンジの範囲内において波高計を上下に変位させることで、変位量と電圧値の応答関係を求める。この応答関係を、センサーで検出された電圧値を変位量に換算する際に用いる。容量式波高計は検出器の長さが複数ある。波高の大きさに応じて適切な長さの検出器を選定することが望ましい。

b) 流速計

　波高計と同様に、水槽上の台車や架台を介して設置する（図 2.2.15）。センサー部の取付けの向きと計測対象となる流れの方向に留意して設置する。2 方向測定の電磁流速計には、水平 2 方向を測定する検出器と、水平 1 方向と鉛直 1 方向を測定する検出器があるので、目的に応じて適切な検出器を選択する。

　電磁流速計は検出部の周囲に磁界をつくるので、2 台以上の検出器を近接して設置すると

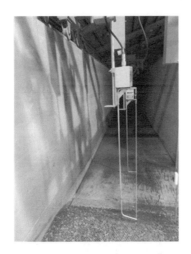

図 2.2.14　容量式波高計の設置例

図 2.2.15　電磁流速計の設置例

図 2.2.16　分力計の設置例

図 2.2.17　波圧計の設置例

干渉してしまう。製品ごとの組み合わせにより干渉の影響が異なるので、干渉を起こしにくい組み合わせを選ぶことや、干渉が起きない設置間隔を確認する。

c) 分力計・波圧計

分力計は、測定対象の構造物模型の直下に設置する場合や構造物模型の背後に設置する場合がある。直下に設置する場合は、模型床内に分力計設置用の空間を設け、底面に強固に取り付ける（図2.2.16）。また、分力計への模型の取付けも強固に行い、模型に作用する波力が適切に計測できるように注意する。分力計の定格荷重と模型の重さの関係にも注意が必要である。例えば、定格荷重が100 Nの分力計に100 Nの模型を設置すると、模型の重さだけで定格荷重を使い切ってしまう。模型の重量が定格荷重より大きいと、模型を設置しただけで分力計を壊してしまう可能性もある。

波圧計は、測定対象の構造物模型の表面に取り付ける。取付けにあたっては、波圧測定面が構造物表面から突出しないように、埋め込む形をとる場合が多い（図 2.2.17）。その場合、アクリル等で製作される構造物模型において、波圧計取付け位置にあらかじめ埋め込み用の孔を設けておくことが必要となる。高感度の波圧計は、受圧面に定格荷重以上の圧力をかけると容易に故障してしまうので、波圧計取り付け時や模型設置時に波圧計の取扱いに注意する。

波力・波圧を測定する実験では、分力計の固定治具、分力計および分力計に取り付けた実験模型で構成される測定系の固有振動の影響により、固有振動に対応した周波数の成分が増幅されて測定されることがある。あらかじめ測定系の打撃試験を行って固有振動数を調べておき、測定データに含まれる測定系の固有振動の影響について検討する。

d) 浮遊砂濃度計（濁度計）

室内実験、現地調査にかかわらず、底面直上の浮遊砂を計測する際には計測機器そのものの影響が底質の浮遊に及ばないよう注意して設置する必要がある。また、特に現地の計測域においてはバックグラウンド（定常的な濁り）を有することもあるため、計測の際には注意を要する。対象とする微粒子の違い（例えば、底質粒径の違い）等により、透過光量、反射強度はそれぞれ異なる。よって、計測を実施する前にキャリブレーションを行い、実際の濃度と計測器からの出力値である透過光量、反射強度変化との関係式を求め、計測後に濃度値に変換する必要がある。キャリブレーション方法の詳細については、後述の2.2.4(2)e)を参照されたい。

e) キャリブレーション

実験で用いる計測機器（センサー）から計測された値は各種の物理値（加速度、圧力、変位など）が出力されるわけではなく、例えば、電圧タイプの場合は電圧値［V］を、ひずみタイプの場合はひずみ値［$\mu\varepsilon$］の変化を計測した値が出力されることになる。そのため、計測値と物理値の関係性を予め調べておく必要がある。このことをキャリブレーションまたは校正という。

キャリブレーションの方法としては、ある既知の物理量（被測定量と称す）をセンサーに付加させ、センサーからの出力値を記録する。複数の被測定量とその出力値を取得し、それらの一連のデータをもとにして、一次関数（$y = a_1 x + a_2$）の近似式を得る（図2.2.18）。ここで、a_1 および a_2 がセンサーの校正値（校正係数）となる。通常は、被測定量がゼロのとき、センサー出力をゼロとするため、$a_2 = 0$ となる。センサーを購入する際、製造元が事前にキャリブレーションを行い、校正証明書が送付されるので、オリジナルの校正結果として、各自で実施したキャリブレーションが妥当か確認するとよい。また、センサーは使用条

件や使用頻度に伴って歪んだりする可能性があり、適切な数値が得られなくなることもある。そのためにも、キャリブレーションは実験前に実施し、センサーが正常に作動しているかを確認する。

(3) 通過波検定

　構造物模型等を設置する前に、模型床だけの状態で、実験に用いる波の検定（通過波検定）を行う。実験条件となる水深、周期の条件で波を発生させ、造波板の振幅（造波機に入力する信号のレベル）と波高との関係をあらかじめ明らかにする作業であり、一般に「通過波検定」または「実験波の検定」と称される。具体的には、沖側一様水深部の2箇所の波高（沖波高）および実験対象とする構造物設置位置を挟む2箇所の波高（岸波高）を測定し、入・反射波の分離推定法によりそれぞれの位置での入射波高を求める。なお、造波板などの反射境界面の近傍においては波高変化が激しいため、造波板から1波長以上離して波高計を設置する。入・反射波の分離推定法の詳細については、合田ら[2.2.5)]を参照されたい。図2.2.19に通過波検定時における波高計の設置例を示す。一様水深部における有義波周期が目標とする有義波周期に一致するように造波信号の調整を行う。さらに入力波高を変化させ、一様水深部の波高（沖波高）と構造物設置位置の波高（岸波高）との関係を求めておき、構造物模型等を設置してもこの関係は変わらないものとして、一様水深部の波高（沖波高）から構造物設置位置での波高（岸波高）を推定するものである。なお、実験水路の終端に消波材を設置し

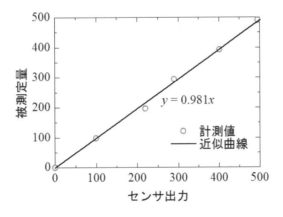

図 2.2.18　キャリブレーション例

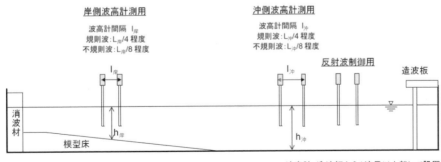

図 2.2.19　通過波検定時における波高計の設置例

て、水路終端の壁からの反射波を抑制しておくことが望ましい。

　不規則波実験のように造波板からの再反射波が含まれる実験では、一般的に、実験水槽内で多重反射が形成された後に波浪データ等の記録を開始する。造波開始からデータ記録開始までの待ち時間は、谷本ら[2.2.6]を参考にすることができる。

　図2.2.19の右端の2本の波高計は造波板による反射波吸収制御のための波高計である[2.2.7]。この他に、造波板に固定した1本の波高計を用いて反射波吸収制御を行う方法もある[2.2.8]。反射波吸収制御機能がついていない実験施設では、通過波検定における反射率と、実験模型を設置した状態での反射率が異なる場合に、造波波高が変わってしまうことがある。実験模型で反射した波が造波板で再反射すると、造波波浪とともに模型に到達する。実験波の検定よりも模型を設置した状態の反射率が大きいと再反射波が大きくなるため、模型に到達する波高が通過波検定よりも大きくなる。再反射波は進行方向が造波波浪と同じなので入・反射波の分離解析によって除去することはできない。したがって、反射波吸収制御機能がない実験施設では、模型設置後に造波板前面の沖波高の大きさを確認し、通過波検定時と異なっていれば造波板振幅の調整を行う。この方法は、規則波を長い時間にわたって造波する実験にも適用することが可能である。

　なお、規則波実験の場合は、反射波の影響を除去するために、造波板で起こした波が模型構造物に達して反射した後に、造波板に到達して再び反射され、この再反射波が模型に到達するまでの間で計測を実施する方法もある。造波板で再反射した波は、造波板で起こすべき波の上に再反射波が重なった状態の波であるため、再反射波が模型に到達した以降は計測を中止する。または、模型からの反射波が造波板に到達する前に造波を停止する方法や、造波する波数を10波程度に限定する方法もある。

(4) 実験の実施

　波高検定後に、水槽内に構造物模型を設置し、あわせて各種計測機器を設置した後に実験を実施する。実験時はデータを収集するとともに、写真・動画等に実験状況を記録しておく。

(5) 実験データの解析および整理

　前述した機器を用いて計測された実験データは、デジタルデータとして記憶媒体に蓄積される。データの取得においては、対象とする現象を適切に捉えるため注意が必要である。また、同一条件で実施した繰り返し測定の結果の比較により、再現性を確認することも重要である。

 a) サンプリング間隔

　実験データは、A/D変換によってデジタルデータとして得られる。もともと連続したアナログデータを離散化して得られるため、その取扱いには注意が必要である。

　例えば、波高の計測に当たって、波を正確に計測するには、1波（1周期）の中で、10～20データのサンプリングが必要である。また、波力・波圧といった時間変化の激しい現象の計測においては、サンプリング間隔を1/1000秒単位に短くすることで、ピーク値をとらえる必要がある。

 b) 測定時間

　測定時間については、対象に応じて適切に決める必要がある。例えば、不規則波実験で有義波諸元を求める場合には、統計的に安定なデータを得るために、測定時間の中に最低でも100～200波程度は取り込む必要がある。また、例えば、消波ブロックの安定性の検討等では1000波程以上必要となる場合もある。長周期成分を含んだ現象を対象とした場合には、その長周期に応じた測定時間を確保する必要がある。

c) 実験データの解析方法

波高計で計測された水位データの解析法としては、ゼロアップクロス法とゼロダウンクロス法がある。一般の波の場合には、どちらの方法を用いても、不規則な波の周期と波高の代表値はほぼ同じであり、一般的にはゼロアップクロス法が用いられている。ただし、水深が小さい地点や砕波帯内などでは、ゼロダウンクロス法が用いられることもある[2.2.9),2.2.10)]。ゼロアップクロス法では、計測された全データより平均水位を求め、水位が上昇しながら平均水位を切る時点を波の始まりとして、水位が下降した後に再び上昇しながら平均水位を切る時点までを1波と定義する。1波の間隔が周期であり、1波内での水位の高低差が波高となる。得られたデータより、最大となる波（最高波）や1/10最大波、有義波（1/3最大波等）、平均波などが定義される[2.2.9)]。平均水位上昇量が必要な場合には、波作用前に事前計測を行い、造波中の計測データの平均値と事前計測の平均値の差によって求める。

流速計で測定されたデータによって平均流速を求める場合には、波高計データにより平均水位上昇量を求めるのと同様な方法で算出する。流速の変動成分を求める場合には、波高計データと同様にゼロアップクロス法を適用する。

波力・波圧のデータについては、ゼロアップクロス法を適用できない場合がある。例えば、防波堤ケーソンの静水面より高い位置に取り付けた波圧計のデータには谷の側のデータがないのでゼロクロスの概念を適用できない。波力・波圧を測定するケーソンなどの構造物の直前に波高計を設置し、波高計のデータのゼロアップクロス解析によって1波ごとの始まりと終わりの時刻を決定し、その時刻の範囲内の波力と波圧の最大値を検出して、1波ごとの極大値とする。これに対して統計処理を行い、最大値や1/10最大値、有義値、平均値などを整理する。なお、波力・波圧測定において、特に衝撃的な現象が対象となるケースでは、測定系の固有振動の影響が入る場合が多く、この影響を解析時に除くことが必要となる[2.2.11)]。

2.2.5 代表的な水理模型実験例

(1) 構造物（ケーソン）に作用する波力実験

防波堤ケーソンに作用する波力を断面2次元断面水槽で計測した実験例を紹介する。本実験は、消波工によるケーソンへの波力低減効果を調べる目的で実施した。用いた実験水槽は、長さ55 m、幅1.2 m、高さ1.5 mであり、ピストン型造波装置を有する。海底勾配1/30のモルタル固定床上に防波堤模型を設置した。図2.2.20は防波堤模型の断面図である。設置水深は22.7 cmであり、ケーソン寸法は高さ23.8 cm、幅24.3 cmとした。波力計測用のケーソン模型はアクリル製であり、背面に3分力計を取り付けた。3分力計はH鋼で門型に組まれた架台から吊るす形で固定した。波力計測用ケーソンは水路幅方向に40 cmであり、その両側

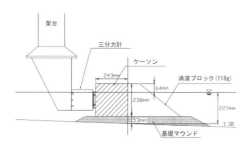

図2.2.20　防波堤模型の断面図

図2.2.21　防波堤模型の設置状況

にはダミーの木製ケーソンを設置し、波力計測用ケーソンと接触しないように幅 5 mm 程度
のクリアランスを設けた。ダミーのケーソンは波作用により動かないように、十分な重りを
入れて固定した。捨石マウンドの表面は金網で覆い、波力計測用ケーソンの底面がマウンド
に接触しないように 5 mm 程度のクリアランスを設けた。また、消波工の寄りかかり荷重が
波力計測用ケーソンに作用しないように、消波工とケーソンの間に格子を設置し、消波ブロ
ックがケーソンに接触しないようにした。防波堤模型の設置状況の写真を図 2.2.21 に示す。

　実験波は修正 Bretshneider-光易型スペクトルを有する不規則波を用いた。有義波周期 $T_{1/3}$ は
1.67 s と 2.14 s の 2 種類、有義波高 $H_{1/3}$ は 1.9〜10.7 cm の 6 種類とし、2 種類の造波信号を用
いた。造波信号の長さは 819.2 s であり、それぞれの有義波周期で換算すると 491 波、383 波
相当となる。造波開始 5 分後から造波信号 1 サイクル分の波力を計測した。計測はサンプリ
ング間隔 1 ms (0.001 s)とした。本水槽は沖側と岸側の両端が配管で接続されており、越波に
よる堤体背後の水位上昇は抑制される仕組みとなっているが、還流が追い付かない場合に背
後の水位上昇による水圧の変化を補正する目的で、堤体背後にも波高計を設置した。

　図 2.2.22 は、有義波周期 $T_{1/3}$= 1.67 s、有義波高 $H_{1/3}$= 8.8 cm の条件における、水平波力の時
系列を示したものである。消波工の有り無しによる波力波形の違いを比較したものであり、
消波工の無い条件での水平波力最大時刻付近を抜き出している。消波ブロックを設置するこ
とにより、波力の切り立ったピーク値が低減されていることが確認できる。図 2.2.23 は消波

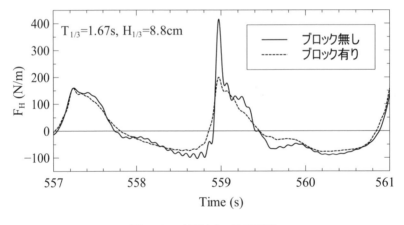

図 2.2.22　水平波力の時系列例

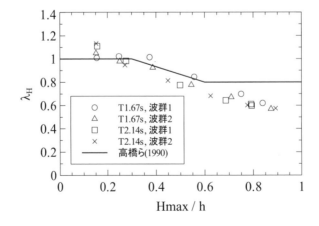

図 2.2.23　ケーソン模型消波工による水平波力の低減率 λ_H

工による水平波力の低減率を示したものである。ここでは、消波工有りでの実験波力を合田式による計算波力で除して低減率 λ_H を求めた。波高水深比 H_{max}/h が大きくなるにつれて低減率は小さくなる。また、図中には高橋ら [2.2.12] により提案されている λ の値も記載しているが、実験結果と概ね一致していることが分かる。

(2) 消波ブロックの安定実験

　防波堤前面に設置された消波ブロックの耐波安定性に関する実験例を紹介する。本実験は、防波堤の天端高がブロックの安定性に及ぼす影響を調べる目的で実施した。用いた実験水槽は、長さ 55 m、幅 1.2 m、高さ 1.5 m である。海底勾配 1/30 のモルタル固定床上に防波堤模型を設置した。図 2.2.24 は、防波堤模型の断面図である。防波堤の設置水深 h は 26.9 cm、基礎マウンドの天端上水深 d は 21.5 cm とした。防波堤の静水面上天端高 h_c は 7.0 cm と 11.7 cm の 2 種類とした。対象とした消波ブロックの質量等から算定される安定限界波高 H_D は 11.8 cm であり、相対天端高 h_c/H_D はそれぞれ 0.59、0.99 となる。消波工は全断面被覆形式であり、天端幅はブロック 2 個並びとした。消波ブロック模型はモルタル製であり、事前に質量および密度を測定した。質量の平均値は 154 g、密度は 2.30 g/cm³ であり、質量が平均値の±3 %以内のものを実験に使用した。

　実験波は修正 Bretshneider-光易型スペクトルを有する不規則波を用いた。有義波周期 $T_{1/3}$ は 1.5 s、1.8 s、2.1 s の 3 種類、有義波高 $H_{1/3}$ は 8.5～17.5 cm の 7 種類とし、2 種類の造波信号を用いた。

　安定実験では小さな波高ランクから作用させ、順次波高を増加させた。同一波高レベルでの波の作用は 1000 波とした。波高を増加させる際、ブロックの積み直しは行わず、被害個数

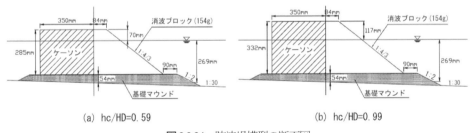

(a) hc/HD=0.59　　　　　　　　　　　(b) hc/HD=0.99

図 2.2.24　防波堤模型の断面図

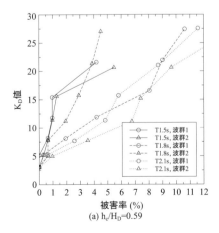
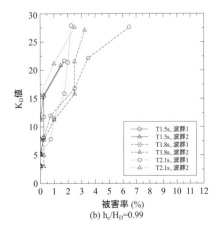

図 2.2.25　被害率と K_D 値の関係

はそれまでの被害個数に当該波高条件で新たに発生した被害個数を加えた累計数とした。水槽の側壁と接触するブロックは現地条件と異なるため、観察対象から除いた。被害の基準は、ブロックの大きさの1/2以上の移動および90°以上の回転を被害ブロックとし、被害ブロックの個数を観察対象ブロックの個数で除して被害率を算出した。

　図2.2.25は、被害率とK_D値の関係を示したものである。相対天端高が大きい方が、ブロックの被害率が減少していることが分かる。相対天端高0.59のケースではブロックの被害は消波工天端付近に多く見られた。天端付近のブロックは上から押さえるブロックが存在しないため構造的には被災しやすい箇所であるといえるが、相対天端高が大きくなることで天端付近の流速が小さくなり、ブロックに作用する流体力も小さくなるため、被害が減少したと考えられる。

2.3　地盤模型実験

2.3.1　模型実験の計画

　模型実験は、様々な制約条件のもとで実施する必要があり、そのために事前の実験計画が重要となる。特に、実際の複雑な現象を理想化あるいは単純化させた上で、その模型から様々な情報を得るために、どのような条件で模型実験を実施するかを決める必要がある。

　地盤工学会が出版した「地盤工学における模型実験入門」[2.3.1)]では、模型実験の構成として、「模型の構成要因」、「模型の物理量」、「実験効率」のカテゴリーに分け、一般論の模式化が示されている（図2.3.1）。これに従うと、個々の課題における目的や詳細な要因、実験装置の規模、費用、期間、作業人員等の制約条件を整理して実験計画を立案することが望ましいと考える。実験担当者は実験の目的を制約条件の中で達成するための最適化を導くことに最も頭を悩ませるが、実験を行う上で重要なことであり、十分検討する必要がある。

　ここでは、模型実験の計画について「実験目的」、「相似比」、「模型実験の方法と実験計画」を挙げて説明する[2.3.1)]。

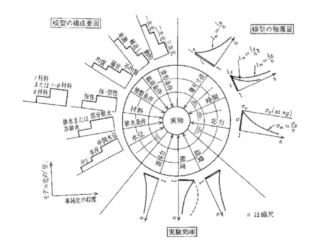

図2.3.1　模型実験の構成[2.3.1)]

(1) 実験目的

　模型実験を行うために、解明する現象を明確にした上で実験目的を立てる。模型実験では後述するように、対象とする現象に対して相似則を検討する。模型実験を行う上で相似則は重要であり、例えば、幾何学的な相似条件のみで実験を実施しても、その模型実験からは適切な情報を得ることはできない。そのためにも、実物で起こり得る現象についてある程度の予測をしながら、模型実験で対象とする現象が解明できるかを踏まえて目的を考える。

(2) 相似比

　実験目的が決定したら、対象とする現象に対して実物と模型との関係が相似となる条件を決める必要がある。ここで、相似とは、「幾何学的相似」、「運動学的相似」、「力学的相似」の3つの相似条件である[2.3.2)]。これらの相似条件を踏まえて相似則を考えることになるが、第3章で示されているように、「現象に関する物理量をもとに無次元量から相似比を決める方法」、「現象に関する力の比をもとに無次元量から相似比を決める方法」、「現象を支配する方程式から相似比を決める方法」が挙げられる。詳細は第3章を参照していただきたい。

　相似則を踏まえて使用可能な実験設備等の条件のもと、模型の具体的な縮尺比（例えば、模型寸法をもとに幾何学的相似比を$1/N$とする。）を検討する。また、実験で用いる地盤材料の選定も非常に重要であることから合わせて検討する。

　例えば、対象とする現場や構造物の条件などが決まっていると対象領域が明確であり、実験を行う上での制約条件のもとで、具体的な縮尺比が決定しやすくなる。しかしながら、対象領域を決定する上で参考となる条件等がない場合は縮尺比を一意的に決めるのは難しい。縮尺比が大きい場合は、実物に対して比較的精度が高い結果が得られると考えられるが、実験コストがかかり、実験回数が限られる。一方で、縮尺比が小さい場合は、対象とする現象により精度が低い結果となる可能性がある。そのため、制約条件の下で対象とする現象を踏まえて、複数の縮尺比により検討するなどの方法を取ることがある。

(3) 模型実験の方法と実験計画

　実験目的や相似比の検討を踏まえて、模型実験の方法を決定する。模型実験の方法については、以下に述べる種別がある。

　模型実験の方法としては、一般的に確認実験（Pilot experiments）と量産実験（Production experiments）に分類されている[2.3.3)]。模型実験で観測された現象が実現象と相似になっているかを確認する目的で行う実験を確認実験という。さらに、確認実験において相似が確認され

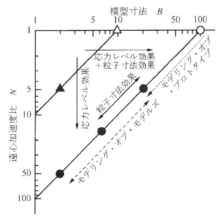

図2.3.2　遠心力模型実験におけるModeling of models と Modeling of prototypes の概念図[2.3.4)]

た上で、模型を実物の代用として行う実験を量産実験という。

　地盤工学においては Modeling of models と Modeling of prototypes と呼ばれる手法がある[2,3,4]。具体的な例として、図 2.3.2 に遠心力模型実験における Modeling of models と Modeling of prototypes の検討に関する概念図を示す。遠心力模型実験については後述する 2.3.2 を参照されたい。Modeling of models は同一寸法の実物に対して遠心力模型実験を異なる縮尺比で行い比較するものとされており、異なる縮尺比において実験の妥当性を確認した上で、模型実験の結果をもとに実現象を予測する方法である。モデルの妥当性を確認するためには比較的幅広い縮尺比の模型実験による比較が重要となる。一方で、Modeling of prototypes は遠心力模型実験と対応する実物を比較する方法とされている。岡村ら[2,3,4]は土粒子の寸法効果や透水現象と振動現象の時間に関する相似則を挙げて、Modeling of models と Modeling of prototypes による検討の重要性を示している。後述する 2.3.5 に示す事例においても関連する内容が含まれているので参照していただきたい。

　模型実験の方法が決定したら、実験計画を策定する。実験を実施するにあたっては、予備実験と本実験に分けて実験するとよい。例えば、予備実験では立案した実験計画に従い、実験方法や実験データの妥当性を確認することを目的に実施する。また、実験を実施する際の安全性の確認を合わせて行う。特に、実験を実施するにあたっては重大な事故に繋がる可能性があるため、実験に従事する者すべてが共通の理解を得て実験ができるよう慎重に実験手順等を確認しながら行う必要がある。予備実験による結果を踏まえ、必要に応じて実験計画を修正する。本実験では予備実験で確立した実験方法および実験計画に従って実施する。

2.3.2　模型実験の分類と対象

　これまで説明したとおり、模型実験では対象とする現象に対して検討領域や要求精度等の制約条件を踏まえて実施することになる。加えて地盤材料を取り扱う実験では、実地盤の力学的挙動を再現するために、実物と同等の応力を再現する必要がある。その理由として、地盤材料は拘束条件（拘束圧）によって発揮されるせん断強度が異なるためである。一方で、地盤材料に対して幾何学的相似を適用する場合、相似比が小さいと実物と模型で材料の性質が異なる可能性があり、地盤材料が幾何学的相似であっても、実際の地盤材料と同様の力学特性が得られない可能性がある。このため、地盤工学分野における模型実験では、これまでに重力場における実験に加え、遠心力場における実験が盛んに行われ、その実験技術が確立されてきた。

　しかしながら、遠心力場で行う模型実験の装置は特殊で、かつ、高価であり、誰しもが所有して使用できるものではない。また、対象とする現象によっては必ずしも遠心力場で実験を実施する必要がない場合もある。そのため、重力場における実験も相似則が検討され、現在においても多く実施されている。

　ここでは、重力場および遠心力場における実験方法について、これまでにどのような実験が実施されてきたのか、具体的な事例を紹介しながら各実験方法の長所と短所について説明する。特に、遠心力場における実験では原理についても詳細に述べる。

(1) 重力場における模型実験

　重力場での模型実験では、想定する現場の地盤材料の自重応力を再現できないことが最大の短所といえよう。特に斜面や盛土の安定、防波堤や岸壁など大型構造物下のマウンドや基礎地盤の支持力を検討する場合、地盤の応力状態を再現することが重要となることから、遠心力模型実験の意義は大きい。しかしながら、遠心力模型実験は遠心力載荷装置と呼ばれる

大型かつ特殊な装置を必要とすることや各種計測ならびに構造物への外力の負荷についても容易とはいえない。また、遠心力場での実験では、重力($1g$)の影響を小さくするため、少なくとも $10g$ 程度の遠心場で行われる。すなわち、実物がそれほど大型でないもの（例えば薄いシート状のものなど）を遠心力模型実験で再現しようとする場合、極めて小型の模型を製作する必要が生じる。また、コリオリ力や半径方向に遠心加速度が変化するなど、結果の解釈が複雑になるばかりか、現象が実際と異なり、これらの影響を無視できない場合もある。こうした遠心力模型実験の短所については、2.3.2(2)で詳しく説明する。以上のような理由から、遠心力模型実験も万能とはいえず、地盤工学分野では現在でもなお重力場の模型実験が実施され、その果たす役割は大きい。以下で述べる 2 つの事例に関して、遠心力場の模型実験では再現が困難であることを示すことにより重力場での実験の意義を示すこととする。

a) 複雑な施工過程を再現する場合

　地盤の応力履歴が、地盤の安定性や構造物の設計に対して影響を及ぼすことは少なくない。その一例として、たわみ性埋設管の変形挙動が挙げられる。たわみ性管の土中力学挙動は管剛性だけではなく、地盤剛性の影響を強く受けることが知られている。一見、地盤の自重応力を再現することができる遠心力模型実験の方が適切に思われる。しかしながら、遠心力模型実験では転圧などの施工時の応力履歴を再現することが難しい。例えば、ある現場埋設実験（φ1500、管厚 t = 15.5 mm の FRP 管）では、管側部までの埋戻しによって、管は縦長に変形し、その後、管頂部までの埋戻しにより、管はさらに縦長に変形する。埋戻し完了時でも管は縦長に変形した状態を保持することが報告されている [2.3.5]（図2.3.3）。この例は、通常使用されるたわみ性管よりもかなり剛性の低い管を埋設した特殊な事例ではあるものの、一般的にたわみ性構造物の変形は転圧などの影響を受ける。施工過程を遠心力場で再現する場合、土の敷均しと転圧を遠心力場で行う必要がある。これらの工程について、遠心力載荷装置を停止し、重力場で実施しようとすれば、応力は解放されてしまい、管の変形が再現できない可能性がある。これまで遠心力場で重錘を落下させる動的な締固め[例えば2.3.6]や斜面を掘削する事例[例えば2.3.7]など施工を再現する試みが見られるものの、土の敷均しから転圧までを遠心力場で連続して行う例は見当たらない。特に埋設管の場合、管底部から管側部にかけての領域については、締固め機械が入ることができないことから、現地でも転圧することが難しく、人力による丁寧な締固めがなされる場合もある（図 2.3.3）。以上より、施工過程に生じる応力の影響が無視できない場合については、重力場での実験が望ましいといえる。

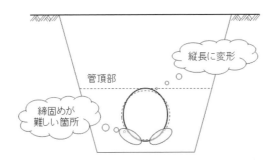

図 2.3.3　剛性が極めて低い管の埋設時の変形挙動

b) 複雑な構造を有したシートなどを再現する場合

斜面の安定問題に対する遠心力模型実験の意義が大きいことは先述したが、シート状の補強材（例えばジオテキスタイル）を遠心力場で再現する場合、斜面の滑り安全率を実物と模型で一致させなければならない[2.3.8]。そのためには補強材模型の引張強度（単位は単位奥行きあたりの力 kN/m であることに注意）および引張剛性（引張強度と同じ単位）を実物の $1/N$ とする必要がある。実物と同素材を模型に使用した場合、補強材の厚さを実物の $1/N$ あるいは質量を $1/N$ とすることで達成できる[2.3.8]。補強材と土の接触面における摩擦特性については、摩擦特性が応力－ひずみ関係で特徴付けられる場合は、模型の接触面は実物と同じで良いが、応力－変位関係で特徴付けられる場合、より注意を払う必要があり、模型の素材を実物よりも N 倍硬くする必要が生じる。この場合、強度や剛性に関わる相似則を同時に満たすことは困難となるだろう。力学特性以外にも再現すべき挙動が求められる場合、モデル化はより困難になる。その一例としてジオシンセティッククレイライナー（GCL）が挙げられる。

GCL は最終処分場の遮水材料として他の合成樹脂系シートとともに多層ライナーで用いられる。その構造は、粉状あるいは粒状ベントナイトが織布と不織布あるいは 2 枚の織布で挟まれ、互いがニードルパンチあるいはステッチボンドにより固定されている。さらにニードルパンチ加工された GCL には、織布側が熱コーティングされているものなど、メーカーにより種々様々である（図 2.3.4）。GCL の引張強度や引張剛性は、外側の織布や不織布のそれらに、遮水性能はニードルパンチなどの固定方法に影響を受ける[例えば2.3.9]。また、シート間の内部せん断に対する抵抗は、水和したベントナイトのせん断強度が極めて低いことから、その影響は小さいものの、シート間の固定方法や熱コーティングの有無の影響を受ける[例えば2.3.10]。さらに、GCL と他の遮水シートや土との境界面での摩擦特性は、GCL 織布面側からのベントナイトの搾り出しの影響を受けるなど[2.3.11]、極めて複雑な挙動を示す。このように GCL は複数の要素で構成され、各構成要素がその力学特性および遮水特性に影響を及ぼしている。一方、水和した実物の GCL の厚さはニードルパンチの有無や拘束圧により変化するものの 4～12 mm 程度と薄く[2.3.9]、先述の各種特性を考慮した上で模型を作製することは極めて困難であると思われる。GCL を対象とした遠心力模型実験も実施されているものの、実物の GCL を用いて、相似則については検討されていない[2.3.12]。GCL のような複雑な構造を有したシートに対して、模型実験で複数の挙動特性を再現する場合には、実物を用い、可能な限り縮尺比の大きい（大型の）模型を作製し、重力場での模型実験を実施することが現実的であると思われる[例えば2.3.13]。

ここで挙げた例でも条件によっては遠心力場での実験の方が適切な場合もあり、結局のところ解明事項がどのような現象に支配されているのかをしっかりと考えた上で捉えるべき現象を再現するために最適な実験手法を選ぶことが重要である。

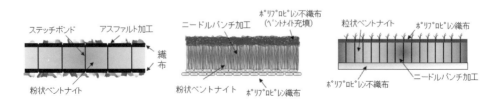

図 2.3.4　補強型 GCL の種類

(2) 遠心力場における模型実験

　遠心力場における模型実験の可能性を最初に提案したのは 1869 年フランスの Edouard Philips [2.3.14)]である。その後、遠心力載荷装置は 1930 年代までにロシアで開発されていたが鉄のカーテンのため西側各国には知られておらず、英国の研究者により紹介された [2.3.15), 2.3.16)]。同じころアメリカでは坑道の天井崩壊を模擬するために遠心力模型実験が行われたことが報告されている [2.3.17)-2.3.19)]。日本では、1964 年に大阪市立大学の三笠教授が地盤の自重圧密問題に自ら開発した遠心力載荷装置を用いて実験を行ったのが最初である [2.3.20), 2.3.21)]。その後、1966 年ごろからケンブリッジ大学で斜面安定や支持力に関する実験が開始された [2.3.16), 2.3.18), 2.3.22)]。

　国際地盤工学会(International Society for Soil Mechanics and Foundation Engineering)の Technical Committee 104 ''Physical Modelling in Geotechnics'' [2.3.23)]は、1988 年以来 4 年に一度、主として遠心力模型実験に関する国際会議を開催し、模型実験に関する膨大な研究成果が会議報告としてまとめられている。また、TC104 が発行する学術雑誌 International Journal of Physical Modelling in Geotechnics にも地盤模型実験に関する成果が継続的に発表されている。

　遠心力載荷装置が多くの研究機関に導入され始めたのは 1980 年代である。現在使われている遠心力載荷装置には、ビーム型とドラム型と呼ばれる 2 つのタイプがあり、以下で述べる利点からビーム型が大勢を占める。図 2.3.5 に示すように、ビーム型遠心力載荷装置はアームと呼ばれる「はり」をモータで回転させ、その先端に取り付けた揺動デッキ（プラットフォーム）に土槽を置くものである。ビーム型装置の長所は、構造が単純であること、装置を大型化しやすいこと、後述するドラム型と異なり重力場で模型を作製できること、回転中に遠隔操作で貫入試験などを行うことができる等が挙げられる。短所は、模型の大きさが揺動デッキの大きさに規制されることである。一方、ドラム型装置は洗濯機の脱水機のような機構で、構造は単純であるが、模型をはじめから横向きに作製する必要があること、貫入試験等は装置をドラムの回転に同期させる必要があることなど高度な技術が要求される。このための工夫として、ドラムの回転中に砂を吹き付けて地盤を作成する方法や凍結させた模型地盤をドラムの所定の位置に設置し遠心力載荷中に融解させてから実験を行う方法などがある。ドラム型の長所は、ビーム型装置の土槽よりも長手方向の側面境界間を広くとれる点である。また実験によっては循環境界とすることも可能であり、水理模型に対する実験には適しているように思われる。

　水理学との関連では、三宅ら [2.3.24)]、今瀬ら [2.3.25)]は、ドラム型装置の長所を活かし津波による防波堤の安定問題を検討した。また、ビーム型装置を用いて波と地盤の相互作用を検討した研究として Sassa and Sekiguchi [2.3.26)]、津波による防波堤マウンドの安定性を検討した研究としては Takahashi et al. [2.3.27)]がある。

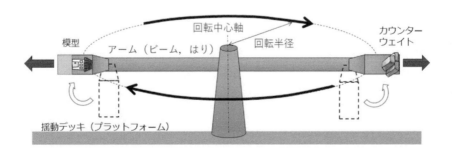

図 2.3.5　ビーム型遠心力載荷装置

　地盤に関する模型実験に遠心力載荷装置が用いられるのは、粒状体である土の強度特性が拘束圧に依存する（土は周りから押されるほど強くなる）ためである。すなわち、遠心力載荷装置に縮小模型を載せ、その重力方向に縮尺に応じた遠心力を作用させることで、拘束圧（地中の土が周りの土から受ける圧力）を高めることができる。これにより拘束圧に依存して変化する土の剛性や強度、応力－ひずみ関係などの力学特性を実際の地盤のものに近づけることができる。このようにして、実地盤そのものの挙動だけでなく、地盤－構造物系の挙動が縮小模型により合理的に再現できる。

　次に、遠心力模型実験の長所と短所を挙げる。

 a) 長所

　遠心力模型実験の長所として、3 点挙げられる。これらの長所は遠心力模型実験を行う際の強力な動機となる。

 ① 地中応力状態を実地盤の力学特性に近づけることができる。

　先述したように、本実験手法の最大の利点であると言って良い。これを可能にするのが次の利点である。

 ② 相似則が単純である。

　相似則については、3 章に詳述するが、遠心力模型実験の相似則は加速度の相似係数が $\mu = a_m/a_p$ で与えられ、これにより幾何学的相似、運動学的相似、力学的相似関係を満足する単純な相似関係が導かれる[23,28]。遠心力場では、応力、ひずみ、速度の相似係数が 1 であることは特筆すべき利点である。また、この相似則は水理学で広く使われているフルード則を満足することが示される。このような利点に加え、遠心力模型実験が広く使われるようになった実用的利点として挙げられるのが次である。

 ③ 模型が小型であるため製作が容易かつ経済的である。

　遠心力模型実験で用いられる土槽は、装置の制約上その長手方向の長さは最大クラスのもので 2 m 程度、高さは最大 1 m 程度であり、重力場における模型実験で使用される土槽に比べ、かなり小さい。このため、少ない人手、材料と費用で実験を行うことが可能であり、さらに条件を変えた実験を何度も行うことができる。

 b) 短所

　一方で、遠心力模型実験の短所として、8 点挙げられる。これらのうち、①～⑤については物理法則上あるいは装置の制約上避けることのできない短所、⑥～⑧については装置の制約上の短所である。

 ① 半径方向に遠心力が変化する。

　土木工学では地表付近の物理的現象を扱うため、重力加速度は深さ方向に変化せず約 $g = 9.81$ m/s^2 とみなしてよい。したがって、地中鉛直応力の分布形状は、静水圧と同様三角形分布となる。一方、遠心力場では、遠心加速度 a は半径 r と回転角速度 ω を用いて $a = r\omega^2$ と表されることから、中心軸から離れるほど大きな加速度が作用することになる。つまり、模型地盤の深さ方向の鉛直応力が中心軸からの距離に応じて変化することになる。この鉛直応力の大きさについて、地表面を原点にとり、下向き（外向き）を正とする座標系 z として考えると、以下に示すように深さ z の 2 次関数となる。

$$\sigma_v = \rho(r_m + z)\omega^2 z \qquad\qquad (2.3.1)$$

　ここで、地盤の密度を ρ、回転中心から模型地盤表面までの距離（半径）を r_m とおいた。

　図2.3.6に模式的に示す実地盤と模型地盤の鉛直応力分布を比較すると、その大きさに乖離が生じることが分かる。

　いま、遠心加速度を変化（式(2.3.1)のωを変化）させ、この乖離を最小化することを考える。遠心加速度を変化させると式(2.3.1)で示される模型地盤の鉛直応力分布形状が変化し、両鉛直応力の大きさが一致する深さ（図2.3.6中の(a)の位置）が変化する。このとき図2.3.6中に(b)と(c)で示す鉛直応力の過大・過小評価値も変化するが、鉛直応力分布の誤差が最小となるのはそれらの評価値の絶対値が一致するときである。これを制約条件とすると模型地盤の層厚をH_Lとして土槽底部から$1/3\,H_L$の深さ（図2.3.6中の(a)）で両鉛直応力が一致することが示される[2.3.29]。言い換えると、有効半径として$r_a = r_m + 2/3\,H_L$を定め、この位置で所望する遠心加速度（重力加速度gのN倍）を設定すると鉛直応力分布の乖離が最小となる。しかし、このように遠心加速度を設定した場合においても鉛直応力に誤差が生じることを避けることができないため、その差によって土の応力－ひずみ関係は影響を受けることになる。試みに$N = 50$としてこの誤差を計算すると、有効半径$r_a = 1.5\,\mathrm{m}$、模型地盤の深さ$H_L = 0.3\,\mathrm{m}$の場合約3.3 %となる。ところが、有効半径を2.5 m、5.0 mと大きくすれば、誤差はそれぞれ約2.0 %、約1.0 %に減少する。このため、アーム長の長い有効半径の大きな遠心力載荷装置が望まれる。ただし、上で試算したように誤差そのものは非常に小さいため、余程精密な模型実験が必要とされない限り、地盤の挙動に大きな違いは現れないであろうと推察される。

② 等加速度線が円弧を描く。

　①と関連するが、遠心力模型実験では平坦な模型地盤の表面に作用する遠心加速度は回転方向の各点において異なる（図2.3.7）。これは土槽に水だけを入れたとき、その表面形状が円弧になる現象を想像することにより容易に分かる。特に、飽和砂地盤の液状化に関する実験を行った際、完全に液状化させると地表面が平坦面から円弧状に変化する。回転半径の小さな装置ほど、この影響が顕著に表れる。例えば、有効半径$r_a = 1.5\,\mathrm{m}$の遠心力載荷装置で縮尺1/50 ($N = 50$)の遠心力模型実験を行うとする。幅$W = 0.4\,\mathrm{m}$の土槽に層厚$H_L = 0.3\,\mathrm{m}$

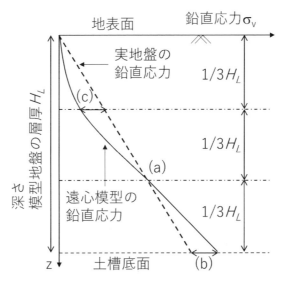

図2.3.6　実地盤と模型地盤の鉛直応力分布の誤差が最小になるときの模式図（Madabuhshi [2.3.29]を参考にした）。両者の応力が一致する深さ(a)、応力が最も過大評価される深さ(b)、応用力が最も過小評価される深さ(c)。ただし、図では誤差を強調して描いている。

の模型地盤を想定した場合、土槽中央の地表面$r_m = 1.30$ m と土槽端部の地表面$r_1 = 1.32$ m の位置における遠心加速度を比較すると、土槽端部の方が約1.16 %大きいことが分かる。この誤差は、有効半径を$r_a = 2.5$ m、5.0 m と大きくすると、それぞれ0.38 %、0.09 %に急速に減少する。

　この影響は土槽の長手方向が回転方向に一致する場合に顕著であることから、その長手方向がアームの回転面と直行する向きに土槽を設置することができる装置が多い。また、地表面に作用する遠心加速度が等しくなるよう、初めから円弧上の地表面を成形しておく場合もある。Tobita et al.[2.3.30)]は、飽和砂による傾斜地盤に対する振動実験を行う際、地表面が直線状の場合と円弧状の場合について、地盤の変形の仕方の違いを考察した。

③　コリオリ力

　一定の回転角速度ωで回転する系を考えた場合、その中を移動する物体に作用する見かけの加速度は、半径r方向の遠心加速度$r\omega^2$だけではなく、回転方向にも見かけの加速度$2\dot{r}\omega$が作用する。この加速度に起因する力がコリオリ力である。コリオリ力は、上記より半径方向の移動速度に比例して大きくなるので、遠心力模型実験において砂を降らせながら地盤を作

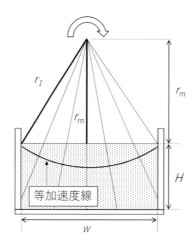

図 2.3.7　模型地盤内で円弧を描く等加速度線。曲がりを強調して表示している。

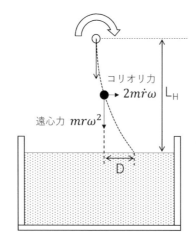

図 2.3.8　遠心力模型に作用する見かけの力（遠心力とコリオリ力）

製する場合や降雨を再現する実験を行う場合、あるいは加振等により物体の鉛直移動速度が速い場合には特に注意が必要である。例えば、図2.3.8 に示すように、遠心力場において、土槽上方から半径方向に玉を地盤に垂直に打ち込むことを考える。この時、コリオリ力の影響により、玉の軌道は地盤に垂直にはならず、想定した着地点から少し後ろにずれてしまう。このずれは以下に示す式により計算することができる[2.3.29]。

$$D = \frac{1}{3} N g \omega \left(\frac{2 L_H}{N g} \right)^{\frac{3}{2}} \tag{2.3.2}$$

ここで、Nは相似係数、ωは回転角速度、L_Hは落下高さである。

試みに、有効半径$r_a = 1.5$ m の装置の場合、遠心加速度を$Ng = 50g$とし、玉を土槽に対して相対的に初速ゼロで落下高さ$L_H = 0.3$ m から落下させると、以下に示すようになる。

$$\omega = \sqrt{\frac{Ng}{r_a}} = \sqrt{\frac{50 \times 9.81}{1.5}} = 18.10 \frac{rad}{s} \tag{2.3.3}$$

したがって、軌道のずれは、

$$D = \frac{1}{3} \times 50 \times 9.81 \times 18.10 \times \left(\frac{2 \times 0.3}{50 \times 9.8} \right)^{\frac{3}{2}} = 0.126 m \tag{2.3.4}$$

となる。ここで半径方向の加速度の変化はないものと仮定しているが、これは装置の有効半径に対して落下高さが小さい場合には仮定して差し支えない。しかし、コリオリ力によるずれDは決して無視できる誤差ではないため、鉛直方向に高速移動する要素を含む場合には、実験誤差の有無を事前に検討しておく必要がある。

④ 寸法効果(Scale effect)

遠心力模型実験に関する疑問でよくあるのは、なぜ実物と同じ土を使うのか？なぜ土粒子も縮尺に合わせて小さくしないのか？というものである。これに対するシンプルな答えは、土粒子を、例えば砂からシルトのサイズまで小さくすると力学的性質が変わってしまうからというものである。つまり、実物と同じ応力−ひずみ関係を再現するためには、実物と同じ土を用いる必要がある。ところがここで別の問題が生じる。例えば、直径が$D_p = 0.5$ m の杭に対し、縮尺 1/100 でモデル化する場合を考える。この時、杭模型の直径は 5 mm となる。ここで、遠心力模型実験で用いる土は、通常実地盤の土と同じであるため、杭模型の周面に接する土粒子の数は少なくなる。仮に土粒子の 50 ％粒径が$d_{50} = 0.2$ mm であるとすると、実物の杭の直径と土粒子径の比は$(D_p/d_{50})_p = 2{,}500$ であるのに対し、模型では$(D_p/d_{50})_m = 25$ となる。ここで、添え字p、mはそれぞれ prototype（実物）と model（模型）を表す。杭の周りに多くの土粒子が配置されている場合にはその系の挙動を近似的に連続体とみなせる。しかし、杭を取り巻く土粒子が少なくなってくる場合には連続体とはみなすことができなくなるため、個々の土粒子と杭との相互作用を考慮する必要が生じる。この影響により模型の変形挙動が実物と著しく異なることがある。

　寸法効果とは、模型表面に作用するせん断力、拘束力、基礎構造物の場合の支持力の大きさが、変形量、模型表面の粗度、土粒子径の関数になることである。Klinkvort [2.3.31]は、その最新技術を紹介する論文の中で、洋上風力発電の風車の基礎として使われることの多いモノパイル（単杭）に関する模型実験を行う上で検討すべきことをまとめている。例えば、模型杭に作用する水平力については、D_p/d_{50}が40から88以上であれば連続体とみなせるという報告もあるが、その値は模型杭表面の粗度によっても変化することを指摘している。その他、粒状体と間隙流体との相互作用に関する寸法効果を扱ったものとして Tan & Scott [2.3.32]を挙げておく。

　以上が遠心力模型実験に関する物理法則による制約であるが、それに起因する誤差は、試算したように定量化が可能であるため、実験前にあらかじめ検討することが可能である。

⑤ その他の物理法則上の制約

　特に粘土の強度特性のひずみ速度依存性に関する問題である。本書は水理模型実験を主たる目的としており、ひずみ依存性の問題を扱うことはほとんどないと考えられるためここでは省略する。

⑥ 土槽の側面境界の影響が無視できない場合

　自然現象に対する実験を行う上では致命的な欠陥である。解決策としては、大きな土槽を用いるに越したことはないが、それが制限される場合には、地盤の変形モードをあらかじめ数値解析等で検討し、塑性領域やすべり線等が側面から十分離れたところに来るよう模型断面を設定することが挙げられる。あるいは、模型縮尺を小さくできない場合には、境界の影響があることを前提で実験を行い、その結果を数値解析で再現し、数値解析手法の妥当性を検討、担保することもよく行われている。

⑦ 土中に埋設する計測装置（センサー本体、リード線）と模型との干渉

　模型が小さいためセンサー自体が本来そこにはない構造物となってしまい模型と干渉してしまうことがある。このため、できるだけ小型あるいはリード線のない無線センサーを使うなどの技術開発がなされている。しかし、一般には、その影響は通常無視されている。

⑧ 現象を直接見ることができない

　ビデオカメラまたは高速度カメラを用いて土槽側面あるいは上部から模型の挙動を観察する方法がある。さらに、最近では地盤の変形を単点ではなく、写真測量の原理を応用して面的に可視化かつ動画で観察する方法が開発されている[例えば、2.3.33]。

　以上が遠心力模型実験に関する物理則上あるいは装置の制約上避けることのできない短所と装置の制約上の短所である。

2.3.3 計測対象と計測方法

　実験中の物理的・力学的現象を定量的に評価するため、計測機器（センサー）を用いる。

　近年、センサー技術開発は著しく発展しており、小型で安価なセンサーが次々に開発されている。現在では、加速度・速度・位置、角速度・角度、力、圧力、など様々な量を高精度で計測できるようになってきている。ここでは、主に地盤工学に関する実験において用いられるセンサーを紹介する。

(1) 圧力計・間隙水圧計・土圧計

　液体や気体の圧力を計測する機器を総称して圧力計という。圧力計測には、計測用途に応じて様々なタイプがある。例えば、構造物へ作用する波圧などを計測する機器に、流体がセンサーの受圧板に作用することで生じるひずみから圧力を計測方法がある。

　土中の間隙水圧を計測するための機器を間隙水圧計という（図 2.3.9）。圧力計の受圧面に土粒子等が接触しないようにステンレス製メッシュや多孔質セラミック等を設置し、間隙水の圧力を計測する。注意事項として、メッシュやセラミックと受圧面の間に気泡などを混入させないことである。万が一、気泡などが存在すると、間隙水圧が正確に計測できない可能性がある。このため、間隙水圧計を設置する際には、水やオイルなどを用いてメッシュやセラミック内を飽和させ、さらに受圧面との間に充填させておくなどの工夫が必要である。

　土圧を計測するための機器を土圧計という。圧力計等と同様に受圧板を介して土圧を計測する方法があるが、受圧板の大きさに対し土粒子の粒径が大きいと正確な値が計測できない可能性があるため、地盤条件に応じた大きさの計測機器を用いる必要がある。

(2) ロードセル（力計）

　構造物等に作用する力を測定するための機器をロードセルという。ひずみから換算する方法などがあり、圧縮用と引張用がある。圧力計はある位置における局所的な変化を計測するのに対し、ロードセルではある領域の圧力の積分値である力を計測する。

例：エス・エス・ケイ製

図 2.3.9　間隙水圧計

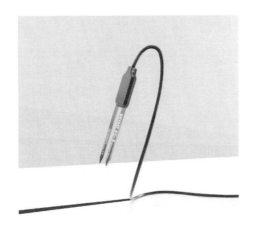

例：アイネクス製　　　　　　　　　　　　　　　例：日本環境計測製

図 2.3.10　土壌水分計

例：東京測器研究所製

図 2.3.11　ひずみゲージ

(3) 土壌水分計

　土中に含まれる水分量を計測する機器を土壌水分計という。テンシオメータ法、TDR (Time Domain Reflectometry) 法、ADR（Amplitude Domain Reflectometry）法に基づく土壌水分計などがある（図2.3.10）。テンシオメータ法は、マトリックポテンシャル（pF）を計測する方法である[2.3.34]。TDR 法、ADR 法は土壌の誘電率から体積含水率を求める方法であり、TDR 法は干渉反射波の伝播時間から土壌の誘電率を求め、ADR 法はインピーダンスの測定により土壌の誘電率を求める方法である[2.3.35]。

(4) ひずみゲージ

　材料や構造物のひずみを測定する機器をひずみゲージという（図2.3.11）。計測したい材料や構造物にひずみゲージを接着し、材料の変形によって生じたひずみゲージの電気抵抗を計測する方法がある。ひずみを計測する以外に、例えば、ひずみを利用して応力や荷重を間接的に計測することもある。

(5) 変位計

　構造物などの変位を計測する機器を変位計という。センサーの検知部が対象物に触れることで計測部が変位した量を計測する接触型と、レーザー光を用いて対象物への投射・反射から変位した量を計測する非接触型に分けられる。ステンレスワイヤの出し引きによる変位を計測するワイヤ式変位計などもある（図2.3.12）。

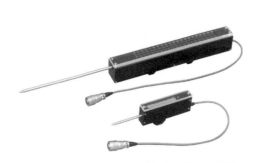
例：東京測器研究所製

例：共和電業製

例：キーエンス製

図2.3.12　変位計

(6) 加速度計

　構造物などの加速度や振動を計測する機器を加速度計という。近年では、ジャイロセンサと組み合わせて6自由度で物体の動きを計測することができる（図2.3.13）。さらに、MEMS（Micro Electro Mechanical System）技術を応用して小型で安価な加速度計が開発され、日常生活で使用するデバイスへ導入されており、身近なところに存在している。実験では加速度計を傾斜計として用いられることもある。また、土中に加速度センサーを埋設し、加速度応答の変化で洗掘状況を把握する試みが行われている[例えば2.3.36)]。

(7) 砂面計

　移動床実験における砂面変化の計測や現地の地形観測に用いる機器を砂面計という。砂面計は接触型と非接触型に分けられる。接触型は直接検出部が計測面に接触し、基準位置から接触位置までの距離をもとに計測する方法である（図2.3.14(a)）。一方で、非接触型は検出部から超音波やレーザーなどを計測面へ照射し、その反射を受信部で計測することにより砂面形状を計測する方法である（図2.3.14(b)）。

(8) AV機器

　実験時に発生した現象を撮影する機器をAV機器という。一般的にデジタルカメラやビデオカメラを用いる。また、特殊な機器として、高速度カメラを用いて撮影することがある。特に、遠心力場で実施する実験では、現象が実物に対して相似比倍早く進行するため、高速度カメラを用いて現象を記録する必要がある。また、高速度カメラで撮影する際は、対象とする現象に応じて撮影速度やシャッター速度、照明等に留意する必要がある。

例：共和電業製　　　　　　　　　　　　　　例：共和電業製

図2.3.13　加速度計とジャイロセンサ

例：ケネック製　　　　　　　　　　例：エイ・エヌ・ティ製

図2.3.14　砂面計

(9) データロガー・記録計

　各種センサーにより計測した計測値（電圧値、ひずみ値など）を読み取り、コンピュータにデジタルデータとして保存する機器をデータロガーという。これまではセンサーの計測値に応じた仕様のデータロガーが必要であったが、近年では、センサーの計測値に問わず、各々センサーからの計測値に応じたデータロガーを組み合わせて計測することが可能なマルチタイプのデータロガーユニットがある。

2.3.4　模型実験の手順

(1) 境界の設定

　実験で対象とする領域は、先述のとおり実験装置および実験土槽の寸法などの制約条件と相似則を踏まえて設定される。多くの模型実験では土槽を用いた実験が実施され、主に剛な壁面による境界条件が想定されるが、変形を拘束することで実際の現象と異なる現象となる可能性があるので注意が必要となる。例えば、境界の影響を低減するため、動的問題を対象とした検討では、せん断土槽と呼ばれる実験土槽を用いる工夫がとられている。

　模型実験では検討対象となる現象が境界による影響を極力受けないような領域の設定、縮尺比の設定、または、境界の工夫を施し、必要に応じて境界の影響を予め把握しておく。

(2) 模型地盤の作製方法

　a) 砂地盤と粘性土地盤の作製方法

　模型に用いる地盤材料としては砂や粘性土が利用されてきたが、実際の土は砂あるいは粘性土のみで構成されているとは限らず、礫や砂、シルト、粘土が混合している場合が多い。

　しかしながら、粒径の異なる土粒子が混合した地盤の挙動は複雑であるため、模型実験では単純化して砂あるいは粘性土を単体で用いることが多かった。このため、ここでは砂と粘性土の模型地盤の作製方法について述べる。

　過去に用いられてきた主な砂地盤の作製方法としては、以下に述べる方法が挙げられる。

① 砂ホッパーを用いた自由落下による方法

② 単純にスコップで砂を積み重ねる方法

③ 水を予め試料容器内に入れておいて砂を少量ずつ水面上に降らせて砂を水中落下させる　方法

④ 砂と水を混合して積み重ねる方法

　方法①で用いる砂ホッパーを図 2.3.15 に示す。この方法は、砂を入れるタンクの下部の排出口の径を絞って、砂を自由に落下させて堆積させる。砂が広く堆積するようにふるいを介して砂を落下させる場合もある。

　方法②は、スコップなどで単純に砂を積み上げる方法である。予め重量を計測しておいた砂を土槽内にまきだし、大型模型ではタンパやランマ等を用いて、小型模型では突き棒等を用いて所定の層厚になるように仕上げる場合もある。

　方法③は、均一かつ気泡を含まないように砂粒子を少量ずつ水面上において、砂粒子を水中落下によって堆積させる方法である。少量ずつ砂を降らせるために、時間を要する方法と言える。

　方法④は、砂を水で湿らせておいて、手やスコップで積み上げていく方法である。

　これらの砂地盤の作製方法の違いによって出来上がる砂地盤の均一性や相対密度は大きく異なる。また、実験ケース毎の再現性も異なる。4 つの方法の中で、均一性、相対密度の管理、再現性などの点で最も優れているものは方法①の砂ホッパーを用いた自由落下による方

法であろう。ただし、砂ホッパーを用意したり、大規模な模型実験の場合では砂ホッパーも大きくなるためにクレーンなどの設備が必要であったり、相対密度を調整するための事前検討が必要であるため、多少手間のかかる方法でもある。設備や労力を加味して各模型実験に最適な方法を採用する必要がある。

　重力場の模型実験において、粘性土を用いることは稀である。これは、比較的大きな模型を用いる重力模型実験では、粘性土地盤の作製に必要な圧密過程において、大規模な載荷装置や多大な時間を要するからであろう。また、土被り圧が小さい重力模型実験では、粘性土地盤の剛性や強度が小さくなり過ぎて、実物挙動の再現は困難である場合が多いことも原因として考えられる。このため、模型が比較的小さく、土被り圧も大きくできる遠心力場において、粘性土地盤の実験が精力的に実施されてきた。遠心力模型実験における粘性土地盤の作製方法としては、再現したい場所の粘性土をそのまま用いるのではなく、加水したスラリー状の粘性土を圧密して作ることが一般的である。この方法によれば、均一な地盤を作製できることに加えて、ケース毎の再現性も高く、地盤の剛性や強度も把握しやすいためである。

　材料としては現場で採取した土を用いることもあるし、工場で生成された粘性土（カオリン粘土など）を用いることもある。地盤の剛性や強度については、圧密応力の大きさや土被り圧によって調整され、その強度を知る方法として遠心力場において作動するミニチュアのベーン試験などがある。

b) 相対密度の調整

　砂の実験を行う場合、砂地盤の詰まり具合（相対密度）は地盤の変形や破壊挙動に大きな影響を与えるため、相対密度の管理はとても重要である。例えば、せん断特性一つにとっても、緩詰めの地盤はひずみとともにせん断抵抗力が増すが、密詰めの地盤はピーク値を示した後に軟化することもある。また、水中下において細砂で形成した地盤の密度が小さければ、振動によって砂地盤は詰まろうとして間隙水圧が上昇し、地盤の液状化が発生する。地盤が液状化すると、剛性や強度は大きく低下するため、地盤の変形・破壊挙動も大きく変化する。このため、再現しようとする実物の地盤条件を考慮し、適切に地盤の相対密度を設定することが重要である。

図 2.3.15　砂ホッパーの例

　先述のように、代表的な砂地盤の作製方法としては、① 砂ホッパーを用いた自由落下による方法や、② 単純にスコップで砂を積み重ねる方法、③ 水を予め試料容器内に入れておいて砂を少量ずつ水面上に降らせて砂を水中落下させる方法、④ 砂と水を混合して積み重ねる方法などがある。方法②では不均質な地盤が作製されるだけでなく、相対密度も実験ごとに変化してしまい、その値も積み重ねる方法によって様々である。ただし、先述のとおり予め重量を計測しておいた砂を土槽内にまきだし、機械的な締固め等により所定の層厚になるように仕上げることで、地盤全体の密度をある程度管理することも可能である。方法③や④においては相対密度を調整することが難しく、単一の比較的緩い砂地盤が形成される。緩い砂地盤を作製できるため、液状化実験などに採用されてきた。一方、方法①の自由落下方式では、相対密度を調整することが可能であり、この方法が最も広く採用されている。具体的には、砂を入れたタンクの下方の排出口の径やスリット幅を絞って砂を落下させるが、その落下高さや、口径・スリット幅、落下時にふるいを通過させるかどうかなどの条件を変えると相対密度を変化させることができる[2.3,37]。それぞれの大小が相対密度に与える影響については、図 2.3.16 にまとめている。例えば、落下高さを大きくすると相対密度は大きくなり、密な砂地盤を作製することが可能である。砂地盤の作製前に、実際に使う砂と砂ホッパーを用いて、作製される砂地盤の相対密度がどの程度になるか調べておき、模型実験で必要な相対密度を再現できる条件を予め明らかにしておく。それによって所定の相対密度の地盤を作製することが可能である。さらに、機械によって砂ホッパーを動かし、自動的に砂地盤を作製する技術もある。機械を用いることによって、ケース毎にほぼ等しい相対密度の地盤を作製することができる。

c) 飽和度の管理

　砂の実験を行う場合、飽和度の管理も重要な点である。水中下の砂地盤といっても、飽和した地盤と空気を含んだ地盤では、それらの挙動はまったく異なるためである。地盤工学では、間隙に占める間隙水の体積割合を飽和度と定義し、0％は完全に乾燥した土、100％は間隙が完全に水で満たされた土ということになる。飽和度の難しい点は、それが地盤の挙動に与える影響の感度の高さにある。飽和度に対して線形的に挙動が変化するのではなく、例えば、飽和度が95％の土と100％の土では、飽和度の違いはたった5％であるが、それらの水圧伝播特性は大きく変わる。水圧を伝播しようとしても空気が内存すると気泡が圧縮してしまい、水圧が伝播しにくいためである。間隙水圧の大きさは地盤の剛性や強度に大きな影響を与えるため、結果的に模型実験の結果に大きな影響を与える。このため、模型地盤の飽和

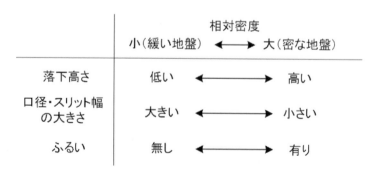

図 2.3.16　自由落下の条件が相対密度に与える影響

度を把握して管理することは重要である。

　三軸圧縮試験などの要素試験においては、飽和度の影響を調べる試験を除いて、飽和度をできるだけ高めた土に対して試験が実施される。その方法は、所定の相対密度に調整した乾燥砂地盤に対して二酸化炭素を流し込んで空気を二酸化炭素に置き換える。その後、脱気ポンプによって気圧を下げ、その状態で予め脱気しておいた水を下方から流し込み、乾燥砂地盤を水に浸す。空気を二酸化炭素に置換しておく理由は、仮に脱気によって間隙内に気体が残存してもそれは二酸化炭素であり、水に溶け込むからである。さらに、載荷試験中は、土に残った気体の体積を極力減らすために、間隙水圧を 200 kPa などに高めた状態で載荷を行う。この圧力を背圧という。三軸圧縮試験では、その飽和度が高まっていることを確認するために、拘束圧に対する間隙水圧の応答（B 値と呼ばれる）を計測する。

　模型実験においても、遠心力模型実験などの比較的小さな模型を用いる場合、要素試験の手法をまねて、図 2.3.17(a)に示すようなシステムで二酸化炭素置換と脱気状態での通水が行われることが多い。この方法で地盤を飽和させれば、要素試験での飽和度と近くなるため、模型実験の結果を解釈しやすい。二酸化炭素置換や脱気の有無が飽和度に与える影響については Takahashi et al.[2.3.38]が調べている。ただし、二酸化炭素による置換や脱気槽の準備などの手間がかかる。また、通水時間の長さも問題で、粘性流体を用いる実験では、通水時間に 1〜2 日間を要する。そこで最近では、Okamura & Inoue[2.3.39]が提案した遠心力場で通水する方法が採用されるケースが増えている。この方法は、乾燥した状態で砂地盤を作製しておき、模型に遠心力をかけた状態で通水を行う方法である（図2.3.17(b)参照）。遠心力を地盤にかけておくことで、浸透時におけるサクションによる水の吸い上げ量を小さくすることができ、間隙水内にトラップされる気泡を大幅に減らすことができる。また、土被り圧が大きくなるために、大きな水圧で水を流し込むことができ、短時間（粘性流体であっても数時間）で通水が可能である。

　重力場の模型実験における水を含んだ砂地盤の作製方法としては、水を予め試料容器内に入れておいて砂を少量ずつ水面上に降らせて砂を水中落下させる方法や、砂と水を混合して積み重ねる方法、乾燥地盤を作製して単純に水を浸透する方法などが多い。重力場の実験では、比較的大きな模型が用いられることが多く、脱気することや遠心力を加えて通水することが難しいためである。ただし、水中落下方法では 1 粒ずつ砂を落下させることは難しく、ある程度の塊で砂を降らせることになり、その塊内に気泡が残る可能性が高い。また、予め砂と水を混合させる場合と脱気を行わずに水を浸透させる場合においても、地盤内に気泡が

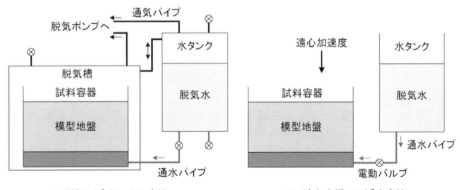

(a) 脱気・透水による方法　　　　　　　(b) 遠心力場での透水方法

図 2.3.17　地盤の飽和方法

残る。このため、重力場の実験においては、地盤は完全には飽和していないことに注意する必要がある。飽和度を知る方法としては、弾性波速度やサクションなどを計測して間接的に知る方法が考えられている。

(3) 計測機器のキャリブレーション

　実験で用いる計測機器から物理値（加速度、圧力、変位など）を得るためには、キャリブレーションを行う必要がある。キャリブレーションとは、計測値（電圧やひずみなど）と物理値の関係性（校正係数）を調べることである。計測機器が正常に作動するかを確認するためにも、実験前に実施する。キャリブレーションの詳細な方法は、2.2.4(2)で説明しているので、そちらを参照されたい。

(4) 実験データの取得及び整理

　実験により現象を定量的に評価するために、模型にセンサーを設置してデータを取得する。センサーの設置位置については、予備実験を通して適切な設置箇所を検討する。また、同時に予想される物理量と同等の値が計測できているか、センサーの応答値を確認する。

　縮尺比が小さい小型の模型実験を実施する場合、センサーが模型に対して相対的に大きいと現象を阻害する可能性がある。また、センサーが有線の場合、ケーブルの剛性や太さ、設置方法によっても現象に影響を及ぼす可能性があるため、影響が最小限となるような工夫を施す。遠心力場の実験においては、配線・固定方法が不十分であると、断線等により計測が不能となることや、センサーに遠心力が加わって飛ばされてしまうなど、場合によっては重大な事故へとつながる可能性も考えられるため、慎重に確認する。

　主に地盤工学で使用されるセンサーは、すでに2.3.3に示した通りである。使用用途に合わせてセンサーの種類、大きさなどが選定される。センサーの設置方法は、例えば、土槽に固定する方法や土中に埋設する方法が考えられる。土中に埋設する場合は、土中に直接敷設する方法や、固定具を作製して設置する方法が挙げられる。近年は、3Dプリンタを用いて固定治具を作製するなど、様々な工夫が施されている。

　加速度計、圧力計、土壌水分計、ひずみケージなどは、点としてのデータを取得することになる。点でのデータは局所的な変化を捉えることができるが、計測されたデータが現象と対比して妥当な数値、また変化であるかを見分けるためにも、複数のセンサーを用いて空間（または面）としての物理量変化を捉えるような計測をすることが望ましい。一方で、力計（ロードセル）や変位計は面や空間などの圧力値やひずみ値を積分した値を得ることとなる。そのため、対象とする現象と取得したい物理量を踏まえて、どのようなセンサーが妥当かを考える。例えば、圧力計とロードセルを組み合わせて測定することで、計測値の妥当性を確認でき、さらには、点と面もしくは空間を繋げるための理解を助けることになる[2.3.1)]。

　計測されたデータは、キャリブレーションによって得られた校正係数を用いて物理量へ変換する。得られた物理量をもとに、現象を定性的、定量的に評価することになるが、得られた数値が妥当であるか、現象を踏まえて判断することが非常に重要になる。得られた結果の解釈には、様々な観点から客観的に判断する必要がある。

　センサー以外に、AV機器を用いて現象を撮影し、視覚的に現象を考察する。地盤工学をはじめ、土木工学における模型実験では、実構造物の特徴から、平面ひずみ条件を仮定した二次元断面による検討が多く行われている。その場合、土槽側面の一部を可視化窓とし、可視化窓を介して模型断面に生じる現象を撮影する。平面ひずみ条件を満足するため、土槽境界による断面直交方向の変位をゼロとし、かつ、断面平行方向のせん断応力をゼロにする必要がある。また、模型断面に生じる現象が奥行き方向に一様に発生すると仮定するためにも、

可視化窓と模型断面の摩擦を極力生じさせない工夫が必要となる[2.3.1]。

　撮影した画像を用いて、画像解析により現象を定量的に評価することが行われている。その一つに、PIV（Particle Image Velocimetry）がある。PIV とは、計測された画像の輝度の変化を追跡することにより、その移動量（または、移動量を時間間隔で除した速度量）を求める計測法であり、例えば流体の流速計測法として近年広く活用されている。また、輝度の追跡にあたり、流体ではトレーサ材を混入する。地盤の計測の場合は、例えば地盤材料自体をトレーサ材の代わりに用いることや、地盤内にターゲットを埋め込み、ターゲットの変化を解析することにより、地盤の変形を定量化する。PIV に関する詳細については専門書を参照されたい[2.3.40]。

(5) 実験の実施順序

　模型実験における実験の実施順序としては、先述したとおり、予備実験を実施したのち、本実験を実施する。予備実験では、立案した実験計画に従い、模型実験における相似性の確認、実験手順の確認、実験安全性の確認等を実施するものとし、本実験を実施するための予備的な実験として位置付ける。予備実験で確認された手順や得られた実験結果を踏まえて、本実験の実験計画を確定する。本実験では、予備実験によって決定した実験方法に則り、実験計画に従って実施する。

2.3.5　代表的な模型実験例

(1) 砂地盤における支持力問題を対象とした静的模型実験

　静的問題として、砂の支持力問題を対象に既往の検討例を説明する。砂地盤の支持力問題に対しては、これまでに多くの研究が行われてきた（例えば、De Beer[2.3.41]）。岡村ら[2.3.42]が述べているとおり、土を等方的な完全剛塑性体と仮定した場合、2 次元の剛な浅基礎の鉛直載荷条件に関する支持力理論はほぼ完成されたものと考えられるが、その一方で、砂の支持力問題については基礎の寸法や形状、荷重の載荷条件、境界条件や砂の力学的特性の影響が複雑に影響を受けるため、正確な予測のためには更なる検討が必要と考える。また、破壊の進行性を考慮する必要も指摘されており[2.3.43]、水理模型実験において波動による海岸・海洋構造物の支持力問題を考える上では、これらの点に留意した検討が必要となる。

　Tatsuoka et al.[2.3.44]は砂地盤上の帯基礎の支持力問題を対象として、重力場と遠心力場の模型実験を行い、両者で同一の地盤材料を用いた Modeling of prototype を行っている。図 2.3.18 に各実験で得られた結果と有限要素解析によって得られた結果をもとにした実物に換算した基礎幅と支持力係数の関係を示す。龍岡ら[2.3.45]は寸法効果（scale effect）を圧力レベル効果（pressure level effect）と砂粒子と基礎幅の相対的大きさの効果（grain size effect）の足し合わせとして定義しており、図 2.3.18 を見るとある範囲の中で粒子寸法効果が顕著に生じることを示している。

　岡村ら[2.3.42]は、遠心力模型実験により帯基礎と円形基礎を用いて寸法効果（粒子寸法効果）を検討している。図 2.3.19 に Modeling of models による支持力係数－基礎幅の関係を示す。帯基礎の場合は基礎幅によって支持力係数が変化するのに対して、円形基礎の場合は基礎幅が変化しても支持力係数が変化しない結果を示している。X 線フィルムを用いて破壊モードを確認した結果、帯基礎の場合は明確なせん断帯が形成され不連続面を伴う破壊モードが発生したのに対して、円形基礎の場合は明確なせん断帯が形成されず連続的なせん断変形による破壊モードが生じていることが確認されている。

　以上のことから、粒子寸法効果がせん断帯の形成、すなわち破壊モードに影響を及ぼす可

能性があるため、2 次元断面の造波水路実験において破壊モードを検討する場合には土粒子の寸法効果を考慮する必要がある。

(2) 地震応答実験における重力模型実験と遠心力模型実験の比較

　動的問題における重力模型実験と遠心力模型実験の比較事例について紹介する。

a) 土構造物を対象とした検討

　林ら [2.3.46)]は盛土構造物を対象に、飽和砂地盤の液状化現象に着目した重力場と遠心力場における模型実験を実施し、両者を比較した。表 2.3.1 に重力場と遠心力場の相似則を示す。重力場の相似則は Iai[2.3.47)]により導かれた相似則が適用されている。本検討では、重力模型実験において縮尺比 1/3、1/5、1/10、遠心力場において縮尺比 1/20 の実験が行われている(表 2.3.2)。

　境界条件の違いとして、G-5 以外はすべてせん断土槽が用いられている。入力地震動は最大加速度 147 Gal の正弦波 60 波に統一されている。本研究の特徴として、地盤の透水係数の違いが挙動に与える影響を分析している点が挙げられる。一連の実験を通して、次の結果を得ている。

　まず、地盤内の応答加速度について、減衰や回復は定性的に同様の傾向が示されたが、定量的な取扱いは難しいようである。

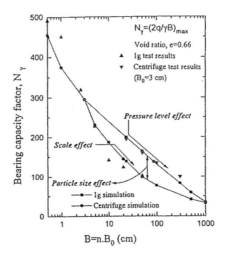

図2.3.18　帯基礎の支持力実験による粒子-寸法効果 [2.3.44)]

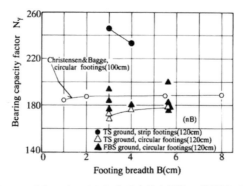

図2.3.19　Modeling of models による支持力係数－基礎幅の関係 [2.3.42)]

　過剰間隙水圧については、加振による水圧の上昇は定量的に一致したが、消散過程については間隙水の粘性と地盤の透水係数による違いが確認されたため、それらの実測値によって間隙水の粘性を調整することで定量的に挙動を再現できることが示されている（図 2.3.20）。

　盛土天端の変形については、境界条件による入力加速度の違いが表れていることや実測された模型のひずみ量とひずみの縮尺比に比例的な関係が見られていることを示している。

b) 構造物－地盤の複合問題を対象とした検討

　小濱ら[2.3.48]は、重力式岸壁を対象に長周期・長継続時間地震動による挙動について、重力場と遠心力場における模型実験を実施し、両者を比較した。重力場および遠心力場におけるそれぞれの実験模型概略図を図 2.3.21 に示す。また、縮尺比を表 2.3.3 に示す。重力場の相似則は Iai[2.3.47]により導かれた相似則が適用されている。重力場および遠心力場において、液状化を発生させない条件で実験が実施されており、次の結果を得ている。

　図 2.3.22 に重力場および遠心力場における振動台加速度、埋立地盤内での過剰間隙水圧およびケーソン水平変位の時刻歴を示す。埋立地盤内での過剰間隙水圧の応答については両者ともに変動は小さく、地盤の応力変化は同様であることが示されている。一方で、ケーソンの水平変位を見ると、残留変位量は重力場の結果に比べて遠心力場の結果は半分以下となっているが、振動台加速度の最大値は遠心力模型実験の方が大きい結果が示されている。入力地震動の成分分析により長周期成分が残留変位に影響を及ぼすことが確認されている。

表 2.3.1　林らの実験における相似比の一覧[2.3.46]を改変（一部修正）して転載

単位	相似比	
	重力場	遠心力場
長さ	$1/N$	$1/N$
単位体積重量	1	$1/N$
時間	$1/N^{0.75}$	$1/N$
応力	$1/N$	1
間隙水圧	$1/N$	1
変位	$1/N^{1.5}$	$1/N$
加速度	1	N
地盤の透水係数	$1/N^{0.75}$	1

表 2.3.2　林らの実験ケースと実験条件[2.3.46]を改変（一部修正）して転載

実験名	想定構造物	G-3	G-5	G-10	C-20-1	C-20-2
縮尺比	1	1/3	1/5	1/10	1/20	1/20
地盤深さ（m）	4.5	1.5	0.9	0.45	0.225	0.225
地盤幅（m）	－	2.8	1.8	1.0	0.60	0.60
地盤奥行（m）	－	2.8	1.8	1.0	0.60	0.60
実験場	重力場				遠心力場	
鉛直方向加速度	$1g$				$20g$	
透水係数（cm/s）	$1.21×10^{-1}$	$4.3×10^{-2}$	$4.3×10^{-2}$	$2.2×10^{-2}$	$8.0×10^{-3}$	$5.6×10^{-3}$

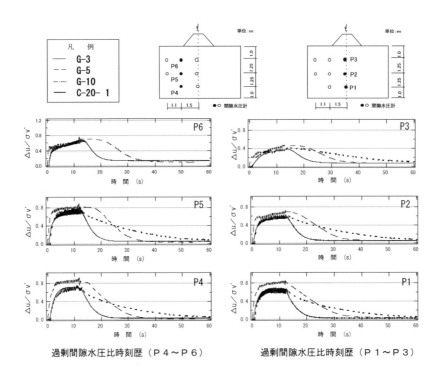

(a)　重力模型実験と遠心力模型実験（C-20-1）の比較

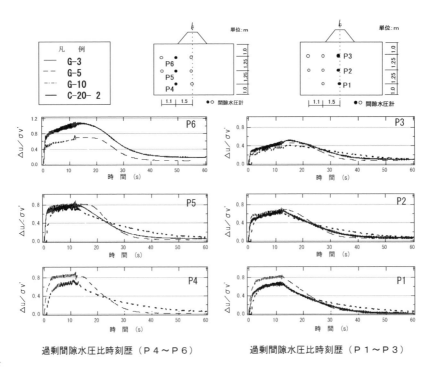

(b)　重力模型実験と遠心力模型実験（C-20-2）の比較

図2.3.20　過剰間隙水圧の上昇と消散過程 [2.3.46)]

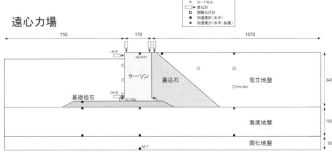

図 2.3.21　重力模型実験と遠心力模型実験における模型断面図 [2.3.47)]

表 2.3.3　小濱らの実験における相似比の一覧 [2.3.47)]

パラメータ	実物 / 模型	
	重力場	遠心力場
長さ	20	50
密度	1	1
時間	$20^{0.75}$	50
応力	20	1
加速度	1	1/50
速度	$20^{0.75}$	1
変位	$20^{1.5}$	50

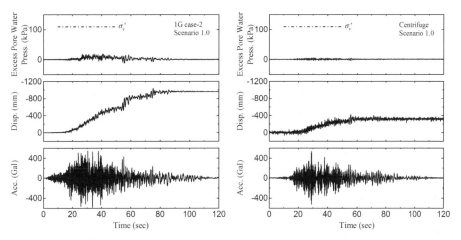

図 2.3.22　重力模型実験（左）および遠心力模型実験（右）における振動台加速度、埋立地盤内での
過剰間隙水圧およびケーソン水平変位の時刻歴 [2.3.47)]

　小濱ら [2,3,48)] は、着目する現象に対する影響因子を抽出し、感度分析を行うことで現象を解明するための有益な情報が得られることを示している。このように、得られた実験結果から現象を理解するためにはデータの分析方法についても工夫が重要である。

　上記に動的問題を対象とした重力模型実験と遠心力模型実験を比較した事例を紹介した。重力模型実験と遠心力模型実験における相似則は確立しており、両者の実験から得られた結果は大凡の現象傾向が類似していることから、現象の再現性を有していることが分かる。

2.4　地盤材料の取扱いに関するレビューと課題の整理

2.4.1　水理模型実験における移動床実験を取り扱った既往の実験例

(1)　波動−地盤の複合問題に関する模型実験

　土木学会論文集 B2（海岸工学）、土木学会論文集 B3（海洋開発）およびその前身の論文集から、a) 波動による海底地盤の土砂移動に関する既往の実験事例と b) 波動による海底地盤の間隙水圧応答に関する既往の実験事例について取りまとめた。

a)　波動による海底地盤の土砂移動に関する既往の実験事例

　波動による海底地盤の土砂移動に関する研究においては、砂の移動限界、浮遊砂の移動、砂れんの発生・移動、シートフロー状の砂移動、混合粒径による移動への影響、砂れんの浸透流による消滅等について重力模型実験により検討されてきた。

　表 2.4.1 に波動による海底地盤の土砂移動に関する研究について、実験で取り扱われた地盤材料が明記されている代表的な事例を示す。実験では検討対象に合わせて造波断面水槽や振動流断面水槽が用いられている。これらの実験では想定する波浪場に対してフルード則に従った模型実験が実施されたものと考えられるが、実験縮尺などの詳細な実験条件の記述はなかった。移動床に用いられた地盤材料については、実物の地盤材料と同じ材料を用いていると示す事例はあるが、多くの事例は使用した理由が明確に記述されていなかった。一方で、実際の地盤材料以外に人工真珠等の比重が軽い材料を使用する事例があった。

b)　波動による海底地盤の応力変化に関する既往の実験事例

　波動による海底地盤の応力変化に関する研究においては、地盤内の間隙水圧応答、浸透流、液状化・流動化と高密度化、液状化と漂砂（シートフロー）等について重力場および遠心力場での模型実験により検討されてきた。

　表 2.4.2 に波動による海底地盤の応力変化に関する研究について、実験で取り扱われた地盤材料が明記されている代表的な事例を示す。a) 波動による海底地盤の土砂移動に関する既往の実験事例と同様に、重力模型実験における検討では造波断面水槽や振動流断面水槽が用いられている。一方で、波動による海底地盤の応力変化を対象とする場合は、遠心力模型実験が実施されている。その理由として、遠心力模型実験においては、2.3.2 b)で示しているとおり応力、ひずみ、速度の相似係数が 1 であることから、模型において実物と同じ応力場を再現することが可能なためである。

　幾つかの事例では想定する実物の波浪条件を踏まえた検討が行われていると考える。移動床に用いる地盤材料については、実物の地盤材料と同等の材料が用いられていると想定する。また、軽量骨材や粒状大理石を使用している事例もある。遠心力模型実験においては、地盤材料の剛性や強度、応力−ひずみ関係などの力学特性が実物と模型で整合するように、実物と同等の材料が用いられている。また、透水時間における相似則を満たすために粘性流体が

用いられている。粘性流体を用いる理由については、第 3 章に詳細な説明があるので参照されたい。

表 2.4.1　波動による海底地盤の土砂移動に関する既往の実験事例

著者	対象とする現象	実験種別	地盤材料
岩垣・野田 [2.4.1)]	海浜変形実験における縮尺効果	重力場	砂：平均粒径 0.36 mm、比重 2.70
佐藤・田中 [2.4.2)]	砂の移動限界 ripple 移動	重力場	砂：1〜2 mm、0.35〜0.71 mm、0.125〜0.25 mm
本間ら [2.4.3)]	波による浮遊砂の移動	重力場	細砂：中央粒径 0.178 mm、標準偏差 0.032 mm
松梨・大味 [2.4.4)]	砂れんの発生機構	重力場	砂（比較的一様）：中央粒径 0.14 mm
野田 [2.4.5)]	波による底質の浮遊	重力場	塩化ビニール粒（ほぼ均一）：中央粒径 0.13 mm，比重 1.15
中村ら [2.4.6)]	波と流れによる砂の移動	重力場	砂：真比重 2.64（粒径加積曲線あり）
日野ら [2.4.7)]	波による砂移動	重力場	標準砂：粒径 0.15 mm、比重 2.65
山下ら [2.4.8)]	振動流によるシートフロー状砂移動	重力場	人工真珠：粒径 3 mm・5 mm、比重 1.58
鈴木ら [2.4.9)]	砂の移動	重力場	細砂：中央粒径 0.18 mm、沈降速度 21 mm/s 粗砂：中央粒径 0.87 mm、沈降速度 100 mm/s
後藤ら [2.4.10)]	砂の移動	重力場	砂（均一）：粒径 0.25 mm、比重 2.65
Mohammad ら [2.4.11)]	混合層厚に影響を与える砂の移動層厚	重力場	豊浦砂：中央粒径 0.2 mm、比重 2.65、沈降速度 23 mm/s 相馬砂：中央粒径 0.55 mm、比重 2.65、沈降速度 70 mm/s 相馬砂：中央粒径 0.80 mm、比重 2.65、沈降速度 100 mm/s
酒井ら [2.4.12)]	混合粒径の漂砂の移動過程	重力場	人工真珠の核：粒径 5.15 mm、9.88 mm、15.60 mm を所定の混合率で投入、比重 1.318
鈴木 [2.4.13)]	砂れんの浸透流による消滅	重力場	砂：粒径 0.87 mm

(2) 波動－構造物－地盤の複合問題に関する模型実験

　波動－構造物－地盤の複合問題に関する模型実験として、波動による構造物周りの漂砂に関する模型実験に関する既往の実験事例のうち、模型縮尺と砂地盤材料に言及のあるものの一例を表2.4.3に示す。

　表2.4.3に示すように、造波水槽の制約等から様々な模型縮尺で実験が行われているが、それぞれの模型縮尺で侵食や吸い出し等の実現象を再現できるように砂地盤材料を工夫して決定して実験が行われている。

表2.4.2　波動による海底地盤の応力変化に関する既往の実験事例

著者	対象とする現象	実験種別	地盤材料
前野ら [2.4.14]	砂層表面の液状化	重力場	難波江砂： 　平均粒径0.16 mm、有効径0.114 mm、均等係数1.53、比重2.70、透水係数2.3×10^{-4} m/s
善・山崎 [2.4.15]	浸透流と液状化	重力場	豊浦標準砂： 　50 %粒径0.181 mm、均等係数1.79、比重2.647；波崎砂：50 %粒径0.16〜0.17 mm、均等係数1.5〜1.6、比重2.689（粒径加積曲線あり）
泉宮ら [2.4.16]	間隙水圧応答	重力場	新潟東港付近の砂： 　平均粒径0.18 mm
前野・徳富 [2.4.17]	間隙水圧変動	重力場	前野ら [2.4.14] と同じ
前野・内田 [2.4.18]	間隙水圧応答	遠心力場	豊浦標準砂： 　中央粒径0.208 mm、有効径0.170 mm、均等係数1.282、比重2.637（詳細な情報あり）
酒井ら [2.4.19]	地盤飽和度と間隙水圧分布の関係、間隙水圧変動と地盤変動、漂砂	重力場	砂：中央粒径0.25 mm、透水係数3.9×10^{-4} m/s（最大間隙比時）
中野ら [2.4.20]	底質の液状化と漂砂（シートフロー）	重力場	軽量骨材（石川ライト6号）： 　平均粒径0.14 mm、比重2.08
山下ら [2.4.21]	変動水圧による緩い砂地盤の沈下、硬度化、液状化	重力場	珪砂：粒径0.15 mm
宮本ら [2.4.22]	砂質地盤の液状化とそれに伴う流動過程	遠心力場	珪砂7号：平均粒径0.14 mm 粒状大理石：平均粒径3 mm、比重2.7
酒井ら [2.4.23]	海底地盤の漂砂移動	重力場	酒井ら [2.4.19] と同じ

2. 模型実験の方法論　47

2.4.2　水理模型実験における地盤材料の取扱いに関する課題の抽出と整理

　2.4.1 では水理模型実験における移動床実験を取り扱った主な既往の研究例を示した。波動に関する水理模型実験および地盤模型実験においては、各々の分野で実験手法が確立してきた一方で、本節で示している水と土が複合する問題を対象とした水理模型実験では、各々の分野で確立した実験技術を援用しているものの、実験結果の解釈に必要となる相似則の検討が不十分であり、各々の分野・機関において独自の検討がされているのみである。そのため、十分に統一された実験手法の確立までには至っていないと考える。

表2.4.3　波動−構造物−地盤の相互作用に関する既往の実験事例

著者	対象構造物	実験縮尺	地盤材料	地盤材料決定の根拠・工夫など
入江ら [2.4.24)]	防波堤	1/75	中央粒径 0.14 mm の砂	腹の位置に堆積が生じるLタイプとなるように決定
		1/50	中央粒径 0.07 mm の砂	同上
梅沢ら [2.4.25)]	消波ブロック被覆堤	1/75	中央粒径 0.16 mm の砂	漂砂の移動形態の相似を考え、実物スケールで中央粒径 1 mm に相当する砂を使用
高橋ら [2.4.26)]	ケーソン式護岸	1/20	10 %粒径 0.13 mm、空隙率 0.445、湿潤密度 1.90 g/cm³、実質部分 2.70 g/cm³ の砂	砂層内部での圧力減衰が小さく現れる可能性を指摘
金谷ら [2.4.27)]	直立堤	1/30	平均粒径 0.15 m、比重 2.66、均等係数 1.88、最大間隙比 1.023、最小間隙比 0.595 の砂	砂地盤の透水係数の相似が概ね満足していることを確認
榊山・鹿島 [2.4.28)]	消波ブロック被覆護岸	1/60	中央粒径 0.16 mm と 0.2 mm の砂	模型縮尺の効果を検討
野口ら [2.4.29)]	緩傾斜堤	1/2	中央粒径 0.32 mm の砂	現地に近い中央粒径の砂を使用. 完全な縮小模型では侵食が進まなかったため、裏込上層の割栗石を省略して模型を簡略化
鈴木ら [2.4.30)]	消波ブロック被覆堤	1/16	中央粒径 0.08 mm の砂とシルトの混合材料	砂が動きにくくなるのを防ぐため、粒径の小さい材料を使用
		1/4	中央粒径 0.2 mm、透水係数 0.05 cm/s の砂	一般的な現地と同じサイズの砂を使用
山本・南 [2.4.31)]	海岸堤防	1/30	中央粒径 0.20 mm と 0.66 mm の砂を 2:1 で混合した材料	伊藤・土屋の底質に関する相似則に基づいて決定
村岡ら [2.4.32)]	消波ブロック被覆堤	1/55.8	中央粒径 0.15 mm の砂	粘着性の影響を避けるため、沈降速度の相似則により決定したよりも若干大きい砂を使用

　水と土が複合する問題としての波動による土砂移動現象は、土粒子を移動させるための駆動力となる底面せん断力（シールズ数）、地盤強度のせん断力を変化させる浸透力などが複雑に作用するマルチフィジクスな問題と考えられることから、水理模型実験における地盤材料の取扱いは十分に議論しなければならない重要な課題である。特に、課題解決には海岸工学分野と地盤工学分野のこれまでの知見を踏まえた分野融合による検討が必要不可欠と考える。

　ここでは、土砂移動現象を対象とした水理模型実験における地盤材料の取扱いに関する課題を抽出する。

- ・ 移動床に用いられる地盤材料は想定する現地の地盤材料と同等の粒径の材料が用いられることが多いが、実現象との整合性が不明確である。
- ・ シールズ数に着目して人工真珠等の比重が軽い材料を用いる工夫がなされているが、実現象との整合性が不明確である。
- ・ 基本的には中央粒径（または、平均粒径）のみが相似パラメータとして適用されており、地盤材料特性が十分考慮されている訳ではない。

　また、洗掘、侵食、吸出し等の作用に伴う進行速度や地形が均衡状態に至るまでの時間の相似性などについても不明確であることを挙げておく。加えて、構造物の安定問題を対象とした波動－構造物－地盤の複合問題については、支持力破壊などによる影響など地盤工学的視点を考慮する必要がある。

　上述は地盤の状態が水中における飽和状態での現象を主として説明してきたが、海浜変形や護岸の安定性などの問題を対象とする場合は不飽和地盤を対象とするため、毛管現象やサクションの影響を考慮しなければならない。

　これらの問題を踏まえ、特に水と土が複合する土砂移動現象を対象として、第3章では相似則を導出し、第4章では相似則の理解を深めながら、かつ、先述の課題解決に向けたアプローチとしてのケーススタディー結果を示す。

参考文献

2.1　実験の目的

2.1.1) 地盤工学会: 地盤工学における模型実験入門, 丸善, 1994.

2.1.2) 三笠正人: 土質工学と模型実験, 土と基礎, 28(5), 1980,
　　　https://dl.ndl.go.jp/info:ndljp/pid/10430785?tocOpened=1.

2.1.3) 柴田徹, 太田秀樹 : 土質工学と模型実験, 土と基礎, 25(5), pp. 9-14, 1980,
　　　https://dl.ndl.go.jp/info:ndljp/pid/10430785?tocOpened=1.

2.1.4) Terzaghi, K.: Erdbaumechanik auf Bodenphysikalischer Grundlage, Deuticke, Wien, 1925.

2.1.5) Rocha, M.: The possibility of solving soil mechanics problems by the use of models, Proceeding of the 4th International Conference on Soil Mechanics and Foundation Engineering (ICSMFE), Vol. 1, pp. 183-188, 1957.

2.1.6) Phillips, Edouard : De l'equilibre des solides elastiques semblables, 68, C. R. Acad. Sci., Paris, pp. 75-79, 1869.

2.2　水理模型実験

2.2.1) 椹木亨: 環境圏の新しい海岸工学, フジ・テクノシステム, 1999.

2.2.2) Hudson, R.Y.: Reliability of Rubble-mound Breakwater Stability Models, U.S. Army Engineer Waterways

Experiment Station, 1975.

2.2.3) 長谷川巌, 有川太郎: 近年における水理模型実験施設の変遷, 土木学会論文集 B3（海洋開発）, Vol. 75, No. 2, pp. I_349-I_354, 2019.

2.2.4) 池谷毅, 岩田善裕, 奥田泰雄, 喜々津仁密, 石原晃彦, 長谷川巌, 橋本純, 小畠大典: 水理模型実験における陸上構造物に作用する津波力に及ぼす実験水路幅の影響, 土木学会論文集 B2(海岸工学), Vol. 73, No. 2, pp. I_901-I_906, 2017.

2.2.5) 合田良美, 鈴木康正, 岸良安治, 菊池治: 不規則波実験における入・反射波の分離推定法, 港湾技研資料, No. 248, 24p. , 1976.

2.2.6) 谷本勝利, 富永英治, 村永努: 水路における不規則波の再反射波の影響について, 港湾技研資料, No. 467, 23p., 1983.

2.2.7) Frigaard, R., Christensen, M.: An Absorbing Wave-Maker Based on Digital Filters, Proceedings of the 24th International Conference on Coastal Engineering, ASCE, pp.168-180, 1994.

2.2.8) 平口博丸, 鹿島遼一, 川口隆: 水面波形制御方式による無反射造波機の不規則波実験への適用性, 第 35 回海岸工学講演会論文集, pp.30-34, 1988.

2.2.9) 合田良美: 耐波工学　港湾・海岸構造物の耐波設計, 鹿島出版会, 2008.

2.2.10) 本間仁, 堀川清司: 海岸環境工学　海岸過程の理論・観測・予測方法, pp. 408, 東京大学出版, 1985.

2.2.11) 谷本勝利, 高橋重雄, 吉本靖俊: 衝撃応答波形からの外力推定法について, 港湾技研資料, No. 474, 24p., 1983.

2.2.12) 高橋重雄, 谷本勝利, 下迫健一郎: 消波ブロック被覆堤直立部の滑動安定性に対する波力とブロック荷重, 港湾技研報告, Vol. 29, No. 1, 1990.

2.3　地盤模型実験

2.3.1) 地盤工学会: 地盤工学における模型実験入門, 丸善, 1994.

2.3.2) 五十嵐保, 杉山均: 流体工学と伝熱工学のための次元解析活用法, pp. 10, 共立出版, 2013.

2.3.3) 江守一郎, 斉藤孝三, 関本孝三: 模型実験の理論と応用［第三版］, 技報堂出版, p. 17, 2000.

2.3.4) 岡村未対, 竹村次朗, 上野勝利: 講座-遠心模型実験―実験技術と実務への応用― 2 遠心模型の相似則, 実験技術－利点と限界, 土と基礎, 52(10), pp. 37-44, 2004. https://dl.ndl.go.jp/info:ndljp/pid/10443684.

2.3.5) 河端俊典, 毛利栄征, 近藤武: 大口径低外圧剛性パイプの埋設挙動－現場埋設実験と施工過程を考慮した非線形弾性解析－, 農業土木学会論文集, 167 号, pp. 19-27, 1993.

2.3.6) Loh, C. K., Tan, T. S. and Lee, F.H.: Three-dimensional excavation tests, Proceedings of the International Conference Centrifuge 98, pp. 649-654, 1998.

2.3.7) 高田直俊, 大島昭彦, 池田通陽, 竹内功: 重錘落下締固め工法の遠心模型実験－重錘貫入量と地盤変形－, 土木学会論文集, No.475／III-24, pp. 89-97, 1993.

2.3.8) Zornberg, J.G., Mitchell, J.K. and Sitar, N.: Testing of Reinforced Slopes in a Geotechnical Centrifuge, Geotechnical Testing Journal, Vol. 20, No. 4, pp. 470-480, 1997.

2.3.9) Petrov, R.J., Rowe, R.K. and Quigley, R.M.: Selected factors influencing GCL hydraulic conductivity, Journal of Geotechnical and Geoenvironmental Engineering, Vol. 123, Issue 8, pp. 683–695, 1997.

2.3.10) Zornberg, J.G., McCartney, J.S. and Swan, R.H., Jr.: Analysis of a large database of GCL internal shear strength results, Journal of Geotechnical and Geoenvironmental Engineering, Vol. 131, Issue 3, pp. 367-380, 2005.

2.3.11) Vukelic´, A., Szavits-Nossan, A. and Kvasnicka, P.: The influence of bentonite extrusion on shear strength of

GCL/geomembrane interface, *Geotextiles and Geomembranes*, Vol. 26, Issue 1, pp. 82-90, 2008.

2.3.12) Viswanadham, B.V.S., Rajesh, S. and Bouazza, A.: Eeffect of Differential Settlements on the Sealing Efficiency of GCLs compared to CCLs: Centrifuge Study, *Geotechnical Engineering Journal of the SEAGS & AGSSEA*, Vol. 43, No. 3, pp. 55-61, 2012.

2.3.13) Sawada, Y., Nakazawa, H., Take, W.A. and Kawabat, T.: Effect of installation geometry on dynamic stability of small earth dams retrofitted with a geosynthetic clay liner, *Soils and Foundations,* Vol. 59, No. 6, pp. 1830-1844, 2019.

2.3.14) Phillips, Edouard : De l'equilibre des solides elastiques semblables, 68, C. R. Acad. Sci., Paris, pp. 75-79, 1869.

2.3.15) Pokorovski, G.I., Fedorov, I.S.: Studies of soil pressures and soil deformations by means of a centrifuge, Proc. 1st International Conference on Soil Mechanics and Foundation Engineering, 1, p. 70, 1936.

2.3.16) Schofield, A.N.: Cambridge geotechnical centrifuge operations, Geotechnique, 30(3), pp. 227-268, 1980.

2.3.17) Bucky, P.B.: Use of models for the study of mining problems, Am. Inst. Mining and Metallurgical Engineers, Tech. Pub., 425, pp. 3-28, 1931.

2.3.18) Schofield, A. N., Dynamic and Earthquake Geotechnical Centrifuge Modelling, International Conferences on Recent Advances in Geotechnical Earthquake Engineering and Soil Dynamics. 2., 1981, https://scholarsmine.mst.edu/icrageesd/01icrageesd/session05/2

2.3.19) 木村孟他, 講座-遠心模型実験：10 座談会, 土と基礎, 36(9), 1988, https://dl.ndl.go.jp/info:ndljp/pid/10434770?tocOpened=1.

2.3.20) 三笠正人, 高田直俊, 望月秋利: 遠心力を利用した土構造物の模型実験, 土と基礎, 土質工学会, 28(5), pp. 15-23, 1980, https://ci.nii.ac.jp/naid/110003971000 (2020.9.1 参照).

2.3.21) 大阪市立大学地盤工学研究室 HP: http://geo.civil.eng.osaka-cu.ac.jp/~jibanken/ （2020.9.7 閲覧）

2.3.22) Cambridge University,: Geotechnical and Environmental Research Group HP, https://www-geo.eng.cam.ac.uk/directory/facilities/Physical （2020.9.7 閲覧）

2.3.23) TC104: https://www.issmge.org/committees/technical-committees/fundamentals/physical-modelling, 2020.

2.3.24) 三宅達夫, 角田紘子, 前田健一, 坂井宏隆, 今瀬達也: 津波の遠心力場における実験手法の開発とケーソン式防波堤への適用. 海洋開発論文集, Vol. 25, pp. 87-92, 2009.

2.3.25) 今瀬達也, 前田健一, 三宅達夫, 鶴ケ崎和博, 澤田豊, 角田紘子: 津波力を受ける捨石マウンド－海底地盤の透水現象に着目した海岸構造物の安定性, 土木学会論文集 A2 (応用力学) , Vol. 67, No. 1, pp. 133-144, 2011.

2.3.26) Sassa, S. and Sekiguchi, H.: Wave-induced liquefaction of beds of sand in a centrifuge, Géotechnique, 49(5), pp. 621-638, 1999.

2.3.27) Takahashi, H., Sassa, S., Morikawa, Y., Takano, D., and Maruyama, K.: Stability of caisson-type breakwater foundation under tsunami-induced seepage, Soils and Foundations, 54(4), pp. 789-805, 2014.

2.3.28) Garnier, J., C. Gaudin, S. M. Springman, P. J. Culligan, D. Goodings, D. Konig, B. Kutter, R. Phillips, M. F. Randolph, and L. Thorel.: 'Catalogue of scaling laws and similitude questions in geotechnical centrifuge modelling', International Journal of Physical Modelling in Geotechnics, 7: 01-23, 2007.

2.3.29) Madabhushi, Gopal: Centrifuge Modelling for Civil Engineers, CRC press, Talylor and Francis Group, pp. 292, 2015, ISBN: 978-0-415-66824-8.

2.3.30) Tobita, T., Ashino, T., Ren, J. and Iai, S.: Kyoto University LEAP-GWU-2015 tests and the importance of curving the ground surface in centrifuge modelling, Soil Dynamics and Earthquake Engineering, 113, pp. 650-662, 2018, http://dx.doi.org/10.1016/j.soildyn.2017.10.012.

2.3.31) Klinkvort, Rasmus Tofte, Jonathan Black, Steven Bayton, Stuart Haigh, Gopal Madabhushi, Matthieu Blanc, L. Thorel, Varvara Zania, and Christophe Gaudin.: A review of modelling effects in centrifuge monopile testing in sand, 2018.

2.3.32) Tan, T. S., and R. F. Scott.: Centrifuge scaling considerations for fluid-particle systems, Geotechnique, 35, pp. 461-70, 1985.

2.3.33) White D, Randolph M, Thompson B.: An image-based deformation measurement system for the geotechnical centrifuge. International Journal of Physical Modelling in Geotechnics, 5(3), pp. 1-12, 2005.

2.3.34) 中村公人: 現地圃場における土壌水分観測について思うこと，土壌の物理性 (Journal of the Japanese Society of Soil Physics)，Vol.138，pp.53-54，2018.

2.3.35) 中島誠，井上光弘，澤田和夫，クリス ニコル: ADR 法による土壌水分量の測定とキャリブレーション，地下水学会誌，第 40 巻，第 4 号，pp. 509-519，1998.

2.3.36) 加藤史訓，諏訪義雄，鳩貝聡，藤田光一: 津波越流に対して粘り強く減災効果を発揮する海岸堤防の構造検討，土木学会論文集 B2 (海岸工学)，Vol. 70，No. 1，pp. 31-49，2014.

2.3.37) Rad, N.S. and Tumay, M.T.: Factors affecting sand specimen preparation by raining, Geotechnical Testing Journal, Vol. 10, Issue 1, pp. 31-37, 1987.

2.3.38) Takahashi, H., Kitazume, M., Ishibashi, S., and Yamawaki, S.: Evaluating the saturation of model ground by P-wave velocity and modelling of models for a liquefaction study, International Journal of Physical Modelling in Geotechnics, Vol. 6, Issue 1, pp. 13-25, 2006.

2.3.39) Okamura, M. and Inoue, T.: Preparation of fully saturated models for liquefaction study, International Journal of Physical Modelling in Geotechnics, Vol. 12, Issue 1, pp. 39-46, 2012.

2.3.40) 可視化情報学会，PIV ハンドブック，森北出版株式会社，2002.

2.3.41) De Beer, E. E.: Experimental Determination of the Shape Factors and the Bearing Capacity Factors of Sand, Géotechnique, 20(4), pp. 387-411, 1970.

2.3.42) 岡村未対，竹村次朗，木村孟: 砂地盤における円形及び帯基礎の支持力に関する研究，土木学会論文集，No.463/III-22，pp. 85-94，1993.

2.3.43) Kimura, T., Kusakabe, O. and Saitoh, K.: Geotechnical model tests of bearing capacity problems in a centrifuge, Géotechnique, 35(1), pp. 33-45, 1985.

2.3.44) Tatsuoka, F., Goto, S., Tanaka, T., Tani, K. and Kimura, Y.: Particle size effects on bearing capacity of footing on granular material, Proc. IS-NAGOYA, pp. 133-138, 1997.

2.3.45) 龍岡文夫，森本励，谷和夫，大嶋康孝，岡原美知夫，高木章次，森浩樹，龍田昌毅: 砂地盤の支持力問題におけるせん断強度・実験値・設計計算式の関係，第 34 回土質工学シンポジウム発表講演集，pp. 17-22，1989.

2.3.46) 林健太郎，藤井斉昭，松村伴博，北條一男: 重力場と遠心力場における動的模型実験の相似則の比較，土木学会論文集，No. 582，III-41，pp. 207-216，1997.

2.3.47) Iai, S.: Similitude for Shaking Table Tests on Soil-Structure-Fluid Model in 1G Gravitational Field, Report of the Port and Harbour Research Institute, Vol. 27, No. 3, pp. 3-24, 1988.

2.3.48) 小濱英司，菅野高弘，宮田正史，野口孝俊: 長周期・長継続時間地震動を受ける重力式岸壁の挙動に関する模型振動実験，地震工学論文集，土木学会，第 29 巻，pp. 396-405，2007.

2.4　地盤材料の取扱いに関するレビューと課題の整理

2.4.1) 岩垣雄一, 野田英明: 海岸変形の実験における縮尺効果の研究，第 8 回海岸工学講演会講演集, pp. 139-143, 1961.

2.4.2) 佐藤昭二, 田中則男: 水平床における波による砂移動について, 第 9 回海岸工学講演会講演集, pp. 95-100, 1962.

2.4.3) 本間仁, 堀川清司, 鹿島遼一: 波による浮遊砂に関する研究, 第 11 回海岸工学講演会講演集, pp. 159-168, 1964.

2.4.4) 松梨順三郎, 大味啓介: 波による底質の変形について, 第 11 回海岸工学講演会講演集, pp. 169-174, 1964.

2.4.5) 野田英明: 波による底質の浮遊, 第 14 回海岸工学講演会講演集, pp. 306-314, 1967.

2.4.6) 中村充, 白石英彦, 佐々木泰雄, 伊藤三甲雄: 波と流れによる砂の移動について, 第 15 回海岸工学講演会講演集, pp. 115-120, 1968.

2.4.7) 日野幹雄, 福岡捷二, 吉沢恵: 波による砂漣のスペクトルについての実験, 第 15 回海岸工学講演会講演集, pp. 121-125, 1968.

2.4.8) 山下俊彦, 沢本正樹, 武田秀幸, 横森源治: 移動床上の振動流境界層とシートフロー状砂移動に関する研究, 第 32 回海岸工学講演会論文集, pp. 297-301, 1985.

2.4.9) 鈴木高二朗, 渡辺晃, 磯部雅彦, Mohammad Dibajnia: 振動流作用下における混合粒径底質の移動現象について, 海岸工学論文集, 第 41 巻, pp. 356-360, 1994.

2.4.10) 後藤仁志, 酒井哲郎, 柏村真直, 田中博章: 被圧海底地盤内の間隙水圧分布を考慮した底質の移動限界, 海岸工学論文集, 第 42 巻, pp. 496-500, 1995.

2.4.11) Mohammad Dibajnia, 高沢大志, 渡辺晃: 混合粒径砂における移動層厚と漂砂量に関する研究, 海岸工学論文集, 第 45 巻, pp. 481-485, 1998.

2.4.12) 酒井哲郎, 後藤仁志, 沖和哉, 高橋智洋: 混合粒径シートフロー漂砂の鉛直分級過程の可視化実験, 海岸工学論文集, 第 46 巻, pp. 516-520, 1999.

2.4.13) 鈴木高二朗: 砂漣の浸透流による消滅について, 海岸工学論文集, 第 48 巻, pp. 481-485, 2001.

2.4.14) 前野賀彦, 松岡裕二, 林田洋明, 間瀬肇: 砂漣形状と間隙圧発達特性との関係, 海岸工学論文集, 第 36 巻, pp. 789-793, 1989.

2.4.15) 善功企, 山崎浩之: 波浪による海底地盤中の浸透流と液状化現象, 海岸工学論文集, 第 37 巻, pp. 738-742, 1990.

2.4.16) 泉宮尊司, 古俣弘和, 阿部一弘: 海底地盤の圧密係数および間隙圧係数の測定法に関する研究, 海岸工学論文集, 第 37 巻, pp. 743-747, 1990.

2.4.17) 前野賀彦, 徳富啓二: 波浪により引き起こされる砂層内間隙水圧の位相特性, 海岸工学論文集, 第 37 巻, pp. 749-753, 1990.

2.4.18) 前野賀彦, 内田一徳: 遠心載荷装置による波浪を受ける海底地盤内応力場の再現, 海岸工学論文集, 第 37 巻, pp. 754-758, 1990.

2.4.19) 酒井哲郎, 後藤仁志, 川崎順二, 高尾和宏: 振動流・水圧変動共存下での地盤内間隙水圧分布, 海岸工学論文集, 第 43 巻, pp. 1006-1010, 1996.

2.4.20) 中野晋, 大村史朗, 高橋努, 三井宏: 波浪による底質の液状化に及ぼす浸透流の影響, 海岸工学論文集, 第 43 巻, pp. 536-540, 1996.

2.4.21) 山下俊彦, 南村尚昭, 阿久津孝夫, 谷野賢二: 波浪による砂地盤の沈下・硬度化と液状化, 海岸工学論文集, 第 44 巻, pp. 911-915, 1997.

2.4.22) 宮本順司, 佐々真志, 関口秀雄: 波浪による砂質地盤の液状化と流動変形過程, 海岸工学論文集, 第 47 巻, pp. 921-925, 2000.

2.4.23) 酒井哲郎, 後藤仁志, 原田英治, 羽間義晃, 井元康文: 波浪による海底地盤の液状化が漂砂量に及ぼす影響, 海岸工学論文集, 第 48 巻, pp. 981-985, 2001.

2.4.24) 入江功, 栗山善昭, 浅倉弘敏: 防波堤前面の洗掘防止工について, 第 35 回海岸工学講演会論文集, pp. 445-449, 1985.

2.4.25) 梅沢信敏, 遠藤仁彦, 柳瀬知之, 牛嶋龍一郎: 一部急勾配斜面を有する砂マウンド式混成堤の波圧特性, 海岸工学論文集, 第 36 巻, pp. 584-588, 1989.

2.4.26) 高橋重雄, 鈴木高二朗, 徳淵克正, 下迫健一郎, 善功企: 防波護岸の吸い出し災害のメカニズムに関する水理模型実験, 海岸工学論文集, 第 43 巻, pp. 666-670, 1996.

2.4.27) 金谷守, 西好一, 榊山勉, 吉田保夫, 小笠原正治: 砕波力を受ける海底砂地盤上のケーソン基礎の安定性に関する実験的研究, 海岸工学論文集, 第 43 巻, pp. 1046-1050, 1996.

2.4.28) 榊山勉, 鹿島遼一: 消波ブロック被覆工の法先洗掘と波浪条件に関する研究, 海岸工学論文集, 第 45 巻, pp. 886-890, 1998.

2.4.29) 野口賢二, 田中茂信, 鳥居謙一, 佐藤慎司: 大型模型実験による緩傾斜ブロック堤の被災機構に関する研究, 海岸工学論文集, 第 47 巻, pp. 756-760, 2000.

2.4.30) 鈴木高二朗, 高橋重雄, 高野忠志, 下迫健一郎: 地盤の吸い出しによる消波ブロック被覆堤のブロックの沈下被災について－現地調査と大規模実験－, 港湾空港技術研究所報告, Vol. 41, No. 1, pp. 51-89, 2002.

2.4.31) 山本吉道, 南宣孝: 高波による海岸堤防破壊メカニズムの実験的研究, 土木学会論文集 B2 (海岸工学) , 第 65 巻, 第 1 号, pp. 901-905, 2009.

2.4.32) 村岡宏紀, 中村友昭, 趙容桓, 水谷法美: 消波ブロック被覆堤マウンド下部の砂地盤の侵食と石かごが与える影響に関する実験的研究, 土木学会論文集 B1 (水工学) , Vol. 74, No. 5, pp. I_595-I_600, 2018.

3. 模型実験における相似則の考え方

3.1 相似則の役割

3.1.1 相似則

　車や飛行機などの機械にしても、ビルや建物、橋梁、堤防などの建築・土木構造物にしても、色々な力が加わることで、変形したり壊れたりする可能性がある。有害な変形や破壊が生じないように、物を設計して製作する必要がある。また、空気や水の流れを予測したいこともある。このような場合、実物で実験を行い、その挙動を調べることが理想ではある。しかしながら、特に規模が大きい土木・建築構造物で、実物の構造物を用いて実験することはかなり難しい。例えば、地震で堤防が壊れるかどうか調べたい場合、堤防を作り、実際に地震を起こすことはほぼ不可能であろう。そこで必要になるのが実物の代用品である模型を用いた実験である。模型を用いて実験を行えば、挙動を細かく観察でき、時間もコストもそれ程大きくならない。現在、コンピュータの処理能力の向上とともに、数値解析技術が発達してきているが、模型実験の持つ「リアリティ」（本物の材料、実際の動きを見られる）は未だに魅力的である。なぜなら、数値解析では既に解明されている現象を定式化し、その挙動の再現を試みるが、未解明な現象に対しては再現できる保証が無いためである。特に、材料としての挙動を統一的に説明できていない「土」を用いる場合、数値解析だけで構造物の挙動を予測することは難しいのが実状である。

　模型実験の難しく、興味深い点は、実物の構造物をそのまま幾何学的に縮尺しても、同じ挙動を再現できないことである。模型はあくまで模型であって実物とは異なる。模型で起きる現象と実物で起きる現象との関係を表す法則「相似則」を十分に吟味していないと、模型実験は無益であり、有害とすらなり得る。特に地盤の模型実験では、土の応力を再現することが難しい重力場での模型実験において複数の現象に対する相似則を同時に満たすことは不可能であり、再現したい現象に着目して、その相似則を満たして実験を行わなければならない。いわゆる相似則の緩和が必要である。それにしても相似則を満たしていない現象の影響を受けることが多々あり、相似則を理解しておくことは必要不可欠である。また、複数の相似則を満たしていないと多くの制約が生じるために、模型規模を極力大きくする努力を払うのが一般的である。それに対して、模型に遠心力を加えて実物での土の応力を再現できるのが遠心力模型実験（以下、遠心実験）である。この実験手法では、小型の模型であっても多くの相似則を同時に満たすことができ、地盤の挙動を観察することに有用である。

　本章の前半では、実験材料として水などの流体を用いる場合の相似則および土を用いる場合の相似則をそれぞれ紹介する。これらの材料を用いた模型実験は過去から多く実施されてきており、支配方程式から確立した相似則が存在するため、一般性や拡張性も高い。相似則の導出と重力場での模型実験での相似比に加えて、遠心力場での模型実験も対象に相似則をまとめる。相似則を導く方法には以下の3つの方法が提案されている。

- （方法1）現象に関係する物理量を全て列挙し、バッキンガムのπ定理を用いて無次元量を定め、実物と模型の無次元量を等しくする方法
- （方法2）現象に関係する重要な力（慣性力、粘着力、弾性力、摩擦力など）を列挙し、相互の比によって無次元量を求めて、実物と模型の無次元量を等しくする方法
- （方法3）現象を支配する方程式から無次元量を求めたり、直接的に物理量の相似比を求めたりする方法

　相似則においては各物理量の相似比を直接求めるのではなく、無次元量を介して相似比を設定する場合が多い。無次元量はパイナンバーとも呼ばれ、現象に影響を与える同種の物理量間の比として定義される。実物と模型の無次元量が等しければ、物理量間の比も等しくなるので、その両者の物理量が関係する物理法則（支配方程式）が実物と模型で一致し、模型によって実物の挙動を知ることができる。例えば、片持ち梁の振動を考えるならば、慣性力と弾性力が梁の動きを決める主な力であり、それらの比が無次元量となる。慣性力と弾性力の比が実物と模型で等しくなれば、実物と模型の運動方程式が等しくなり、実物の動きを模型で再現できることになる。このように、再現したい現象に対する無次元量を実物と模型で等しくなるように物理量の相似比を設定すればよい。また、無次元量を用いて現象を整理することも多い。これは、相似則が成り立っているならば、実物と模型の無次元量は等しいことになるので、実験で得られた無次元量間の関係をプロットすれば、実物と模型に関係なく1つの曲線に乗るためである。特に海岸工学などの流体の挙動を把握する上で、多くの現象が無次元量によって整理されている。なお、全ての主要な無次元量に対して同時に実物と模型で等しくすることは難しく、再現したい物理現象に対する無次元量に着目する必要がある。例えば、海岸工学において有名な無次元量にフルード数とレイノルズ数があるが、海の波という現象を再現するならばフルード数（慣性力と重力の比）を等しくする必要があり、水の粘性による影響を無視できる範囲で実験を行って、レイノルズ数の変化を許容する。このような条件での実験を「フルード相似則による実験」と呼ぶ。フルード相似則では、無次元量であるフルード数が変化しないように、それを構成する流速と重力加速度、長さの相似比を決定すればよいことになる。ちなみに、現象と対比して相似則を理解しやすいため、本章では方法3を採用して流体と地盤のそれぞれの相似則を説明する。

　本章の後半では、漂砂などの流体と地盤が複合する現象の実験相似則について述べる。この現象に対しては、土を連続体として取り扱うことが難しい場合も多く、土を粒子およびその集合体として取り扱う必要性が生じ、現象の理解が途端に難しくなる。現象が複雑であって総合的な定式化も成されていないため、上記の方法3に基づいて支配方程式から理論的に相似則を導き出すことも難しい。このため、今まで提案されてきた相似則も、粒子に作用する力に着目した方法2によるものか、現象の一部分に着目した方程式から無次元量や相似比を求める方法3によるものである。さらに、その方程式は主として現場計測や模型実験に基づいたものであり、必ずしも理論的な式とはなっていないため、相似則の汎用性も低いのが現状である。遠心力場での模型実験での相似則に至っては研究が始まったばかりである。本章で紹介する内容も実証されていないものもあるため、本書の内容が土台となって研究が進み、将来、支配方程式および相似則の研究が進むことが望まれる。

　本章では各種の物理現象に対して相似比を示すが、それぞれの関係は**図3.1.1**のようになっている。始めに流体と地盤のそれぞれの相似比を示し、続いて流体と地盤が複合する現象の相似比を示す。なお、流体と地盤が複合する現象といっても、流体と地盤が接したり混ざったりする地表面付近の狭い領域での現象だけではない。波などの水理現象によって地盤全体

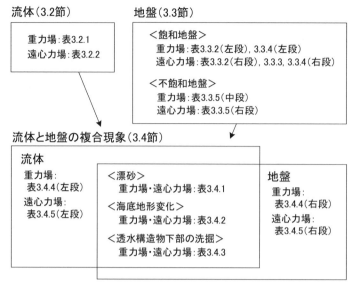

図3.1.1 本章で示す各現象に対する相似比の関係

が不安定化するような広い領域での問題もあり、この現象については従来からの流体と地盤の相似比を適用することも可能である。本章では、それらを分けて説明している。

3.1.2 相似則発展の歴史

模型実験の歴史[3.1.1]としては、固体分野ではCauchy[3.1.1]が振動する梁や板の実験を模型実験で実施している。一方で、流体分野では Froude[3.1.2]が船の模型を作製して実験を行い、Reynolds[3.1.3]が管の中の流れを模型実験で実施している。我が国においても様々な模型実験がされているが、例えば、江守ら[3.1.1]の書籍で紹介されている零式艦上戦闘機（零戦）の模型実験から、我が国における模型実験と相似則の背景を見ることができる。この模型実験では、形状と重量分布を実物と相似させた定性的模型実験、形状と重量に加え応力を実物と相似させた定量的（力学的）模型実験が実施されているのが特徴的であり、後者の実験については、前者の実験において問題の原因追及まではできたが問題解決には至らず、試行錯誤の結果、"破壊"という問題に対して応力の相似性を適用している。すなわち、この年代においては、模型実験理論が一般的に普及しておらず、独自に考えて模型実験が実施されている（恐らく戦時中ということもあり、情報がクローズされていたことも考えられる）。一方で、ある物理現象において支配している関係諸量の次元解析を行い、支配パラメータを導出する方法が考えられた。歴史背景として、Rayleigh[3.1.4]が相似則の原型を考え、その後、Rayleigh の方法を数学的に一般化した方法が Buckingham[3.1.5]によって提案された。これを、バッキンガムのπ定理と呼び、模型実験の力学的相似則の基礎となる。現在も模型実験の相似則を考える上で重要な役割を担っている。

水理模型実験の歴史や経緯については、雑誌「農業土木研究」に投稿された文献（出口[3.1.6]）が詳しい。ここには、1851 年に筑後川分水の実験が日本で初めての水理模型実験であろうことが示されている。このことは、佐藤ら[3.1.7]にも記載がある。明治元年は1868 年であり、それより15 年も前に模型実験による検証が必要という考え（つまり、エビデンス・ベースの考え）が育っていたことになる。一方、アメリカの文献（Freeman[3.1.8]）によると、水理模型実験

についてヨーロッパを視察してまとめたとあり、ヨーロッパを源流としてアメリカの水理模型実験が実施されていたことが分かる。

　第2次世界大戦を経て、我が国の海岸工学の研究は活発化した。出口[3.1.6)]には、相似則の考え方についても丁寧に述べられており、波浪の相似則についても記載がある。そこでは、模型の大きさの制限から、表面張力について注意することなどの記載があり、相似則に注意を払った模型実験が実施されていたことが窺える。永井・玉井[3.1.9)]には、波力試験についての相似則へフルード則が適用できると書かれており、1/10 と 1/20 の寸法比の模型実験を実施して比較している。この論文にも記載されているが、アメリカではより早くフルード則などの相似則が検討されており、フルード則に基づく漂砂の検討も進んでいた。Beach Erosion Board や Waterways Experiment Stations などの機関は、フルード則の適用に疑問を持っていたようである。ただし、「模型縮尺 1/20〜1/24 くらいの実験によって得られた結果は、相似率によってそのまま現地に適用できると信ずる」といった記載もあり、疑問を持っていても、問題の解決までには至っていなかったようである。我が国の漂砂に関する相似則の検討については、本間ら[3.1.10)]では、むすびで、「まだ、何ら結論めいた事を発表する段階には至っていないので、取り敢えず、・・・」と書かれている。その後、野田・伊保[3.1.11)]、本間ら[3.1.12)]、松梨・大味[3.1.13)]によって、実験と現地の相似性について比較して考察を行っている。石原ら[3.1.14)]は、漂砂の運動機構に関する相似性については、寸法縮尺率もしくはフルード則が適用できると考えていたことが窺い知れる。潮流に関しての検討もあり、速水ら[3.1.15)]が基礎方程式と実験、現地の比較から相似性について考察している。

　地盤工学分野[3.1.16),3.1.17)]では地盤の力学的特性を明らかにするため、また、地盤の破壊現象や構造物との相互作用を解明するために模型実験が実施されてきた。三笠[3.1.16)]によると、古くは地盤材料の力学的特性を明らかとするため、地盤材料を弾性体とみなし、土圧論や支持力論等に関する模型実験が行われてきた。その後、Terzaghi[3.1.18)]により土の物理的、力学的性質の重要性が示され、力学試験や原位置試験が主として行われてきた。しかしながら、地盤材料の挙動が複雑ゆえに、例えば、すべり面やクラックの発生機構、進行性破壊[3.1.16)]、さらには、粒状体としての挙動を解明する必要があり、模型実験がその一端を担う手法として今日まで継続的に行われてきた。近年では、模型実験、数値実験と厳密な理論を組み合わせて最適解を導出することが大切と考えられており、現象の解明や数値解析の妥当性を検討するためのベンチマークデータとして、改めて模型実験の役割は非常に重要であると考える。地盤工学分野における模型実験では、土の力学的特性を支配する構成要因を考え、相似則が導出されてきた背景がある。特に地盤工学分野においては、重力場模型実験に加え、遠心力場で実施する模型実験が特徴的である。代表的な研究例を以下に示す。

　Rocha[3.1.19)]は土に対する相似則の開発に関する研究を発表している。この研究は重力場実験において、フーチング基礎の支持力に関する静的問題を対象として、応力－ひずみの相似性を検討したものである。重力場実験における動的問題に対する相似則としては、香川[3.1.20)]、国生・岩楯[3.1.21)]、Iai[3.1.22)]の研究が挙げられる。香川は力の相互作用の比をとって独立な無次元量を求め、それを実物と模型で等しくする方法を、国生・岩楯は力学的相似則にバッキンガムのπ定理を適用した方法を、それぞれ提案している。また、Iai は水－地盤－構造物の連成問題へ適用する相似則を相互の釣合いおよび収支バランスの方程式に着目した支配方程式から導入している。一方で、遠心実験については、Philips による文献[3.1.23)]に遠心実験の相似則が提案されている[3.1.24)]。1930 年頃からソ連とアメリカで利用されはじめ（例えば、Pokrobsky and Fedorov[3.1.25)]）、その後、1960 年代に本格的に遠心実験（三笠ら[3.1.26)]；Avgherinos and

Schofield[3.1.27]）が行われた[3.1.28]。相似則を検証した実験として、粘土斜面の安定問題、軟弱粘土の自重圧密問題（三笠・高田[3.1.29]）、支持力問題（Ovesen[3.1.30]）が挙げられる[3.1.31]。

3.2 流体の相似則

3.2.1 相似則の導出

　流体の挙動を考える場合、現象を支配する物理量（慣性力、重力、粘性力など）から構成される無次元量によって、現象を整理することが多い。模型実験の相似則についても、各物理量に相似比を設定するのではなく、再現したい物理現象に着目して、その現象に対する無次元量が実物と模型で等しくなるように無次元量を構成する物理量の相似比を設定する。つまり、無次元量が変化しないように物理量の相似比を設定する。このため、無次元量を導出した後に、その無次元量が変化しないように設定された物理量の相似比を述べる。

　海岸工学分野における流体の挙動に対して最も重要な無次元量はレイノルズ数R_e（慣性力と粘性力の比）とフルード数F_r（慣性力と重力の比）であり、その両者は以下のように流体の支配方程式であるナビエ・ストークス方程式から導出できる[3.2.1]。流体が非圧縮であることを仮定すると、ナビエ・ストークス方程式は以下のように表される。

$$\frac{\partial \boldsymbol{v}}{\partial t} + (\boldsymbol{v} \cdot \nabla)\boldsymbol{v} = -\frac{1}{\rho}\nabla \boldsymbol{p} + \nu\nabla^2\boldsymbol{v} + g\boldsymbol{e_g} \tag{3.2.1}$$

ここに、$\boldsymbol{v}$は流速、tは時間、ρは流体の密度、$\boldsymbol{p}$は圧力、gは重力加速度、νは動粘性係数、∇はベクトル微分演算子（空間微分）、$\boldsymbol{e_g}$は重力方向（鉛直下向き）を向く単位ベクトルを意味する。太字をベクトル、細字をスカラーとする。左辺第1項は時間項、左辺第2項は移流（対流）項、右辺第1項は圧力項、右辺第2項は粘性項（拡散項）、右辺第3項は重力項である。

　上記のナビエ・ストークス方程式における各物理量を無次元化する。物理量を代表値で除すことで無次元化できる。例えば、流速ならば、$\boldsymbol{v}'$を無次元化した物理量、vを代表値とすると、$\boldsymbol{v}' = \boldsymbol{v}/v$となる。この式から、流速は$\boldsymbol{v} = v\boldsymbol{v}'$と表せる。各物理量に対して同様に考えて、式(3.2.1)の物理量に代表値と無次元化した物理量の積を代入する。各項の代表値を係数として前に出してみると、以下のようになる。

$$\frac{v}{t}\frac{\partial \boldsymbol{v}'}{\partial t'} + \frac{v^2}{L}(\boldsymbol{v}' \cdot \nabla')\boldsymbol{v}' = -\frac{p}{\rho L}\nabla'\boldsymbol{p}' + \frac{\nu v}{L^2}\nabla'^2\boldsymbol{v}' + g\boldsymbol{e_g} \tag{3.2.2}$$

ここに、$'$の付した文字は各物理量の無次元量を意味する。v, t, L, pは代表値である。$t = L/v$の関係を代入すると以下のようになる。

$$\frac{v^2}{L}\left\{\frac{\partial \boldsymbol{v}'}{\partial t'} + (\boldsymbol{v}' \cdot \nabla')\boldsymbol{v}'\right\} = -\frac{p}{\rho L}\nabla'\boldsymbol{p}' + \frac{\nu v}{L^2}\nabla'^2\boldsymbol{v}' + g\boldsymbol{e_g} \tag{3.2.3}$$

両辺をv^2/Lで除すと以下のようになる。

$$\frac{\partial \boldsymbol{v}'}{\partial t'} + (\boldsymbol{v}' \cdot \nabla')\boldsymbol{v}' = -\frac{p}{\rho v^2}\nabla'\boldsymbol{p}' + \frac{\nu}{vL}\nabla'^2\boldsymbol{v}' + \frac{gL}{v^2}\boldsymbol{e_g} \tag{3.2.4}$$

$p = \rho v^2$の関係を代入すると以下のようになる。

$$\frac{\partial \boldsymbol{v}'}{\partial t'} + (\boldsymbol{v}' \cdot \nabla')\boldsymbol{v}' = -\nabla'\boldsymbol{p}' + \frac{\nu}{vL}\nabla'^2\boldsymbol{v}' + \frac{gL}{v^2}\boldsymbol{e_g} \tag{3.2.5}$$

右辺第2項、第3項の係数の逆数を以下の文字で表す。

- レイノルズ数（慣性力の粘性力に対する比）： $R_e = \dfrac{vL}{\nu}$

- フルード数（慣性力の重力に対する比）： $F_r = \dfrac{v}{\sqrt{gL}}$

これを用いると、以下のようになる。

$$\frac{\partial \boldsymbol{v}'}{\partial t'} + (\boldsymbol{v}' \cdot \nabla')\boldsymbol{v}' = -\nabla'\boldsymbol{p}' + \frac{1}{R_e}\nabla'^2\boldsymbol{v}' + \frac{1}{F_r^2}\boldsymbol{e_g} \tag{3.2.6}$$

これが無次元化したナビエ・ストークス方程式である。式(3.2.6)が模型と実物のいずれでも成り立つためには、各項が実物と模型で等しくなる必要があり、R_eとF_rも模型と実物とで等しくなる必要がある。

　3.1.1節で説明した方法1や方法2によれば、その他にウエバー数W_e（表面張力）やマッハ数M_a（弾性力）などの無次元量も求められ、これらは流体の挙動に関して重要な無次元量となる。R_eとF_rなどの全ての無次元について、実物と模型で等しくなるようにモデリングを行うことが理想である。しかしながら、これらの無次元量を同時に変化させないようにすることは難しく、着目する挙動の無次元量に限定して変化させないように各物理量の相似比を設定して模型実験を行う。

3.2.2　砕波を伴う実験
　流体と地盤が複合する現象が生じる浅海域において、重要な流体の物理現象でありながら複雑でモデリングの難しい現象が砕波であろう。波が浅い領域まで進行すると浅水変形を伴って波峰は前後の対称性を失って前傾し、波としての運動を維持できなくなり、砕波となって波から流れへと形式を移行させる。砕波が生じると波は渦や飛散部を形成し、空気も気泡として流体内部に取り込み、激しい乱れが生じる。流体と地盤の複合現象が問題となる多くは浅海域であり、砕波の特性や相似則を把握しておくことは重要である。砕波する条件は、波峰頂点での水粒子速度が波速を超えて飛び出す時や波形の非対称性が著しくなって波峰の前面が鉛直に立ち上がった時などと言われている。このため、砕波が生じるまでの水粒子速度や波速、波形はフルード相似則に従い、模型実験においても再現できる。一方、砕波帯内における流体の乱れについてはR_eやW_eの影響を考える必要があり、フルード相似則に従った模型実験では、砕波現象の全てを再現することは難しいと考えられる。例えば、寸法Lや速度vが小さい模型のR_eは実物のR_eよりも小さいために、粘性力が相対的に大きくなって砕波帯内の乱れの具合が実物よりも小さくなることが想定される。

　ここでは、砕波の相似則について考察するため、過去の研究者が提案している乱流モデルについて取り上げる。乱流を考える上で広く用いられている時間平均で考える方法である。前出の式(3.2.1)で表されるナビエ・ストークス方程式は流体の支配方程式である。この式を用いて砕波を数値モデル化するためには、砕波で生じる渦の寿命時間よりも時間ステップを細かくし、渦よりも小さな空間的な離散化が必要となる。これは現実的でないため、レイノルズ方程式の形に書き換えて解くことが一般的である。以下のように、各瞬間の流速や圧力を時間平均と偏差に分離する。

$$\boldsymbol{v} = \bar{\boldsymbol{v}} + \boldsymbol{v}', \qquad \boldsymbol{p} = \bar{\boldsymbol{p}} + \boldsymbol{p}' \tag{3.2.7}$$

これをナビエ・ストークス方程式に代入し連続式も用いると、以下のようにレイノルズ方程式の形に整理できる。なお、ここでは$\boldsymbol{v}$と$\boldsymbol{p}$に必要な時間平均を意味する ̄の記号を省略する。

$$\frac{\partial \boldsymbol{v}}{\partial t} + (\boldsymbol{v} \cdot \nabla)\boldsymbol{v} = -\frac{1}{\rho}\nabla \boldsymbol{p} + (\nu + \nu_t)\nabla^2 \boldsymbol{v} + g\boldsymbol{e_g} \tag{3.2.8}$$

ここに、ν_tは渦動粘性係数（乱流拡散係数）[3.2.2)]であり、以下のように時間変動成分の積の時間平均を近似するために用いられる係数である（例としてx方向のみを示す）。時間変動成分の積の時間平均に密度を掛けたものをレイノルズ応力と呼び、仮想的に粘性力として評価することが行われてきた。

$$-\overline{u'u'} = \nu_t\left(\frac{\partial \bar{u}}{\partial x} + \frac{\partial \bar{u}}{\partial x}\right), \quad -\overline{u'v'} = \nu_t\left(\frac{\partial \bar{u}}{\partial y} + \frac{\partial \bar{v}}{\partial x}\right), \quad -\overline{u'w'} = \nu_t\left(\frac{\partial \bar{u}}{\partial z} + \frac{\partial \bar{w}}{\partial x}\right) \tag{3.2.9}$$

ここに、u', v', w'はx, y, z方向の流速の時間平均値からの偏差である。$\boldsymbol{v}$と$\boldsymbol{p}$を時間平均と偏差に分離して時間平均の流速と圧力を考えることで、式(3.2.8)に示すように乱流の効果をν_tの動粘性係数を持つ流体と捉えることができる。また、砕波が生じている時点でν_tはνに比べて十分に大きいため、水の粘性を無視して渦動粘性係数によるレイノルズ数を無次元量と考えることができる。ν_tは速度×長さの次元を持つため、レイノルズ数の分子の次元と一致し、レイノルズ数は実物と模型で等しくなる。このことから、渦の寿命時間よりも大きな時間ステップで捉えられる現象についてはフルード相似則に基づいた模型実験でも再現できる可能性がある。実際、砕波が生じる場合の波高の推定式については、フルード相似則による模型実験の結果とも整合性が確認されている[3.2.3)]。

3.2.3　重力場での実験
　波や流れの模型実験においては、その挙動の多くに影響を与えるフルード数を変化させないように各物理量の相似比を設定することが一般的である。いわゆるフルード相似則による実験を行うことが多い。重力場での波や流れの水理実験は規模が比較的大きく、R_eやW_e、M_aの影響のない範囲で実験を行うこともでき、F_rが変化しないように実験を行える。ただし、フルード相似則も万能ではなく、前節で述べた砕波後の乱れの現象などは異なる相似則に従うため、模型実験での現象を解釈する際には注意が必要である。フルード相似則は次式で表される。

表3.2.1　フルードの相似則による実物と模型の相似比（流体部分・重力場）

	長さ	時間	速度	加速度	質量	圧力	力
実物	1	1	1	1	1	1	1
模型	$1/N$	$1/\sqrt{N}$	$1/\sqrt{N}$	1	$(1/N)^3$	$1/N$	$(1/N)^3$

表3.2.2　フルードの相似則による実物と模型の相似比（流体部分・遠心力場）

	長さ	時間	速度	加速度	質量	圧力	力
実物	1	1	1	1	1	1	1
模型	$1/N$	$1/N$	1	N	$(1/N)^3$	1	$(1/N)^2$

$$\frac{v_m}{\sqrt{g_m L_m}} = \frac{v_p}{\sqrt{g_p L_p}} \tag{3.2.10}$$

ここに、下付きpは原型、下付きmは模型を意味する。重力場実験では、模型でも実物でも作用する重力は同じである。従って、模型の寸法縮尺を$L_m/L_p = 1/N$と定義すれば、速度の縮尺は$v_m/v_p = \sqrt{L_m/L_p}$となり、速度の縮尺は$1/N$の 1/2 乗に比例することになる。$t = L/v$より、時間の縮尺は$1/N$の 1/2 乗に比例することになる。質量は$M = \rho L^3$であり、水の密度が模型と実物で同じであれば、質量の縮尺は$1/N$の 3 乗に比例することになる。力の縮尺は$1/N$の 3 乗に比例することになる。これから、圧力の縮尺は$1/N$に比例することになる。これらをまとめると表 3.2.1 のようになり、重力場実験における相似比を求めることができる。

3.2.4 遠心力場での実験

　模型に遠心力を負荷した状態で波や流れの実験を行う遠心実験においても、F_rが変化しないように実験を行う。フルード相似則に従う相似比は表 3.2.2 のようになる。遠心実験では、装置寸法の制約から模型が小さくなる場合が多い（1/10〜1/100 程度）。この場合、波長が短くなることなどから、R_e（粘性力）やW_e（表面張力）の影響を無視できない懸念がある。しかしながら、フルード相似則に示すように、流速vが模型でも小さくならないために、重力場のようにR_e（粘性力）とW_e（表面張力）がそれほど小さくならない。また、M_aも変化しない。このため、小さな模型でもフルード則に従った実験が可能となる。

3.2.5 構造物を含んだ実験

　水理模型実験といっても流体だけを用いて実験を行うことは稀であり、防波堤や護岸などの模型を設置して、水理環境下における構造物の挙動を併せて調べることも多い。そのような構造物に含まれるコンクリート材料や消波工、被覆工については、相似模型を用いてもフルード相似則を満たせることが多い。ただし、砕石間やブロック間の流れを再現する場合、水の粘性を低減させることは難しいために、模型寸法に合わせて砕石の寸法を単純に小さくするとレイノルズ数R_eが小さくなり、石やブロック間の流れが層流に近づく。このことで、実物と模型とで以下の現象に違いが生じることが指摘されている[3.2.4),3.2.5)]。

・消波ブロックの変形量の模型縮尺効果[3.2.4)]
重力場実験においては、消波ブロックなどの物体に流体から作用する慣性抵抗力・粘性抵抗

力の相似比がフルード相似則の力の相似比と異なり、これらの力に起因する波エネルギー逸散効果もフルード相似則に従わない。小型模型の方が、レイノルズ数R_eが小さくなって抗力が相対的に大きくなるため、消波ブロック変形量は大型模型よりも小型模型の方が大きくなる。

・越波量の模型縮尺効果 [3.2.4)]

上記のように、小型模型の方が波エネルギー逸散効果大きいため、消波効果も大きくなる。消波ブロックなどを有する防波堤や護岸の越波量を模型で再現する場合、小型模型での越波量は大型模型のものよりも少なくなる。

・反射率の模型縮尺効果 [3.2.4)]

上記のように、小型模型での消波効果は相対的に大きい。このため、小型模型での防波堤や護岸からの反射率は大型模型のものよりも小さくなる。

・透過波高の模型縮尺効果 [3.2.5)]

砕波しない波が透過防波堤を通過する場合、小型模型の方が波エネルギー逸散効果は大きいため、透過波高は大型模型よりも小さくなる。この傾向は周期が長いほど顕著になる。

・砕石地盤内の浸透流の模型縮尺効果

レイノルズ数R_eは実物と模型で異なるため、砕石間やブロック間の詳細な流れを模型で再現することは難しいと考えられる。しかしながら、遠心力場での砕石間の流れを乱流と考えると、動水勾配と間隙内の平均流速の関係が保たれるため、間隙水圧分布をマクロ的には再現できることが分かっている [3.2.6)]。また、重力場での実験においても、空隙率を変化させることで動水勾配と間隙内の平均流速の関係を保つことは不可能ではない。浸透力は間隙水圧の差分で発生するため、間隙水圧分布を再現できることは浸透力の相似比とフルード則の力の相似比が一致することになる。

　模型はあくまで模型であり、全ての相似則を満たすことは難しい。上記のような違いがあることに注意して、実物での現象を予測することが重要である。また、砕石の諸条件や地盤の作製方法、流体の粘度、重力加速度（遠心力の負荷）などを変化させて、着目する現象に対して模型と実物で近づける工夫も必要である。

3.3　地盤の相似則

3.3.1　相似則の導出

　ここでは地盤の相似則について考える。地盤の場合、流体のように無次元量を考えるのではなく、支配方程式から各物理量の相似比を直接求めて利用されてきた。これは無次元量で現象を整理できるほど、地盤挙動の解明が進んでいないことが原因と考えられる。まず、話を簡単にするために土粒子によって形成された多孔質土とその間隙が水で満たされている飽和状態を考える。この場合、地盤の支配方程式は以下のようになる(Zienkiewicz et al.[3.3.1)])。なお、応力や水圧については圧縮を正と定義し、太字をテンソル、細字をスカラーとする。また、$m^T = (1, 1, 1, 0, 0, 0)$、Lはひずみ〜変位マトリックス（Bマトリックスとも呼ばれる）、∇はベクトル微分演算子（空間微分）であり、その他の文字の意味は後述の**表**3.3.1 を参照されたい。

・有効応力の定義

$$\boldsymbol{\sigma} = \boldsymbol{\sigma}' + \boldsymbol{m}p \tag{3.3.1}$$

・ひずみの定義

$$d\boldsymbol{\varepsilon} = -\boldsymbol{L}d\boldsymbol{u} \tag{3.3.2}$$

・土の構成則（クリープ変形や温度変化等に伴うひずみを無視した）

$$d\boldsymbol{\sigma}' = \boldsymbol{D}d\boldsymbol{\varepsilon} \tag{3.3.3}$$

・土の運動方程式（土骨格に対する間隙水の相対加速度を無視した（*u-p* formulation））

$$-\boldsymbol{L}^T\boldsymbol{\sigma} + \rho\boldsymbol{g} = \rho\ddot{\boldsymbol{u}} \tag{3.3.4}$$

式(3.3.1)〜式(3.3.3)を式(3.3.4)に代入することで、変位$\boldsymbol{u}$と間隙水圧pを未知数とする土の方程式となる。

・間隙水の運動方程式

$$-\boldsymbol{\nabla}p + \rho_f\boldsymbol{g} = \frac{\rho_f g}{k}\dot{\boldsymbol{w}} + \rho_f\ddot{\boldsymbol{u}} \tag{3.3.5}$$

・間隙水の連続式（水、土粒子自体の体積変化を無視した）

$$\boldsymbol{\nabla}^T\dot{\boldsymbol{w}} - \boldsymbol{m}^T\dot{\boldsymbol{\varepsilon}} = 0 \tag{3.3.6}$$

式(3.3.2)と式(3.3.5)を式(3.3.6)に代入することで、変位$\boldsymbol{u}$と間隙水圧pを未知数とする間隙水の方程式となる。土と間隙水の方程式を連立させて変位$\boldsymbol{u}$と間隙水圧pを解くことができる。

このように、式(3.3.1)〜式(3.3.6)が地盤の支配方程式となる。これらの式は実物と模型のいずれでも成り立ち、例えば式(3.3.1)について考えると、以下の式(3.3.7)と式(3.3.8)の両方が成り立つ。なお、添え字のpとmはそれぞれ実物量と模型量を示している。

$$[\boldsymbol{\sigma}]_p = [\boldsymbol{\sigma}']_p + \boldsymbol{m}[p]_p \tag{3.3.7}$$

$$[\boldsymbol{\sigma}]_m = [\boldsymbol{\sigma}']_m + \boldsymbol{m}[p]_m \tag{3.3.8}$$

実物と模型の物理量の比を$[\boldsymbol{\sigma}]_p/[\boldsymbol{\sigma}]_m = \lambda_\sigma$, $[\boldsymbol{\sigma}']_p/[\boldsymbol{\sigma}']_m = \lambda_{\sigma'}$, $[p]_p/[p]_m = \lambda_p$ として式(3.3.7)に代入すると、式(3.3.7')が得られる。

$$\lambda_\sigma[\boldsymbol{\sigma}]_m = \lambda_{\sigma'}[\boldsymbol{\sigma}']_m + \boldsymbol{m}\lambda_p[p]_m \tag{3.3.7'}$$

式(3.3.8)と式(3.3.7')の両者が成り立つためには、各項の係数が等しくなる必要があり、以下の関係が得られる。

$$\lambda_\sigma = \lambda_{\sigma'} = \lambda_p \tag{3.3.1'}$$

式(3.3.1)と同様に、式(3.3.2)〜式(3.3.6)に対しても同様の作業を行うと、以下の関係が得られる。なお、ここでは寸法比をλとしている。

式(3.3.2)から

表3.3.1 地盤の実験相似比（実物／模型）

物理量	説明	相似比
x	長さ（寸法）	λ
ρ	飽和土の密度	λ_ρ
ε	ひずみ	λ_ε
g	重力加速度	λ_g
t	時間	$(\lambda\lambda_\varepsilon/\lambda_g)^{0.5}$
σ	全応力	$\lambda\lambda_\rho\lambda_g$
σ'	有効応力	$\lambda\lambda_\rho\lambda_g$
D	接線剛性	$\lambda\lambda_\rho\lambda_g/\lambda_\varepsilon$
p	間隙水圧	$\lambda\lambda_\rho\lambda_g$
k	透水係数	$(\lambda\lambda_\varepsilon\lambda_g)^{0.5}$
u	土骨格の変位	$\lambda\lambda_\varepsilon$
$\dot{u}$	土骨格の速度	$(\lambda\lambda_\varepsilon\lambda_g)^{0.5}$
$\ddot{u}$	土骨格の加速度	λ_g
w	土骨格に対する水の変位	$\lambda\lambda_\varepsilon$
$\dot{w}$	土骨格に対する水の速度	$(\lambda\lambda_\varepsilon\lambda_g)^{0.5}$
ρ_f	間隙水の密度	λ_ρ

$$\lambda_\varepsilon = \frac{\lambda_u}{\lambda} \tag{3.3.2'}$$

式(3.3.3)から

$$\lambda_{\sigma'} = \lambda_D \lambda_\varepsilon \tag{3.3.3'}$$

式(3.3.4)から

$$\frac{\lambda_\sigma}{\lambda} = \lambda_\rho \lambda_g = \lambda_\rho \frac{\lambda_u}{\lambda_t^2} \tag{3.3.4'}$$

式(3.3.5)から

$$\frac{\lambda_p}{\lambda} = \lambda_{\rho_f}\lambda_g = \lambda_{\rho_f}\lambda_g \frac{1}{\lambda_k}\frac{\lambda_w}{\lambda_t} = \lambda_{\rho_f}\frac{\lambda_u}{\lambda_t^2} \tag{3.3.5'}$$

式(3.3.6)から

$$\frac{\lambda_w}{\lambda\lambda_t} = \frac{\lambda_\varepsilon}{\lambda_t} \tag{3.3.6'}$$

式(3.3.1')～式(3.3.6')には未知数が13個あり、式が10個ある。ただし、式(3.3.4')と式(3.3.5')に独立ではない式が1つ含まれるために、独立な式は9個である。このため、式が4個足りないために、4個の相似比についての仮定が必要になる。地盤の実験相似則では、この4個をλ, λ_ρ, λ_ε, λ_g（寸法、土の密度、ひずみ、重力加速度の比）とすることが一般的である。これらの相似比を与条件とすると、他の物理量の相似比は式(3.3.1')～式(3.3.6')から求められ、**表** 3.3.1 のようになる。これが地盤の実験相似比である。

表 3.3.2　地盤の実験相似比（実物／模型）（重力場・遠心力場）

物理量	説明	相似比	
		重力場	遠心力場
x	長さ（寸法）	λ	λ
ρ	飽和土の密度	1	1
ε	ひずみ	$\lambda^{0.5}$	1
g	重力加速度	1	$1/\lambda$
t	時間	$\lambda^{0.75}$	λ
σ	全応力	λ	1
σ'	有効応力	λ	1
D	接線剛性	$\lambda^{0.5}$	1
p	間隙水圧	λ	1
k	透水係数	$\lambda^{0.75}$	1
u	土骨格の変位	$\lambda^{1.5}$	λ
$\dot{u}$	土骨格の速度	$\lambda^{0.75}$	1
$\ddot{u}$	土骨格の加速度	1	$1/\lambda$
w	土骨格に対する水の変位	$\lambda^{1.5}$	λ
$\dot{w}$	土骨格に対する水の速度	$\lambda^{0.75}$	1
ρ_f	間隙水の密度	1	1

3.3.2　重力場での実験

　重力場での地盤の実験相似則については、香川[3.3.2)]やIai[3.3.3)]が詳しい。ここでは、寸法比をλとして、$\lambda_\rho=1, \lambda_\varepsilon=\lambda^{0.5}, \lambda_g=1$ としている。土の密度を大きく変えることは容易ではなく、飽和土の密度の相似比を 1 としている。また、重力場での実験であるため重力加速度の相似比は 1 である。ひずみの相似比については、寸法比の 0.5 乗としている。このようにひずみの相似比を仮定すると、接線剛性の相似比が$\lambda_D=\lambda^{0.5}$ となり、有効応力の相似比$\lambda_{\sigma'}=\lambda$に対して 0.5 乗となる。砂地盤の有効拘束圧$\sigma'_m$と変形係数$G$には概ね$G \sim \sigma'^{0.5}_m$の関係があるため、実物と同じ砂を模型でも使用しても自動的に相似比が満たせて都合が良い。これらの相似比を用いると重力場実験での相似比は表 3.3.2 のようになる。

　式(3.3.3)の土の構成則に示す応力とひずみの関係は複雑であり、実物の応力を再現できない重力場実験では色々な問題が生じる。応力と接線剛性、ひずみの相似比を$[\sigma]_p/[\sigma]_m=\lambda_\sigma$, $[D]_p/[D]_m=\lambda_D$, $[\varepsilon]_p/[\varepsilon]_m=\lambda_\varepsilon$のように定数で表すということは、図 3.3.1 のように実物と模型の応力～ひずみ曲線の形状が一致するということである（Rocha（ローシャ）の仮定[3.3.4)]）。実際には、応力やひずみの履歴によって接線剛性は変化するし、破壊が近づいた極限状態では応力～ひずみ曲線の形状が一致しないことも分かっている。このため、地盤が破壊に至らない範囲で地震時応答を考えるような場合において、使用できる相似比であることに注意されたい。

　さらに、表 3.3.2 に示した重力場の相似比を用いる場合、長さ（寸法）の相似比λに対して変位の相似比は$\lambda_\varepsilon=\lambda^{1.5}$となり、模型での寸法に対する変位が小さくなる問題もある。例えば、

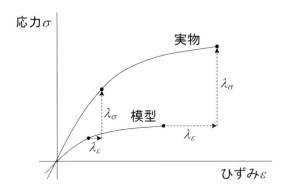

図 3.3.1 実物と模型の応力〜ひずみ曲線の関係

1/10 スケールの模型実験では、地盤の変位は 1/10 とはならずに約 $1/10^{1.5}=1/32$ となる。このため、大きな変形が生じる現象を模型で再現する場合、実物と模型の結果が乖離することになる。さらに、接線剛性の相似比は $\lambda_D=\lambda^{0.5}$ であるが、砂であっても必ずしも 0.5 乗になるとは限らず、粘性土の場合には 0.5 乗にはならない。実物とは異なる接線剛性の相似比に合った土材料を模型で用いる必要も生じる。

3.3.3 遠心力場での実験

　重力場実験の相似則で大きな制約となっていたのは、重力加速度の相似比 $\lambda_g=1$ である。実物も模型も同じ重力場で行われるために $\lambda_g=1$ となり、密度が大きな材料でも使わない限り、実物と模型の応力を等しくできなかった。応力の相似比が 1 とならないために、土の構成則において種々の仮定が必要となっていた。この問題を解決できる実験手法が遠心実験である（2.3 節参照）。模型を回転して遠心力を加えることで仮想的に重力加速度を大きくできるため、寸法の相似比に見合った重力加速度にすることで、応力の相似比を 1 にすることができる。実物と模型で同じ土を使っても土の接線剛性やひずみの相似比は 1 となり、実物と模型の土の構成則（式(3.3.3)）が直接的に一致する。この結果、構成則における種々の仮定が不要となり、重力場実験のような制約が取り払われる。寸法比を λ、その他の相似比を $\lambda_\sigma=1$, $\lambda_\varepsilon=1$, $\lambda_g=1/\lambda$ とすると、遠心実験での相似比は前述の**表 3.3.2** のようになる。表に示すように、遠心力場の相似比は重力場でのものよりもシンプルになる。なお、遠心実験も万能ではない。模型を回転して遠心力を加えるが、遠心力は回転半径に比例して大きくなるため、模型地盤内での遠心力が一様とならない。この影響を減らすために、大型の遠心実験装置によって回転半径を大きくする工夫が成されているが、完全には排除できない。また、模型内で動きがある場合、コリオリ力が発生して、その影響を無視できない場合もある。しかしながら、これらの短所を踏まえても、重力場実験での相似則の問題の多くを解決できるため、遠心実験の優位性は誰もが否定し得ないであろう。

　遠心実験で液状化する地盤の模型実験を行う場合、水の代わりに粘性流体を用いることが多い。この理由を相似則から説明する。上表に示すように透水係数の相似比は 1 となる（1 とする必要がある）。透水係数 k は間隙内の水の平均流速 $\bar{v}$ と動水勾配 i の比であり、ある水頭の勾配を土に与えた時にどの程度の流速が発生するかを表す値である。例えば、土の粒径が大きければ透水係数も大きくなるし、水の粘性が大きければ透水係数は小さくなる。透水係数を決める因子を知る式として、以下の Dupuit–Forchheimer 式がある。

表3.3.3　地盤の実験相似比（実物／模型）（遠心力場、間隙に水を利用）

物理量	説明	相似比
k	透水係数	$1/\lambda$
t	時間	λ^2
$\dot{w}$	土骨格に対する水の速度	$1/\lambda$

$$i = \alpha_0 \frac{\nu}{g} \frac{(1-n)^3}{n^2 d_{15}^{\,2}} \bar{v} + \beta_0 \frac{1}{g} \frac{1-n}{n^3 d_{15}} \bar{v}^2 \tag{3.3.9}$$

右辺第1項が粘性抵抗、第2項が慣性抵抗を示すものであり、土中のような微小な間隙での水の流れは層流であるため、第1項が卓越する。このため、以下のように式(3.3.9)の右辺第1項の逆数が透水係数 k となる。

$$i = \alpha_0 \frac{\nu}{g} \frac{(1-n)^3}{n^2 d_{15}^{\,2}} \bar{v} = \frac{1}{k} \bar{v} \tag{3.3.10}$$

この式によると、透水係数は粘性係数、重力加速度、間隙率、15%粒径に依存することになる。実物と模型で同じ土を用いる場合、間隙率と15%粒径は変化しないために、重力加速度が大きくなると、それに比例して透水係数も大きくなってしまう。このため、重力加速度の増加に合わせて粘性係数を大きくして、透水係数を変化させないことで相似則を満たせる。なお、粒径を変えたり、礫材や石材地盤内の流れのように第2項が卓越したりする場合の相似則についてはTakahashi et al.[3.3.5]が詳しい。

　式の導出過程から分かるように、透水係数の相似比は間隙水の運動方程式(3.3.5)から導かれており、透水係数の相似比が1となることで、間隙水の運動方程式での時間の相似比は λ となる。一方、時間は土の運動方程式(3.3.4)にも含まれており、この相似比は λ である。これによって両者の時間の相似比が合う。例えば、地震時の動的現象と間隙水で発生した過剰間隙水圧の消散現象の時間が一致し、液状化する地盤の模型実験を行うことができる。粘性流体を使用しない場合、透水係数が大きいために動的現象に比べて過剰間隙水圧の消散が早くなってしまい、実物と同じ土を用いて液状化の実験を行ったとしても実物の挙動を正しく再現しているとは言えない。

　動的現象が問題にならない地盤の圧密現象などを調べる静的実験の場合、一般的には粘性流体を使わずに水を使う。この場合の相似比を考えてみる。動的現象を扱わない場合、土の運動方程式(3.3.4)と間隙水の運動方程式(3.3.5)における加速度項を無視することができ、式(3.3.1′)〜式(3.3.6′)の未知数13個に対して独立な式が8個となり、5個の相似比を決めることができる。そこで λ, λ_ρ, λ_ε, λ_g（寸法、土の密度、ひずみ、重力加速度の比）の4個に加えて、透水係数の相似比 λ_k を与条件とできる。前述のように、水を使うと透水係数は重力加速度に比例して大きくなるため、透水係数の相似比を $1/\lambda$ とすると都合が良い。この場合、時間の相似比は λ^2 となり、実物より格段に早く圧密を進めることができて便利である。前で述べた相似比と異なる部分だけを抜粋して示すと表3.3.3のようになる。

表3.3.4　構造物の実験相似比（実物／模型）

物理量	説明	相似比		
		一般	重力場	遠心力場
F	力	$\lambda^3\lambda_\rho\lambda_g$	λ^3	λ^2
$\boldsymbol{u}$	変位	$\lambda\lambda_\varepsilon$	$\lambda^{1.5}$	λ
M	モーメント	$\lambda^4\lambda_\rho\lambda_g$	λ^4	λ^3
θ	傾斜角	λ_ε	$\lambda^{0.5}$	1
E	弾性係数	$\lambda\lambda_\rho\lambda_g/\lambda_\varepsilon$	$\lambda^{0.5}$	1

3.3.4 構造物を含んだ実験

　地盤の実験において、コンクリートや鉄などの構造物を含めて実験を行うことが多い。ここでは構造物の相似則について考えてみる。構造物の支配方程式は、間隙水を無視した土の支配方程式と等しくなるため、式(3.3.2)～(3.3.4)で表せる。このため、相似比の算出も同様に行え、表3.3.4のように相似比をまとめられる。重力場実験の場合、寸法比に対する変位の比が小さくなり、傾斜角も実物よりも小さくなることが分かる。このため、構造物が大きく変位する現象を模型で再現する場合、実物と模型の結果が乖離することになる。また、構造物自体の変形が問題になる場合、実物とは異なる弾性係数の材料を用いる必要がある。一方、遠心実験の場合、寸法と変位の相似比は等しく、傾斜角も実物と模型で等しくなる。また、弾性係数の相似比も1となるため、実物と同じ材料で模型を作製することができる。

3.3.5 不飽和地盤の相似則

　前節までは、土粒子の間隙が水で満たされている飽和状態の地盤の相似比を考えてきた。実際の地盤は土粒子の間隙に空気が混入して不飽和状態であることも多く、ここでは不飽和地盤の相似則について考えてみる。飽和している地盤の挙動も複雑であるが、不飽和地盤の挙動はさらに複雑である。これは単純に間隙に水と空気が混在しているのではなく、間隙の水圧が大気圧より低い負圧になるためである。水自体は凝集性が強く、土粒子の接触点などのくびれた部分にメニスカスと呼ばれる凹面を成す。この部分の水圧は、水の表面張力の寄与分だけ間隙空気の圧力よりも低くなる。この負圧をサクションと呼ぶが、サクションが土粒子を引き寄せて有効応力を増加させるため、地盤の挙動を考える上でサクションの影響を考慮する必要がある。不飽和地盤については文献[3.3.6]が詳しい。なお、不飽和地盤の特性に関しては研究段階であるため、ここで示す相似則は1つの考え方であることを付記しておく。今後の研究によっては異なる相似則が提案される可能性もあることに注意されたい。

　地盤が不飽和になることで、前述の飽和地盤の支配方程式(3.3.1)～(3.3.6)がどのように変わるか考えてみる。変更する必要がある式は、有効応力の定義式(3.3.1)と、間隙水の運動方程式(3.3.5)、間隙水の連続式(3.3.6)の3式である。それぞれ以下のようになる。

・有効応力の定義

$$\boldsymbol{\sigma}' = (\boldsymbol{\sigma} - \boldsymbol{m}u_a) + \chi\boldsymbol{m}(u_a - p) \tag{3.3.1''}$$

・間隙水の運動方程式

$$-\nabla p + \rho_f \boldsymbol{g} = \frac{\rho_f g}{K} \dot{\boldsymbol{w}} + \rho_f \ddot{\boldsymbol{u}} \tag{3.3.5''}$$

・間隙水の連続式（水、土粒子自体の体積変化を無視した）

$$\nabla^T \dot{\boldsymbol{w}} - S_r \boldsymbol{m}^T \dot{\boldsymbol{\varepsilon}} + n\dot{S}_r = 0 \tag{3.3.6''}$$

ここに、u_aは間隙空圧、χはサクションの有効応力への寄与分を表す物理量、Kは不飽和透水係数、S_rは飽和度、nは間隙率である。式(3.3.1'')はBishop[3.3.7),3.3.8)]によって提案され、現在でも最も一般的な有効応力式である。この式でのχは、飽和土で$\chi = 1$、乾燥土で$\chi = 0$、不飽和土で$0 < \chi < 1$となり、飽和度が高いほど有効応力に対するサクションの寄与度が高まる。χを表す種々の提案式があるが、例えばVanapalliら[3.3.9)]による以下のような式がある。

$$\chi = S_e = \frac{\theta - \theta_r}{\theta_s - \theta_r} \tag{3.3.11}$$

$$\theta = nS_r \tag{3.3.12}$$

ここに、S_eは有効飽和度、θは体積含水率、θ_sとθ_rは飽和と残留の体積含水率である。式(3.3.5'')と式(3.3.5)の違いは、透水係数のみであり、Kは含水量や間隙水の分布状況によって大きく変化する。水分量が減少すると指数関数的にKは減少するが、その特性も土によって大きく変化する。Kを表す確立した式は無いが、例えば、以下のvan Genuchten–Mualem モデル[3.3.10)-3.3.12)]がある。

$$K = kS_e^{\xi} \left\{ 1 - \left(1 - S_e^{1/m} \right)^m \right\}^2 \tag{3.3.13}$$

ここに、kは飽和透水係数、ξ, mは無次元パラメータである。式(3.3.6'')は間隙水の連続式であるが、飽和地盤では水の移動は土のひずみに転化されるが、不飽和地盤では水の移動は飽和度にも転化される。このため、式(3.3.6)から式(3.3.6'')に変わっている。ここで、波と地盤の相互作用を考えるような模型実験の場合、土のひずみによる水の移動よりも、飽和度の変化に伴う水の移動の方が卓越すると考え、式(3.3.6'')の左辺第2項を無視することとする。上式に加えて、不飽和地盤で最も重要と言える体積含水率とサクションの関係式（水分特性曲線）を考える必要がある。この関係式も土によって大きく変化することに加えて、吸水過程と排水過程で異なる経路を辿るヒステリシスの特性を持つ。例えば、以下のvan Genuchten 式[3.3.11),3.3.12)]が提案されている。

$$S_e = \{1 + (\alpha p)^n\}^{-m} \tag{3.3.14}$$

ここに、α, nは無次元パラメータである。式(3.3.13)と式(3.3.14)において、$m = 1 - 1/n$とした組み合わせは、最も広く利用されている不飽和浸透特性モデルである。これらを連立させれば、変位$\boldsymbol{u}$と間隙水圧pを解くことができる。なお、不飽和地盤は土粒子、間隙水、間隙空気の三相で構成されているため、上式に加えて、間隙空気に関する方程式も連立されることで、間隙空圧u_aについても解くことができる。ただし、ここでは相似則の説明を簡単にする

表 3.3.5　不飽和地盤の実験相似比（実物／模型）（重力場・遠心力場）

物理量	説明	相似比		
		一般	重力場	遠心力場
x	長さ（寸法）	λ	λ	λ
ρ	土の密度	λ_ρ	1	1
ρ_f	間隙水の密度	λ_ρ	1	1
ε	ひずみ	λ_ε	$\lambda^{0.5}$	1
g	重力加速度	λ_g	1	$1/\lambda$
t	時間	$(\lambda\lambda_\varepsilon/\lambda_g)^{0.5}$	$\lambda^{0.75}$	λ
σ	全応力	$\lambda\lambda_\rho\lambda_g$	λ	1
σ'	有効応力	$\lambda\lambda_\rho\lambda_g$	λ	1
D	接線剛性	$\lambda\lambda_\rho\lambda_g/\lambda_\varepsilon$	$\lambda^{0.5}$	1
p	間隙水圧	$\lambda\lambda_\rho\lambda_g$	λ	1
K	不飽和透水係数	$\boxed{(\lambda\lambda_g/\lambda_\varepsilon)^{0.5}}$	$\boxed{\lambda^{0.25}}$	1
u	土骨格の変位	$\lambda\lambda_\varepsilon$	$\lambda^{1.5}$	λ
$\dot{u}$	土骨格の速度	$(\lambda\lambda_\varepsilon\lambda_g)^{0.5}$	$\lambda^{0.75}$	1
$\ddot{u}$	土骨格の加速度	λ_g	1	$1/\lambda$
w	土骨格に対する水の変位	$\boxed{\lambda}$	$\boxed{\lambda}$	λ
$\dot{w}$	土骨格に対する水の速度	$\boxed{(\lambda\lambda_g/\lambda_\varepsilon)^{0.5}}$	$\boxed{\lambda^{0.25}}$	1
χ	サクションの寄与率	1	1	1
n	間隙率	1	1	1
S_r, S_e	飽和度、有効飽和度	1	1	1
θ	体積含水率	1	1	1

ために、u_a を無視することにする。

　飽和地盤の相似比を導出した場合と同様に、上の支配方程式が実物と模型のいずれでも成り立つと考えて相似則を考えてみる。飽和地盤の支配方程式(3.3.1)～式(3.3.6)では、独立した式が 9 個で未知数が 13 個であった。このため、4 個の相似比を仮定すれば他の相似比を設定できた。不飽和地盤の支配方程式群では、$\chi, K, S_r, n, S_e, \theta$ と 6 個の物理量が増えるが、式(3.3.11)（2 式）、式(3.3.12)、式(3.3.13)、式(3.3.14)の 5 式が増える。このため、飽和地盤よりも 1 個多い 5 個の相似比を仮定すれば良いことになる。ただし、式(3.3.13)と式(3.3.14)は複雑な指数関数となっていることや、これらの式は理論式ではないことから、両式を用いて相似比を設定することは難しい。このため、別の仮定を設けて相似比を設定し、p, K, S_e などの物理量が式(3.3.13)と式(3.3.14)を満たすように、実験に用いる土の種類を決める方が現実的であろう。ここでは、飽和透水係数 k の相似比を求めないことと、土と水の密度の相似比が等しい（$\lambda_\rho = \lambda_{\rho_f}$）という仮定を用いて相似比を求めることとした。また、飽和地盤で仮定した 4 個の相似比に加えて、飽和度の相似比を $\lambda_{S_r} = 1$ と仮定した。この結果、重力場・遠心力場での実験の相似比は表 3.3.5 のようになる。飽和地盤と異なる相似比を枠で囲っている。

　重力場の相似比を見ると、透水に関する相似比が飽和地盤と不飽和地盤で異なっており、

飽和状態と不飽和状態の浸透を同時に実験で再現する場合には注意が必要である。また、間隙率や体積含水率の相似比は 1 であるが、間隙水圧の相似比が λ、不飽和透水係数が $\lambda^{0.25}$ であり、この相似比が式(3.3.13)と式(3.3.14)を満たす土を模型で用いる必要がある。つまり、実物と模型で含水状態は等しいが、サクションや不飽和透水係数が小さい土を模型で用いる必要がある。サクションを小さくするためには間隙を大きくすれば良いが、透水係数は逆に大きくなってしまう。適切な粘性流体を用いて透水を遅くするなどの試行錯誤が必要になる。一方、遠心力場の相似比を見ると、飽和地盤と不飽和地盤の相似比が一致しており、両者を複合した実験に向いていることが分かる。また、p, K, S_e の相似比が 1 であり、実物と同じ土を模型で用いれば自動的に式(3.3.13)と式(3.3.14)が満たされる。さらに、$\lambda_\varepsilon = 1$ であるため、式(3.3.6″)の左辺第 2 項を無視する必要もなく、遠心実験は相似則を満たす上で有利である。

3.4 流体と地盤の複合実験の相似則

3.4.1 漂砂

（1）無次元量の導出

　流体と地盤が複合する現象として最初に思い浮かぶものは漂砂であろう。水の流れによって、地表面付近の土が漂い、大きな洗掘や堆積を生じ得る現象である。過去から漂砂の研究は精力的に行われてきたが、いまだ統一的な支配方程式は確立されていない。これは、土を連続体として取り扱えず、土を粒子およびその集合体として取り扱う必要性があることから、現象の理解が途端に難しくなるためと考えられる。今まで提案されてきた現象を把握する方程式も現場計測や実験などの経験に基づくものがほとんどである。ここでは、水理学分野において検討されてきた相似則を紹介するが、必ずしも理論的な相似則となっていないため、今後の研究によっては異なる相似則が提案される可能性もあることを付記しておく。

　まず、漂砂に関連する無次元量[3.4.1)]を導出しておく。漂砂は水の流れによって地表面の土粒子が移動する現象であるため、地表面上の 1 つの土粒子に着目して、粒子に作用する慣性力 F_i、水中重力 F_b、せん断力 F_τ とすると、それぞれは以下のように表される。

$$F_i = \rho_w v^2 \left(\frac{1}{4} \pi d^2 \right) \tag{3.4.1}$$

$$F_b = (\rho_s - \rho_w) g \left(\frac{1}{6} \pi d^3 \right) \tag{3.4.2}$$

$$F_\tau = \rho_w u_*^2 \left(\frac{1}{4} \pi d^2 \right) \tag{3.4.3}$$

ここに、ρ_w は水の密度、v は水平流速、d は砂の粒径、ρ_s は砂の密度、g は重力加速度、u_* は摩擦速度である。せん断力 F_τ と水中重力 F_b の比を無次元量 π_1 とすると以下のようになる。

$$\pi_1 = \frac{F_\tau}{F_b} = \frac{\rho_w u_*^2 \left(\frac{1}{4} \pi d^2 \right)}{(\rho_s - \rho_w) g \left(\frac{1}{6} \pi d^3 \right)} = \frac{\left(\frac{3}{2} \right) u_*^2}{\frac{(\rho_s - \rho_w)}{\rho_w} g d} = \left(\frac{3}{2} \right) \frac{u_*^2}{s g d} = \left(\frac{3}{2} \right) \tau_* \tag{3.4.4}$$

ここに、s（$= (\rho_s - \rho_w)/\rho_w$）は砂の水中比重、$\tau_*$（$= u_*^2/sgd$）は無次元掃流力（シールズ数）である。次に、慣性力F_iとせん断力F_τの比を無次元量π_2とすると以下のようになる。

$$\pi_2 = \frac{F_i}{F_\tau} = \frac{\rho_w v^2 \left(\frac{1}{4}\pi d^2\right)}{\rho_w u_*^2 \left(\frac{1}{4}\pi d^2\right)} = \left(\frac{v}{u_*}\right)^2 \tag{3.4.5}$$

実物と模型とでせん断力と砂の水中重力の比を相似にすることは、τ_*を実物と模型で等しくすることである。慣性力とせん断力の比を相似にすることは、$(v/u_*)^2$を等しくすることである。一方、砂の水中重力が水中抵抗力と釣り合う時の最終沈降速度w_sとの関係は次式となる[3.4.2]。

$$(\rho_s - \rho_w)g\left(\frac{1}{6}\pi d^3\right) = \frac{1}{2}\rho_w C_D w_s^2 \left(\frac{1}{4}\pi d^2\right) \tag{3.4.6}$$

ここに、C_Dは粒子の抵抗係数である。式(3.4.6)は、次式のように変形できる。

$$sg = \frac{3C_D w_s^2}{4d} \tag{3.4.7}$$

式(3.4.7)を式(3.4.4)に代入すると、次式が導かれる。

$$\pi_1 = \frac{F_\tau}{F_b} = \left(\frac{2}{3}\right)\frac{u_*^2}{sgd} = \frac{2u_*^2}{C_D w_s^2} = \left(\frac{2}{C_D}\right)\left(\frac{u_*}{w_s}\right)^2 \tag{3.4.8}$$

C_Dは粒子レイノルズ数R_{e*2}（$= dw_s/v$）の関数となり、R_{e*2}が大きくなると、C_Dが小さくなることが知られている[3.4.2]。粒子が分散媒を乱さずに静かに沈降し粘性に対して慣性が非常に小さい場合($R_{e*2} \leq 0.5$)、C_Dはストークスの法則により次式で表される。

$$C_D = \frac{24}{R_{e*2}} \tag{3.4.9}$$

また、慣性力が優勢の場合($10^3 \leq R_{e*2} \leq 3 \times 10^5$)、$C_D$は 0.44 と一定となる。実物と模型とで、せん断力と砂の水中重力の比を相似にすることは、$(u_*/w_s)^2/C_D$の比を相似にすることでもある。最後に、慣性力F_iと水中重力F_bの比を無次元量として考えてみる。式(3.4.8)と同様に式(3.4.7)を代入して変形すると、次式が導かれる。

$$\pi_3 = \frac{F_i}{F_b} = \frac{\left(\frac{3}{2}\right)v^2}{\frac{(\rho_s - \rho_w)}{\rho_w}gd} = \left(\frac{3}{2}\right)\frac{v^2}{sgd} = \frac{2v^2}{C_D w_s^2} = \left(\frac{2}{C_D}\right)\left(\frac{v}{w_s}\right)^2 \tag{3.4.10}$$

実物と模型とで、慣性力と砂の水中重力の比を相似にすることは、$(v/w_s)^2/C_D$を実物と模型

で等しくすることである。ただし、上記 3 つの無次元量のうち、独立した無次元量は 2 つである。この 2 つの無次元量が実物と模型で等しければ、残りの 1 つの無次元量は自動的に等しくなる [3.4.1)]。以上のように求めた無次元量$\tau_*, v/u_*, u_*/w_s, v/w_s$ は、以下に説明するように、従来から漂砂の現象を理解する上で経験的に注目されてきた無次元量となっている。

(2) 各現象における相似則

　波や流れによって底面付近の水は移動し、それに伴って海底面の土が移動する現象が漂砂である。一口に漂砂といっても、土粒子が転動あるいは躍動しながら移動する掃流漂砂や水の鉛直方向の流れや渦に取り込まれて移動する浮遊漂砂など、様々な現象が複雑に発生して相互に影響を及ぼしている。ここでは、それらの現象についての相似則[3.4.3)-3.4.5)]について紹介する。漂砂に伴う海底地形変化の相似則については次節で述べる。

a) 掃流による漂砂の相似則

水の流れは海底面にせん断力を与え、それを掃流力と呼ぶ。作用反作用の法則から、掃流力は海底面から流れに与えるせん断力でもある。つまり、流体にとっては底面摩擦力となる。この底面摩擦力τ_0は速度エネルギー$v^2/2$に比例すると考えられており、以下の式で表される。

$$\tau_0 = \rho f' \frac{v^2}{2} \tag{3.4.11}$$

ここに、ρは水の密度、f'は摩擦係数である。統一的なf'の式は提案されておらず、各現象に対して種々の式が適用されている。例えば、水路での一様な流れを考える場合には式(3.4.12)、短波長の波浪場のように変動する流れを考える場合には式(3.4.13)などが提案されている [3.4.3), 3.4.4), 3.4.6)]。

$$f' = \frac{2gn^2}{R^{1/3}} = \frac{2g}{R^{1/3}} \left(\frac{k_s^{1/6}}{7.66\sqrt{g}} \right)^2 \cong 0.0341 \left(\frac{k_s}{R} \right)^{1/3} \tag{3.4.12}$$

$$f' = 0.47 \left(\frac{k_s}{a_\delta} \right)^{3/4} \tag{3.4.13}$$

ここに、Rは径深、nはマニングの粗度係数、k_sは海底面の粗さ、a_δは海底面での波による水粒子変動の振幅である。通常、k_sは海底面を構成する土粒子の粒径dに置き換えられる。式(3.4.12)と式(3.4.13)から分かるように、係数やべき指数は異なるがf'は土粒子の粒径と長さ（径深や振幅）の関数となると考えられている。

　水の流れは海底面に対して流れ方向にせん断力を及ぼす。このせん断力を掃流力と呼び、掃流力が大きくなると漂砂が生じるため、掃流力は漂砂が生じるか否かの重要な物理量である。掃流力は上述の式(3.4.11)で表される。この掃流力τ_0を水の密度ρで除して平方根を取って速度の次元としたものを摩擦速度u_*と称し、底面近傍の流れにおける速度の代表値として用いられる。次式で表せる。

表3.4.1　掃流漂砂に関する実験相似比（模型／実物）

物理量	説明	相似比	
		重力場	遠心力場
L	長さ（寸法）	$1/N$	$1/N$
d	土粒子の粒径	$1/M$	$1/M$
ρ	水の密度	1	1
s	土粒子の水中比重	1	1
g	重力加速度	1	N
R	径深	$1/N$	$1/N$
a_δ	水粒子変動の振幅	$1/N$	$1/N$
v	流速	$(1/N)^{1/2}$	1
f'	摩擦係数	$(N/M)^{1/3}$ $(N/M)^{3/4}$	$(N/M)^{1/3}$ $(N/M)^{3/4}$
τ_0	掃流力	$(N/M)^{1/3} \cdot 1/N$ $(N/M)^{3/4} \cdot 1/N$	$(N/M)^{1/3}$ $(N/M)^{3/4}$
u_*	摩擦速度	$(N/M)^{1/6}(1/N)^{1/2}$ $(N/M)^{3/8}(1/N)^{1/2}$	$(N/M)^{1/6}$ $(N/M)^{3/8}$
τ_*	無次元掃流力	$(M/N)^{2/3}$ $(M/N)^{1/4}$	$(M/N)^{2/3}$ $(M/N)^{1/4}$

※上段：式(3.4.12)から算出、下段：式(3.4.13)から算出

$$u_* = \sqrt{\frac{\tau_0}{\rho}} \tag{3.4.14}$$

また、掃流力を水の密度ρ、土粒子の水中比重s、重力加速度g、土粒子の粒径dで除して無次元化したものを無次元掃流力（シールズ数）τ_*と定義されており、次式で表せる。

$$\tau_* = \frac{\tau_0}{\rho s g d} = \frac{u_*^2}{s g d} \tag{3.4.15}$$

さらに、土粒子が移動し始める時の無次元掃流力を無次元限界掃流力τ_{*c}と呼び、τ_*がτ_{*c}よりも大きい場合に土粒子が移動すると考える。

　上記の式から考えると、掃流漂砂に関する実験相似比は**表**3.4.1のようになる。表のLからvまでの物理量に対しては与条件として相似比を仮定しており、土粒子の粒径の相似比を$1/M$、流速の相似比をフルード則に従うなどと仮定している。表のf'からτ_*までが導かれる相似比であるが、摩擦係数f'の考え方によってτ_0やτ_*の相似比は異なることに注意されたい。実験を行う場合、再現したい現象を考えて、その現象に適した相似比を用いることが重要である。仮に、長さと土粒子の粒径の相似比を$1/N = 1/M$と等しくできれば、重力場と遠心力場のいずれにおいても無次元掃流力の相似比は1となり、相似則を満たせる。しかしながら、実物よりもかなり小さな粒径となるため、地盤の物性が大きく変わってしまうなどの問題があり、$1/N$粒径の砂を実験で用いることは現実的には難しい場合が多い。このため、実験で

知りたい現象（例えば、漂砂に伴う海底地形変化）の相似比も考えて実物での現象を把握したり、逆に、その現象に対する相似比を仮定して他の相似比を設定したりすることが必要である。さらに、表に示した相似則では流速がフルード則に従うことを仮定しているが、底面摩擦力によって流れの状況が大きく変わる場合には流速がフルード則に従わなくなる。そのような現象を実験で再現するには、フルード則からのずれを考え、相似比に補正係数を掛けるなどの工夫が必要となる。

b) 浮遊による漂砂の相似則

海底地形が変化するような場合、掃流漂砂に加えて浮遊漂砂についても考える必要がある。浮遊漂砂においては、水の流れで土は浮き上がった後に沈降して海底面に堆積する。また、同時に水平方向の流れによって土は流下方向に移動する。このため、土粒子の沈降速度w_sと水平流速vの比を実物と模型で等しくしておく必要がある。下の式における添え字pが実物、mが模型の物理量を表している。

$$\frac{w_{sp}}{v_p} = \frac{w_{sm}}{v_m} \tag{3.4.16}$$

上式を書き直して、フルード相似則を当てはめると、以下のようになる。

$$\frac{w_{sm}}{w_{sp}} = \frac{v_m}{v_p} = \left(\frac{NgL_m}{gL_p}\right)^{1/2} = \left(\frac{NL_m}{L_p}\right)^{1/2} \tag{3.4.17}$$

ここに、実物に対して模型の重力加速度をN倍と考えている。重力場実験の場合、$N=1$である。Nを考慮した模型の寸法比に対して沈降速度の比を設定し、模型で使う土の種類を決める。また、微小振幅波理論[3.4.7)]によれば、水粒子の水平流速vの相似比は$(2\pi/T)(H/2)$の相似比で表せることから、上記式(3.4.17)は次式にも変形できる。

$$\left(\frac{H}{w_s T}\right)_p = \left(\frac{H}{w_s T}\right)_m \tag{3.4.18}$$

ここに、Hは波高、Tは周期である。沈降速度の相似則を用いた実験例として、鈴木らの実験[3.4.8)]、松田らの実験[3.4.9)]、有川らの実験[3.4.10)]、荒木らの実験[3.4.11)]が挙げられる。

　上述のように、浮遊漂砂の模型実験を行う場合には、掃流漂砂も同時に生じており、それらを特徴づける摩擦速度と沈降速度の比を次式のように等しくする必要もある[3.4.4),3.4.5)]。

$$\frac{u_{*p}}{w_{sp}} = \frac{u_{*m}}{w_{sm}} \tag{3.4.19}$$

この式からも模型での沈降速度を決められる。なお、開水路の砂の移動形態として、摩擦速度と沈降速度との比をパラメータとして、以下のように変化することが知られている[3.4.4),3.4.5)]。

$$\frac{u_*}{w_s} < 1 \qquad\qquad : 掃流が卓越$$

$$\frac{u_*}{w_s} > 1.7 \qquad\qquad : 浮遊が卓越$$

$$1 < \frac{u_*}{w_s} < 1.7 \qquad\qquad : 掃流・浮遊の混在$$

3.4.2 海底地形変化

　漂砂が生じると海底地形が変化する。ここでは漂砂による海底地形変化の相似則について考えてみる。過去の実験的研究から、無次元化した漂砂量Q_Tは無次元掃流力の関数で表され、次式の関係が提案されている [3.4.3),3.4.5),3.4.12)-3.4.14)]。

$$\frac{Q_T}{B\sqrt{sgd^3}} = a \cdot \tau_*^b \tag{3.4.20}$$

ここに、Bは漂砂幅、sは土粒子の水中比重、gは重力加速度、dは土粒子の粒径、aとbは実験から求められる係数、τ_*は無次元掃流力である。無次元掃流力が大きくなるほど漂砂量が増えるという関係を表した式である。

　ある領域に着目すると、領域に流出入する漂砂量が異なると、海底地形変化が生じることになる。この関係を式に表すと以下のようになる。

$$\frac{\partial Z_b}{\partial t} + \frac{1}{1-\lambda}\left\{\frac{\partial}{\partial x}\left(\frac{Q_b}{B}\right) - P + w_s c_b\right\} = 0 \tag{3.4.21}$$

$$\frac{\partial}{\partial x}\left(\frac{Q_s}{B}\right) = -P + w_s c_b \tag{3.4.22}$$

ここに、Z_bは海底地形表面の高さ、λは砂地盤の間隙率、Q_bは掃流漂砂量、Q_sは浮遊漂砂量、Bは漂砂幅、Pは海底からの浮遊砂巻上量、$w_s c_b$は沈降量、w_sは沈降速度、c_bは海底面付近の浮遊砂濃度である。浮遊砂巻上量は、掃流砂量と同様に、無次元掃流力（シールズ数）の関数になることが知られている [3.4.15)]。$Q_T = Q_b + Q_s$として単純化すると、次式のように変形できる。

$$\frac{\partial Z_b}{\partial t} = -\frac{1}{1-\lambda}\left\{\frac{\partial}{\partial x}\left(\frac{Q_T}{B}\right)\right\} \tag{3.4.23}$$

この式に式(3.4.20)を代入し、偏微分を差分形式に修正すると、以下の関係が得られる。

$$\Delta Z_b = -\frac{\sqrt{sgd^3} \cdot a \cdot \Delta \tau_*^b}{(1-\lambda)\Delta x}\Delta t \tag{3.4.24}$$

式(3.4.20)と式(3.4.24)から考えると、漂砂量に関する実験相似比は**表 3.4.2** のようになる。なお、長さの相似比を$1/N$、土粒子の粒径の相似比を$1/M$、土粒子の比重の相似比を 1、時間

表 3.4.2　海底地形変化に関する実験相似比（模型／実物）

物理量	説明	相似比	
		重力場	遠心力場
L	長さ（寸法）	$1/N$	$1/N$
d	土粒子の粒径	$1/M$	$1/M$
ρ	水の密度	1	1
s	土粒子の水中比重	1	1
g	重力加速度	1	N
λ	砂地盤の空隙率	1	1
a, b	係数	1	1
t	時間	$(1/N)^{1/2}$	$1/N$
τ_*	無次元掃流力	$(M/N)^{2/3}$ $(M/N)^{1/4}$	$(M/N)^{2/3}$ $(M/N)^{1/4}$
Q_T	漂砂量	$(N^2 M^3)^{-1/2} \cdot (M/N)^{2b/3}$ $(N^2 M^3)^{-1/2} \cdot (M/N)^{b/4}$	$(NM^3)^{-1/2} \cdot (M/N)^{2b/3}$ $(NM^3)^{-1/2} \cdot (M/N)^{b/4}$
Z_b	地表面高さ	$(N/M^3)^{1/2} \cdot (M/N)^{2b/3}$ $(N/M^3)^{1/2} \cdot (M/N)^{b/4}$	$(N/M^3)^{1/2} \cdot (M/N)^{2b/3}$ $(N/M^3)^{1/2} \cdot (M/N)^{b/4}$

※上段：式(3.4.12)から算出、下段：式(3.4.13)から算出

の相似比をフルード則に従うと仮定している。また、摩擦係数f'の考え方によってτ_*などの相似比は異なるために、以下の相似比は一例であることに注意されたい。実験を行う場合、再現したい現象でのτ_*の相似比を用いる必要がある。仮に、長さと土粒子の粒径の相似比を$1/N = 1/M$と等しくできれば、前述のように重力場と遠心力場のいずれにおいても無次元掃流力の相似比は 1 となる。また、重力場と遠心力場にかかわらず、海底地形表面の高さZ_bの相似比は$1/N$となり、模型寸法の相似比と一致する。しかしながら、実物よりもかなり小さな粒径となるため、地盤の物性が大きく変わってしまうなどの問題があり、$1/N$粒径の砂を実験で用いることは現実的には難しい場合が多い。このため、現象の相似比を考えて実物での現象を推定したり、逆に、その現象の相似比を仮定して他の相似比を設定したりすることが必要である。また、掃流力の相似比で述べたことと同様に、表に示した相似則はフルード則が成り立つことを仮定した場合の相似比である。フルード則からずれる場合には、相似比に補正係数を掛けるなどの工夫が必要となる。

3.4.3　透水構造物下部の洗掘現象

　砂地盤の上に石やブロックが設置された構造物に波が作用すると、砂が浮遊して石やブロックの外に出ていく、いわゆる透水構造物下部の洗掘現象が発生する。消波ブロックで被覆された防波堤や離岸堤、潜堤の沈下は、この洗掘現象によって発生している場合が多い。この現象は構造物下部で生じている現象であり、現地で潜水調査などによって調べることは難しく、模型実験による観察が現象の解明に役立つと考えられる（4.2 節のケーススタディ参照）。ただし、この現象の相似則は複雑である。流体の相似則としては、波によって流れが生じるためにフルード則の適用が考えられるが、石やブロック間の流れではレイノルズ数の変化も無視できない。また、地盤も複合して考えると、掃流だけではなく浮遊による砂の移動

表 3.4.3 透水構造物下部の洗掘現象に関する実験相似比（模型／実物）

物理量	説明	相似比	
		重力場	遠心力場
L	長さ（寸法）	$1/N$	$1/N$
d	土粒子の粒径	$1/M$	$1/M$
ρ	水の密度	1	1
ν	水の動粘性係数	1	1
g	重力加速度	1	N
H	波高	$1/N$	$1/N$
T	波の周期	$(1/N)^{1/2}$	$1/N$
v	流速	$(1/N)^{1/2}$	1
w_s	沈降速度	w_{sm}/w_{sp}	w_{sm}/w_{sp}

や、流体と砂粒子が混合して流れる現象も発生し、多くの現象の相似則を同時に考える必要がある。しかしながら、全ての相似則を同時に満たすことは難しく、卓越する現象の相似則を優先して満たすことが重要である。

漂砂は砂が掃流か浮遊で輸送される現象の 2 つに大別されるが、透水構造物下部のように砂が舞い上げられるような洗掘現象では浮遊を再現する重要性が指摘されている。砂の浮遊は、流れに連行される際に砂粒子に働く力と重力とのバランスで決定される。流れの速度と沈降速度のバランスが取れていることで現象を再現できると想定すると、それぞれをフルード則に則って相似させればよいものと考えられる（Dean[3.4.16),3.4.17)]）。このうち沈降速度については、種々のw_sが提案されているが、例えば Jimenez & Madsen[3.4.18)] によると次式によって表される。

$$w_s = \sqrt{sgd_N}\left(0.954 + \frac{5.12}{S_*}\right)^{-1} \tag{3.4.25}$$

$$S_* = \frac{d_N}{4\nu}\sqrt{sgd_N}\,\Delta t \tag{3.4.26}$$

ここに、sは土粒子の水中比重、gは重力加速度、d_Nは土粒子の代表径（$= d/0.9$と仮定、d: 土粒子径、砕石と等体積となる球の粒径）、νは水の動粘性係数である。この式に基づくと相似比は**表** 3.4.3 のようになる。なお、長さの相似比を$1/N$、土粒子の粒径の相似比を$1/M$としている。表中の沈降速度の相似比w_{sm}/w_{sp}は単純な形では表せないが、式(3.4.25)と式(3.4.26)を用いて以下の式から計算できる。

$$\frac{w_{sm}}{w_{sp}} = \left(\sqrt{sgd_N}\left(0.954 + \frac{5.12}{S_*}\right)^{-1}\right)_m \Bigg/ \left(\sqrt{sgd_N}\left(0.954 + \frac{5.12}{S_*}\right)^{-1}\right)_p \tag{3.4.27}$$

式における添え字pが実物、mが模型の物理量を表している。また、波の周期や流速の相似比はフルード則を適用している。前述のように、浮遊による漂砂を考える場合、フルード則と微

小振幅波理論を仮定すれば、砂の沈降速度w_sの比を次式に従わせる必要がある。

$$\left(\frac{H}{w_s T}\right)_p = \left(\frac{H}{w_s T}\right)_m \tag{3.4.28}$$

ここに、Hは波高、Tは周期であり、式(3.4.28)はディーン数と呼ばれている。すなわち、前述した粒子に働く力（水平方向の波力）と重力（鉛直方向の力）の比を実物と模型で整合させた関係となる。**表 3.4.3** に示したHとTの相似比を用いると、沈降速度の相似比w_{sm}/w_{sp}を重力場で$(1/N)^{1/2}$、遠心力場で 1 とする必要がある。この相似比となるように、式(3.4.27)を用いて土粒子の粒径などを調整すればよい。

3.4.4 波と地盤の複合実験

　前節まででは、流体と地盤が複合する現象として漂砂や洗掘について取り上げたが、これらは流体と地盤が接したり混ざったりする地表面付近の狭い領域での現象である。対象領域を広げると、漂砂や洗掘以外にも流体と地盤が複合する現象はあり、波による地盤の不安定化現象もその 1 つである。例えば、進行波による海底地盤の液状化問題がある。これは、波が通過すると海底面に作用する水圧が場所ごとに変動するため、地盤にせん断力が繰り返し作用し、緩く堆積した砂地盤では液状化が発生する (Sekiguchi et al.[3.4.19]; Sassa & Sekiguchi[3.4.20])。また、地盤が完全飽和していない場合、海底面での水圧変動の地盤内部への伝播が遅れ、波の谷が通過する際に上向き浸透流が発生して、地盤が不安定化する（善[3.4.21]）。これらの現象は、地表面付近のみの話ではなく、地表面から数 m の範囲での地盤応力や間隙水圧特性を考える必要がある。地盤が不安定化したり、液状化したりする場合、地盤の剛性や強度が著しく低下するため、上部構造物や地中内構造物を変位させる恐れがある。例えば、Miyamoto et al.[3.4.22]は、波による液状化が発生した地盤内の海底パイプが浮き上がることについて検討している。

　波による液状化問題以外にも、**図 3.4.1** に示すような波による斜面の不安定化問題もある。波が土で形成された斜面に作用すると、直接的に斜面が洗掘されたり、法尻付近が洗掘されて斜面安定が保てなくなって崩壊したりする。さらに、高波が斜面に作用すると水が地盤に浸透して湿潤化したり、地表面での水圧条件が変化したりするために、地盤内の飽和度や間

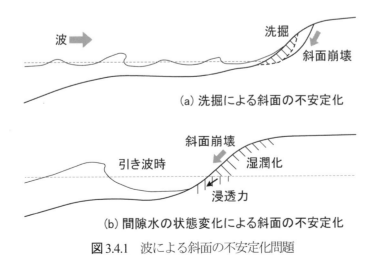

（a）洗掘による斜面の不安定化

（b）間隙水の状態変化による斜面の不安定化

図 3.4.1　波による斜面の不安定化問題

表 3.4.4 波と地盤の複合実験における相似比（模型／実物）（重力場・水を使用）

物理量	説明	流体の相似比	地盤の相似比
x	長さ（寸法）	$1/N$	$1/N$
ρ	密度	1	1
ε	ひずみ	—	$(1/N)^{0.5}$
g	重力加速度	1	1
ν	水の動粘性係数	1	1
t	時間（動的）	$(1/N)^{0.5}$	$(1/N)^{0.75}$
t	時間（浸透）	—	$(1/N)^{1.5}$
σ	応力	—	$1/N$
D	接線剛性	—	$(1/N)^{0.5}$
p	水圧、間隙水圧	$1/N$	$1/N$
k	透水係数	—	1
u	変位	$1/N$	$(1/N)^{1.5}$
$\dot{u}$	速度	$(1/N)^{0.5}$	$(1/N)^{0.75}$
$\ddot{u}$	加速度	1	1

　隙水圧の状態が変化する。この場合、引き波時に下方へ浸透力が発生するために地盤が不安定化する（Takahashi & Morikawa[3.4.23]）。

　波によって間隙水圧が上昇し、地盤が不安定化することは漂砂や洗掘量に影響を与えているとする研究結果もある。また、波によって洗掘が生じて斜面が不安定化する場合も上で指摘した。このような漂砂や洗掘を模型で再現する必要がある場合、前節までで述べた相似則を考慮する必要がある。これらを除いて、波による地盤の不安定化問題に対する相似則を考えてみる。この問題では、地盤を粒子レベルではなく連続体として考えることができるため、流体と地盤のそれぞれの相似則については 3.2 節と 3.3 節で説明したものを用いれば良いことになる。ただし、両者の相互作用について、流体と地盤の接触面での力の相似則も併せて考える必要がある。流体と地盤の相互に働く力には、面に垂直な方向と平行な方向の力があり、垂直方向の力は水圧によるもの、平行方向の力は掃流力によるものである。水から地盤へ作用する掃流力は土の粒子レベルの挙動を考える上では無視できないが、地盤全体の安定性を考える上では大きな影響を与えるほど大きくない。このため、主に垂直方向の力である水圧の相似比が流体と地盤で合えば良いことになる。このことも考慮すると、流体と地盤の相似比については表 3.4.4 と表 3.4.5 にまとめられる。流体については波浪を模型で再現するためにフルード相似則を適用している。また、重力場の実験で粘性流体を使うことは稀であるから、重力場実験については水を用いた場合の相似比を示している。一方、遠心実験では、流体の時間の相似比に地盤の浸透時間の相似比を合わせるために粘性流体を用いることも多いため、粘性流体および水を用いた場合の相似比をそれぞれ示している。また、地盤の相似比には飽和地盤でのものを示している。重力場の実験において、地盤の相似比の問題点については、3.3 節に説明したとおりである。それ以外の問題点としては、地盤と流体での時間の相似比が一致しないことである。重力場実験においても粘性流体を用いることで、地盤の浸透に対する時間の相似比と流体の時間の相似比を一致させることはできるが、地盤の加速度を無視できないような動的な問題を取り扱う場合には時間の相似比が一致していないことに

表 3.4.5 波と地盤の複合実験における相似比（模型／実物）（遠心力場）

(a) 粘性流体を使用する場合

物理量	説明	流体の相似比	地盤の相似比
x	長さ（寸法）	$1/N$	$1/N$
ρ	密度	1	1
ε	ひずみ	—	1
g	重力加速度	N	N
ν	水の動粘性係数	N	N
t	時間（動的）	$1/N$	$1/N$
t	時間（浸透）	—	$1/N$
σ	応力	—	1
D	接線剛性	—	1
p	水圧、間隙水圧	1	1
k	透水係数	—	1
u	変位	$1/N$	$1/N$
$\dot{u}$	速度	1	1
$\ddot{u}$	加速度	N	N

(b) 水を使用する場合　※その他の相似比は(a)と同じ

物理量	説明	流体の相似比	地盤の相似比
ν	水の動粘性係数	1	1
t	時間（浸透）	—	$(1/N)^2$
k	透水係数	—	N

注意する必要がある。一方、遠心力場での実験では、時間の相似比は全て一致するので都合が良い。

　波と地盤の複合実験については遠心力場での実験のメリットは大きい。これは地盤内の応力を再現できるために、地盤の安定性の評価に向いているためである。また、上記のように時間の相似比についても一致させられる。このため、過去の実験も遠心力場で実施されてきたものが多い。例えば、Takahashi et al.[3.4.24)]は、遠心実験における波と地盤の複合実験の有効性について検討している。遠心実験の有効性を示すために、Modeling of models 手法が用いられている。この手法は、種々の模型縮尺と遠心加速度の組み合わせで実験を行い、それらの実物換算値が重なることを確認し、実物スケールでの挙動の再現性を確認する方法である。異なる遠心加速度であっても間隙水圧の応答が等しくなることが確認されている。

参考文献

3.1　相似則の役割

3.1.1) 江守一郎，斉藤孝三，関本孝三（2000）：模型実験の理論と応用［第三版］，技報堂出版.

3.1.2) Froude, W. (1868): Observations and suggestions on the subject of determining by experiment the resistance of ships, Correspondence with the British Admiralty. Published in The Papers of William Froude, A. D. Duckworth, The

Institution of Naval Architects, London, United Kingdom, pp.120-128, 1955.

3.1.3) Reynolds, O. (1883): An experimental investigation of the circumstances which determine whether the motion of water shall be direct or sinuous, and of the law of resistance in parallel channels, Philosophical Transactions, The Royal Society, Vol. 174, pp. 935-982.

3.1.4) Rayleigh, L. (1892): On the question of the stability of the flow of liquids, Philosophical Magazine, Vol. 34, No. 206, pp. 59-70.

3.1.5) Buckingham, E. (1914): On physically similar systems; illustrations of the use of dimensional equations, Physical Review, Vol. 4, No. 4, pp. 345-376.

3.1.6) 出口利祐 (1962)：水理模型実験 （第1講），農業土木研究，30 巻 1 号， pp. 25-29.

3.1.7) 佐藤馨一，五十嵐日出夫，堂柿栄輔，中岡良司 (1984)： 明治以前日本土木史年表の試作について，日本土木史研究発表会論文集， 4 巻， pp. 191-197.

3.1.8) Freeman, J.R. (1929): Hydraulic laboratory practice, American Society of Mechanical Engineers (ASME): New York.

3.1.9) 永井荘七郎，玉井佐一 (1962)：混成防波堤直立部の滑動実験 −1／10 模型における実験−，海岸工学研究発表会論文集，第9回， pp. 127-132.

3.1.10) 本間仁，堀川清司，鮮于澈 (1960)：砕波および海浜地形の変動について，海岸工学研究発表会論文集，第7回， pp. 91-99.

3.1.11) 野田英明，井保武寿 (1964)：波による海底砂の移動限界と砂れんの発生，海岸工学研究発表会論文集，第 11 回， pp. 153-158.

3.1.12) 本間仁，堀川清司，鹿島遼一 (1964)：波による浮遊砂に関する研究，海岸工学研究発表会論文集，第 11 回， pp. 159-168.

3.1.13) 松梨順三郎，大味啓介 (1964)：波による底質の変形について，海岸工学研究発表会論文集，第 11 回， pp. 169-174.

3.1.14) 石原藤次郎，椹木亨，天野哲男 (1958)：漂砂の運動機構に関する基礎的研究（第1報），海岸工学研究発表会論文集，第5回， pp. 65-71.

3.1.15) 速水頌一郎，樋口明生，吉田幸三 (1958)：潮流をふくむ水理模型実験の相似性について，海岸工学研究発表会論文集，第5回， pp. 169-173.

3.1.16) 三笠正人 (1980)：土質工学と模型実験，土と基礎， Vol. 25, No. 5, pp. 1-2.

3.1.17) 柴田徹，太田秀樹 (1980)：土質工学と模型実験，土と基礎， Vol. 25, No. 5, pp. 9-14.

3.1.18) Terzaghi, K. (1925): Erdbaumechanik auf Bodenphysikalischer Grundlage, Deuticke, Wien.

3.1.19) Rocha, M. (1957): The possibility of solving soil mechanics problems by the use of models, Proceeding of the 4th International Conference on Soil Mechanics and Foundation Engineering (ICSMFE), Vol. 1, pp. 183-188.

3.1.20) 香川崇章 (1978)：土構造物の模型振動実験における相似則，土木学会論文報告集，Vol. 275, pp. 69-77.

3.1.21) 国生剛治，岩楯敞広 (1979)：軟弱地盤の非線形震動特性についての模型振動実験と解析，土木学会論文報告集，Vol. 285, pp. 56-67.

3.1.22) Iai, S. (1989): Similitude for shaking table tests on soil-structure-fluid model in 1g gravitational field, Soils and Foundations, Vol. 29, No. 1, pp. 105-118.

3.1.23) Philips, E. (1869): De l'equilibre des solides elastiques semblables, C. R. Acad. Sci., Paris, Vol. 68, pp. 75-79.

3.1.24) Taylor, R. N. (1995): Geotechnical centrifuge technology, CRC press.

3.1.25) Pokrovsky, G. I. and Fedorov, I. S. (1936): Studies of soil pressures and soil deformations by means of a centrifuge, Proceedings of the 1st International Conference on Soil Mechanics and Foundation Engineering

(ICSMFE), Vol. 1, p. 70-71.

3.1.26) 三笠正人，高田直俊，岸本好弘（1965）：遠心力装置による自重圧密実験（第 1 報），第 20 回土木学会年次学術講演会，III-25.

3.1.27) Avgherinos, P. J. and Schofield, A. N. (1969): Drawdown failures of centrifuged models, Proceedings of the 7th International Conference on Soil Mechanics and Foundation Engineering (ICSMFE), Vol. 2, pp. 497-505.

3.1.28) 三笠正人，高田直俊，望月秋利（1980）：遠心力を利用した土構造物の模型実験，土と基礎，Vol. 25, No. 5, pp. 15-23.

3.1.29) 三笠正人，高田直俊（1966）：遠心装置による自重圧密実験（第 3 報），第 21 回土木学会年次学術講演会概要集，III, pp. 46/1-2.

3.1.30) Ovesen, N. K. (1979): The scaling law relationship－Panel Discussion, Proceedings of the 7th European Conference on Soil Mechanics and Foundation Engineering, Vol. 4, pp. 319-323.

3.1.31) 高田直俊，日下部治（1987）：講座「遠心模型実験」 3. 原理，土質工学会誌，Vol. 35, No. 12, pp. 89-94.

3.2 流体の相似則

3.2.1) 出口利佑（1962）：講座「水理模型実験（第 1 講）」総論，農業土木研究，第 30 巻，第 1 号，pp. 25-29.

3.2.2) 藤間功司（2003）：数値波動水路（CADMAS-SURF）の開発方針と理論，第 39 回水工学に関する夏季研修会講義集，pp. B.3.1-B.3.16.

3.2.3) 合田良実（1975）：浅海域における波浪の砕波変形，港湾技術研究所報告，第 14 巻，第 3 号，pp. 59-106.

3.2.4) 鹿島遼一，榊山勉，松山昌史，関本恒浩，京谷修（1992）：安定限界を超える波浪に対する消波工の変形と防波機能の変化について，海岸工学論文集，第 39 巻，pp. 671-675.

3.2.5) 榊山勉，小笠原正治（1993）：潜堤による衝撃砕波力の低減と実験スケール効果，海岸工学論文集，第 40 巻，pp. 746-750.

3.2.6) Takahashi, H., Sassa, S., Morikawa, Y., Takano, D., and Maruyama, K.: Stability of caisson-type breakwater foundation under tsunami-induced seepage, Soils and Foundations, Vol. 54, Issue 4, pp. 789-805, 2014.

3.3 地盤の相似則

3.3.1) Zienkiewicz, O.C., Chang, C.T., and Bettess, P.: Drained, undrained, consolidating and dynamic behaviour assumptions in soils, Geotechnique, Vol. 30, No. 4, pp. 385-395, 1980.

3.3.2) 香川崇章：土構造物の模型振動実験における相似則，土木学会論文報告集，Vol. 275, pp. 69-77, 1978.

3.3.3) Iai, S.: Similitude for shaking table tests on soil-structure-fluid model in 1g gravitational field, Soils and Foundations, Vol. 29, No. 1, pp. 105-118, 1989.

3.3.4) Rocha, M.: The possibility of solving soil mechanics problems by the use of models, Proceeding of the 4th International Conference on Soil Mechanics and Foundation Engineering (ICSMFE), Vol. 1, pp. 183-188, 1957.

3.3.5) Takahashi, H., Sassa, S., Morikawa, Y., Takano, D., and Maruyama, K.: Stability of caisson-type breakwater foundation under tsunami-induced seepage, Soils and Foundations, Vol. 54, Issue 4, pp. 789-805, 2014.

3.3.6) 不飽和地盤の挙動と評価編集委員会：不飽和地盤の挙動と評価，地盤工学会，217p., 2004.

3.3.7) Bishop, A.W.: The principle of effective stress, Norwegian Geotechnical Institute, No. 32, pp. 1-5, 1960.

3.3.8) Bishop, A.W.: The measurement of pore pressure in the triaxial test, Pore Pressure and Suction in Soils, London, Butterworth, pp. 38-46, 1961.

3.3.9) Vanapalli, S.K., Fredlund, D.G., Pufahl, M.D., and Clifton, A.W.: Model for prediction of shear strength with respect to soil suction, Canadian Geotechnical Journal, Vol. 33, No. 3, pp. 379-392, 1996.

3.3.10) Mualem, Y.: A new model for predicting the hydraulic conductivity of unsaturated porous media, Water Resources Research., Vol. 12, pp. 513-522, 1976.

3.3.11) van Genuchten, R.: Calculating the unsaturated hydraulic conductivity with a new closed-form analytical model, Research Report, 78-WR-08, Princeton University, Princeton, 1978.

3.3.12) van Genuchten, M. Th.: A closed-form equation for predicting the hydraulic conductivity of unsaturated soils, Soil Science Society American Journal, Vol. 44, pp. 892-898, 1980.

3.4 流体と地盤の複合実験の相似則

3.4.1) 江守一郎，斉藤孝三，関本孝三（2000）：模型実験の理論と応用［第三版］，技報堂出版.

3.4.2) 産業技術研究所・野田篤：沈降法による粒子径測定
https://staff.aist.go.jp/a.noda/memo/settle/settle/settle.html　（2020.05.16 閲覧）

3.4.3) 須賀堯三（1974）：河川水理模型実験の最近の進歩，第 10 回水工学に関する夏季研修会講義集，pp. A.9.1-A.9.22.

3.4.4) 椿東一郎（1974）：水理学 II，第 14 章　基礎土木工学全書 7，森北出版.

3.4.5) 福岡捷二，林正男（1988）：移動床模型実験の相似則の提案―比重の小さい河床材料を用いた場合―，土木技術資料，Vol. 30, No. 9, pp. 469-476.

3.4.6) Steven A. Hughes: Physical models and laboratory techniques in coastal engineering, World Scientific, 588p., 1993.

3.4.7) 合田良実（1990）：港湾構造物の耐波設計―波浪工学への序説，鹿島出版会.

3.4.8) 鈴木高二朗ら（2002）：砂地盤の吸出しによる消波ブロック被覆堤のブロックの沈下被災について―現地調査と大規模実験―，港湾空港技術研究所報告，Vol. 41, No. 1, pp. 51-89.

3.4.9) 松田達也，三浦均也，佐藤隼可，諫山恭平，澤田弥生（2017）：Dean Number を適用した移動床造波水路実験における地盤内水圧応答，土木学会論文集 B2（海岸工学），Vol. 73, No. 2, pp. I_1117-I_1122.

3.4.10) 有川太郎，池田剛，窪田幸一郎（2014）：越流による直立型堤防背後の洗掘量に関する研究，土木学会論文集 B2（海岸工学），Vol. 70, No. 2, pp. I_936-I_930.

3.4.11) 荒木進歩，澤田豊，宮本順司，牛山弘己，田中佑弥，小竹康夫（2018）：遠心模型実験を用いた消波ブロック被覆堤の地盤吸出し現象の考察，土木学会論文集 B2（海岸工学），Vol. 74, No. 2, pp. I_1093-I_1098.

3.4.12) 清水隆夫（1988）：岸沖海浜変形実験の相似性，電力中央研究所報告，研究報告 U87059, 41p.

3.4.13) 伊藤政博（1990）：海浜変形の移動床模型実験における時間縮尺について，土木学会論文集，Vol.423, No.II-14, pp. 151-160.

3.4.14) 伊藤隆郭，長山孝彦，貝塚和彦，早川智也，渡邊康玄（2012）：軽量・重量骨材を用いた河床変動の実験手法，砂防学会誌，Vol. 64, No. 5, pp. 3-13.

3.4.15) 池野正明ら（2009）：津波による砂移動量実験と浮遊砂巻上量式の提案，電力中央研究所報告，研究報告，V08064, 43p.

3.4.16) Dean, R.G. (1973): Heuristic models of sand transport in the surf zone, Proceedings of the Conference on Engineering Dynamics in the Surf Zone, Sydney.

3.4.17) Dean, R.G. (1985): Physical modelling of littoral processes, Physical Modelling in Coastal Engineering, CRC Press, pp. 119-139.

3.4.18) Jimenez, J.A. and Madsen, O.S: A simple formula to estimate setting velocity of natural sediments, Journal of

Waterway, Port, Coastal, and Ocean Engineering, Vol. 129, No. 2, pp. 70-78, 2003.

3.4.19) Sekiguchi, H., Kita, K., and Okamoto, O.: Response of poro-elastoplastic beds to standing waves, Soils and Foundations, Vol. 35, No. 3, pp. 31-42, 1995.

3.4.20) Sassa, S. and Sekiguchi, H.: Wave-induced liquefaction of beds of sand in a centrifuge, Géotechnique, Vol. 49, Issue 5, pp. 621-638, 1999.

3.4.21) 善功企：海底地盤の波浪による液状化に関する研究,港湾技術研究所資料，No. 755, 112p., 1993.

3.4.22) Miyamoto, J., Sassa, S., Tsurugasaki, K., and Sumida, H. (2020): Wave-induced liquefaction and floatation of a pipeline in a drum centrifuge, Journal of Waterway, Port, Coastal, and Ocean Engineering, ASCE, Vol. 146, Issue 2, pp. 04019039-1-04019039-12.

3.4.23) Takahashi, H. and Morikawa, Y.: Centrifuge model tests examining stability of seawalls subjected to high waves, Proceedings of the 19th International Conference on Soil Mechanics and Geotechnical Engineering, pp. 971-974, 2017.

3.4.24) Takahashi, H., Morikawa, Y., and Kashima, H.: Centrifuge modelling of breaking waves and seashore ground, International Journal of Physical Modelling in Geotechnics, Vol. 19, Issue 3, pp. 115-127, 2019.

4. 模型実験のケーススタディー

4.1 ケーススタディーの着眼点

　前章までは、流体および地盤に関する問題を模型実験により検討する方法と、流体と地盤が複合する問題を模型実験により検討する上での課題、および実験結果の解釈に必要となる相似則について説明してきた。本章では、流体と地盤が複合する問題を対象とし、相似則をもとに考察を行った具体的な検討事例を通して、相似則についての理解を深めたい。相似則については難解に感じられるかもしれないが、模型実験の結果を用いて実現象を理解するためには、模型実験で測定される現象と実現象との関係を表す相似則を十分に理解しておくことが重要である。

　本章では、本書が対象とする現象の中で最も重要である、流体と地盤が複合する現象に関するケーススタディーを2例紹介する。一つは、捨石や消波ブロックで構成される透水構造物下部が洗掘され堤体が沈下する現象、もう一つは、盛土状の養浜砂が侵食され浜崖が形成される現象である。

　前者の事例は、3.4.3で述べた透水構造物下部の洗掘現象に関するものである。透水性構造物下部の砂が波および流れにより水中に巻き上げられ、移動することにより地形変化が生じる浮遊漂砂を主対象としており、それに伴う堤体の沈下が縮尺の異なる実験においても再現されるために必要となる条件を検討している。この検討例では、ディーン数を用いた沈降速度の相似則（ディーン則）を用いて、洗掘形状および洗掘の進行速度などの観点から洗掘現象の再現状況をまとめている。捨石マウンド内の乱れも洗掘現象が再現されるためのポイントとして注目されたい。後者の事例は、3.4.4で述べた波と地盤の複合実験に関するものである。汀線付近に設置された盛土状の養浜砂が、遡上波の作用により侵食されて形成される浜崖を対象としており、砂粒子が地盤表面上を転動あるいは躍動しながら移動することによる掃流漂砂を地形変化の主要因として検討している。流体と地盤が複合する相似則の適用が必要となる事例であるが、波の遡上範囲より上部の養浜盛土内においては、不飽和地盤の特性を考慮した相似則とする必要がある点に注目されたい。

　前者の事例においては、重力場での実験だけでなく遠心力場での実験（遠心力模型実験）による検討も行われている。遠心力模型実験については、どのような実験手法であるのか、どのような検討が可能であるのか、また得られた結果をどのように解釈するべきか等をイメージすることが難しいと感じるかもしれないが、第2章で遠心力模型実験に関する一般的な実験方法を示しているため、紹介している検討例と合わせて理解が進むことを期待したい。遠心力模型実験の結果の解釈については、前章で説明された遠心力模型実験でのフルード相似則も適用されているので、遠心力場における相似則についても理解を深めていただきたい。

4.2 ケース① 消波ブロック下部の洗掘現象

　消波ブロックは防波堤や護岸を被覆するものとして、世界各国に無数に設置されている。通常、消波ブロックの大きさ（所要質量）はハドソン式など波の高さをもとに設計される。しかし、消波ブロックを支持する砂地盤の洗掘については明確な設計手法が確立されておらず、堤体や消波ブロックの安定性を評価する波高（設計波高）より小さい波でも消波ブロックが沈下し、水面上にあったブロックが海中に沈んでしまう場合がある。この原因はブロックを設置した海底の砂地盤が波によって洗掘を受け、それに伴いブロックが沈下するためであることが分かってきた。ここでは、この現象の再現実験を通して移動床実験における砂地盤の相似則の適用性について述べる。

4.2.1 消波ブロックの沈下現象

　図 4.2.1 は消波ブロック被覆堤のブロックの沈下被災の一例であり、設計波（波高 11m、周期 16s）より小さい、波高 6.3m、周期 10.4s という波で被災したものである[4.2.1)]。消波ブロック下部の砂地盤の洗掘がブロック沈下原因の主要因だと考えられる事例である。砂地盤の上に石やブロックが設置された構造物に波が作用すると、石やブロックの隙間から砂が浮遊して海中に出ていく、いわゆる透水構造物下部の洗掘現象が発生する。消波ブロックで被覆された防波堤や離岸堤、潜堤の沈下はこの洗掘現象によって発生する場合が多い。

　図 4.2.2 は新潟西海岸の離岸堤における消波ブロックの沈下事例である。ブロック下部の砂地盤が洗掘によって削り取られることで発生したと考えられる一例であり、孔間弾性波探査法によって測定されたものである[4.2.2)]。竣工後、消波ブロックが沈下し継ぎ足されていった結果、砂地盤の中に多くのブロックが沈み込んでいる。砂地盤上の消波ブロックよりもはるかに多い消波ブロックが砂地盤に沈み込んでいるのが分かる。図 4.2.3 は高知港の消波ブロック被覆堤のブロックの沈下事例であり、防波堤の延伸にともなってブロックを撤去した際に発見されたマウンドの沈下状況である。マウンド下部の砂が洗掘を受けたことでマウンドが沈下し、さらにその上に設置されていた消波ブロックが沈下している[4.2.1)]。

図 4.2.1　消波ブロック被覆堤のブロックの沈下被災[4.2.1)]

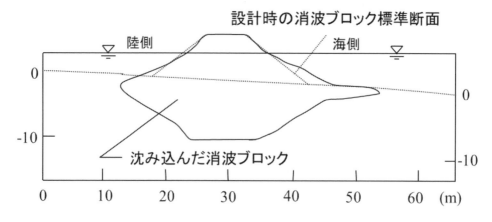

図4.2.2　離岸堤下部の砂地盤の洗掘によるブロックの沈下現象[4.2.2)]

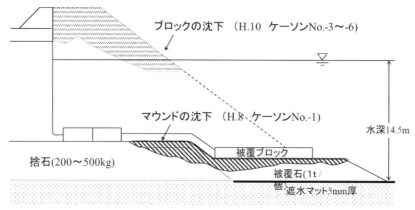

図4.2.3　消波ブロック被覆堤下部の砂地盤の洗掘とブロックの沈下現象[4.2.1)]

　このような消波ブロックの沈下は、波力を低減させるという消波ブロックの機能を損なうほか、衝撃砕波力を発生させて防波堤全体を損傷させる原因ともなる。そのため、沈下後はブロックを積み増すなどの対策を施す必要がある。しかし、被災額は大きく、例えば、消波ブロック被覆堤では1つの防波堤で数千万円から数億円の費用がかかっている。消波ブロック被覆護岸や離岸堤、潜堤など、わが国全体を見渡すならば相当な費用になっていることが想像できる。

　しかしながら、この沈下現象は長年その発生原因が明らかになっていなかった。**図 4.2.2**、**図4.2.3** に示したような透水構造物（石やブロック）下部の砂地盤の洗掘現象は、ダイバーによる潜水調査でも確認が困難な現象だったためである。深浅測量やダイバーによる潜水調査で容易にその状態を把握することができる円柱周りの洗掘や防波堤前面の L-type 洗掘のような直接砂地盤に流れが作用して発生する洗掘現象とは対照的である。

　透水構造物下部の洗掘現象を移動床実験によって確かめることも考えられる。流れが直接砂地盤に作用する現象では、比較的小規模で、かつ現地と同じ砂の材料を用いても、ある程度洗掘が再現される。しかし、透水構造物下部は流速が小さいこともあり、小型の移動床実験では確かめられてこなかった。また、過去に多く行われてきた移動床実験では浮遊砂の相似則が明確ではなく、現地と同じ砂の材料を用いることが多かった。このことも、透水構造物下部の洗掘現象の解明を阻んできた原因の一つである。例えば、過去に行われた消波ブロ

ック被覆堤の実験[4.2.3]では、模型のスケールが小さく、かつ現地と同じスケールの砂が用いられたため、洗掘とは逆の堆積現象が発生している。

4.2.2 中小型実験による洗掘現象の再現方法

　比較的小規模な水理実験で洗掘を再現できるならば、模型製作も比較的容易であり、より効率的に実験を行うことができる。ここでは、中小規模の実験による洗掘現象の再現方法の構築を目指して、既存の大規模移動床実験を比較対象にした複数の縮尺の移動床水理模型実験を次節以降で順に紹介する。実験は複数の縮尺と地盤材料を用いて実施され、既存の移動床実験の相似則の妥当性、移動床実験への遠心力模型実験の適用性、小型実験での洗掘の再現性等について調べている。特に、遠心力模型実験による洗掘現象の再現可能性は未解明であり、本書における着目点の一つである。

　実験は、消波ブロック被覆堤の超大型実験[4.2.1]および105m水路で実施された大型実験[4.2.4]を比較対象として実施された。表4.2.1はそれぞれの実験縮尺であり、超大型実験に対する縮尺はそれぞれ1/4、1/14、1/25、1/38である。また、超大型実験は現地（宮崎港南防波堤）の1/4縮尺で実施されたものであり、現地に対する縮尺はそれぞれ1/55.8、1/55.8、1/100、1/152である。

表4.2.1　各実験スケールと地盤材料

	重力 (g)	対現地 (縮尺比)	対超大型実験 (縮尺比)	作用波数	テトラポッド (kg)	マウンド粒径 D_{50} (mm)	砂粒径 d_{50} (mm)	洗掘深 (模型スケール) (mm)	備考
現地	1	1			64000	425	0.14-0.2		宮崎港
超大型実験	1	1/4	1	2000	500	73	0.2	750	港空研 4.2.4
大型実験	1	1/16	1/4	3000	4.3	23	0.08-0.3	0-200	港空研 4.2.3
中小型実験 -機関A-	1	1/55.8	1/14	2000 100000	0.256	10.9	0.15	0 45	名古屋大学 4.2.5
中小型実験 -機関B-	1	1/55.8	1/14	3200	0.184	10	0.11	44	不動テトラ 4.2.6
中小型実験 -機関C-	1	1/100	1/25	10000	0.032	4.6	0.11	0	中央大学 4.2.7
遠心力模型実験 -機関D-	38	1/152	1/38	500 500 2000	0.032	4.75-9.5 4.75-9.5 9.5-19.5	0.02 0.15 0.15	36 0 0	東洋建設 4.2.8

4.2.3 大型実験によるブロック沈下のメカニズム（現地の 1/16 スケール）

　本項では、ブロック沈下現象のメカニズムを現地の約 1/16 スケールの大型実験をもとに述べる。実験は、1/4 スケールの超大型実験（4.2.4）に先行して行われ、長さ 105m、幅 0.8m（全体幅 3m）、深さ 2.5m の大型水路であり、水深 1.0m、波高 0.20~0.55m の規則波で移動床実験と固定床実験が実施された [4.2.4]。**図** 4.2.4 は実験の断面図である。移動床実験では砂地盤として平均粒径 d_{50}=0.08、0.15、0.3mm の砂を用い、マウンド砕石および石かごの中の石の平均粒径 D_{50}=23mm（7.2mm の捨石を含む）である。なお、消波ブロックは 7.8kg のテトラポッド模型である。

(1) 洗掘の発生状況

　図 4.2.5 は、周期 3.0s（実物 12s）、波高 55cm（実物 8.8m）の規則波を作用させた時の砂の浮遊状況である。波が作用すると、消波ブロックの下部で砂が激しく巻き上がり、まず、引き波時に消波ブロック法先で上向きの流れが発生して、高濃度の砂の塊が水面にまで漂うようになる。次の押し波時に、波が消波ブロックの法面（斜面）で砕波し、その後、越波して水塊がケーソン背後に運ばれる。この時、浮遊していた砂は越波水塊とともに堤体背後に運ばれる。消波ブロックの斜面で波が砕波する際、マウンド内部の流速の継続時間は押し波時より引き波時の方が長く、マウンド内で舞い上がった砂が徐々に沖へ運ばれていく。

　図 4.2.6 は最終的な洗掘状況であり、ブロック下部のマウンド下の砂が洗掘され、ブロックが沈下している。潜水調査で確認できる消波ブロック外の洗掘よりも、確認できない消波ブロック内部（下部）の洗掘量が大きく、この洗掘にともなって消波ブロックが沈下しているのが分かる。過去に消波ブロックがなぜ沈下するのか解明できなかったのは、このようにブロック内部の現象を直接測定するのが困難だったためである。なお、ケーソンの下も洗掘さ

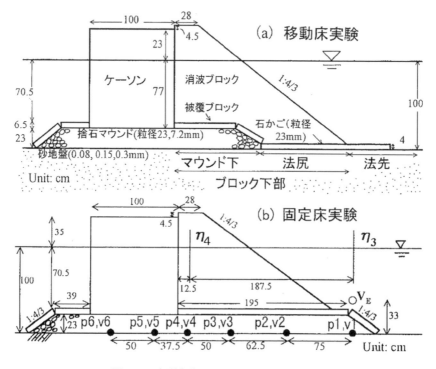

図 4.2.4　大型実験(1/16 スケール)の断面図 [4.2.4]

れているが、ケーソン前端ではあまり洗掘を受けていないためケーソンは沈下していない。しかし、ケーソン下部のマウンド石は沈下しており滑動抵抗力が下がっている可能性がある。

　図4.2.7は、波の作用波と洗掘量の関係であり、最も洗掘の大きい箇所での沈下状況を示している。波の作用波数が増えるにつれて洗掘量が小さくなり、約3,000波で洗掘が落ちついている。波や断面の違いで安定するまでの波数は異なるが、おおよそ2,000〜3,000波で安定する。消波ブロックが沈下した現地の防波堤では、ブロックを補充して復旧した後はあまり沈下が見られない。これは洗掘をかなり受け、安定した状態まで達しているためであると考えられる。しかし、安定に達していない場合や、さらに大きな波が来襲する場合には洗掘が進み、ブロックの沈下に到る可能性がある。

図4.2.5　砂が巻き上がる状況（左：引き波時、右：押し波時）[4.2.4]

図4.2.6　実験終了後の洗掘状況　消波ブロック内部（下部）の洗掘とブロックの沈下[4.2.4]

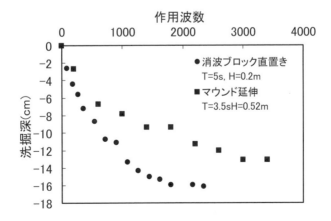

図4.2.7　作用波数と洗掘深の関係[4.2.4]

(2) マウンド内部の流れの特徴

　図 4.2.8 は、ケーソン前面に設置した波高計およびマウンド内部に設置したプロペラ流速計と間隙水圧計で得られた水位 η、圧力 p と水平流速 V の時系列データである。流速とともに圧力の差から得られる動水勾配 i も示している。ここで、各種センサーの設置位置は**図** 4.2.4 のとおりである。流速データ V_2 と V_3 を見ると、沖向き（引き波時）の流れの時間が岸向き（押し波時）の流れの時間よりも長くなっているのが分かる。この時系列データから、砂は流速の速い押し波時に巻き上げられ、その後、継続時間の長い沖向き（引き波時）の流れで徐々に沖合に運ばれ、最終的に消波ブロック内部（下部）の砂が洗掘されていたことが分かる。また、マウンド内部の流れは動水勾配に比例していることが分かる。

(3) 波浪条件と洗掘の関係

　波浪条件と洗掘の関係を見てみる。**図** 4.2.9 は、消波ブロックを砂地盤の上に直接置いた断面（直置き断面）での砂地盤の変形と消波ブロックの沈下状況である。砂地盤は平均粒径 d_{50}=0.08mm の砂であり、周期 3.0s の規則波を小さい波高 10cm から作用させ、砂の動きがある程度落ち着いた時点で次のより大きい波高（20、35、55cm）を作用させている。当然ながら波高が大きいほど洗掘量が大きく、特に消波ブロック法先での洗掘量が大きい。波高 55cm では、マウンド下部でも吸い出され、消波ブロックの沈下量も大きい。**図** 4.2.9(d)は周期 5.0s、波高 35cm の場合で、**図** 4.2.9(c)に示す周期 3.0s、波高 55cm の洗掘量と同程度であり、周期の長い方が洗掘を受けやすいことが分かる。ケーソン背後の堆砂位置は、周期が長いとマウンド内の水の動きが大きくなるため、周期 3.0s の場合より岸側となっている。一方、周期 1.5s の波では砕波波高を越えるほどの波高でも洗掘は全く見られていない。

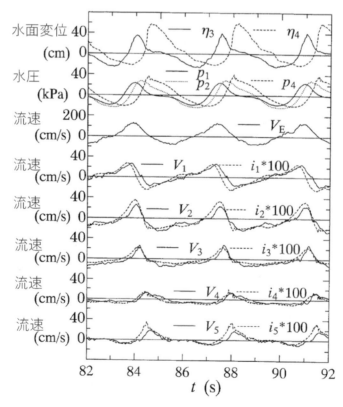

図 4.2.8　マウンド内部の流速、圧力、動水勾配の時系列 [4.2.4)]

　このように波高や周期が大きいほど水粒子の移動距離が大きく、それにともなって洗掘量が大きくなる現象は、円柱周りの洗掘量が KC 数に比例して大きくなる現象と同様であり、洗掘特有の現象である。

(4) 砂地盤およびマウンド石の粒径と洗掘の関係

　一連の実験では、砂地盤を d_{50}=0.08、0.15、0.3mm の三通りに変えて実験が行われた。その結果、粒径が大きいほど洗掘量が小さくなり、0.3mm の場合には洗掘が発生しなかった。このように粒径の大きい砂を用いて実験をすると洗掘を再現できないという問題がある。しかし、0.074mm より小さい材料はシルトであり、砂と性質が異なってくる。そのため、それより大きい粒径の砂を用いることになるが、現地の砂の粒径も一般的に 0.1〜0.3mm であり、実験では現地とほぼ同じ粒径の砂を用いることになってしまう。そのため、実験では第 3 章に示されるような相似則を用いて砂の粒径を選んでいく必要がある。また、マウンド石の粒径を 7.2mm と 23mm と変えた実験では、粒径が小さいマウンド石では洗掘が発生しなかった。細かい粒径の捨石はフィルター材として機能し、砂が吸い出されるのを防ぐ性質がある。

　通常の防波堤では、マウンドの下に防砂シートや防砂マットが敷設されている場合がある。一連の実験では、防砂シートや防砂マットが敷設されている部分は洗掘されないものの、敷設されていない部分があるとその部分が洗掘されることが明らかとなった。防砂シートや防砂マットを防波堤下部全体に敷設すれば問題ないが、実際にはブロック法尻部、法先部にしか敷設されていない場合も多い。また、防砂シートや防砂マットの施工は、常に波のある外洋では容易でないため、マットや帆布の継ぎ目部分に隙間ができ、隙間部分から洗掘が広がる場合がある。そのため、防砂シートや防砂マットは十分に強度のあるものを隙間無く適切に設置することが重要である。

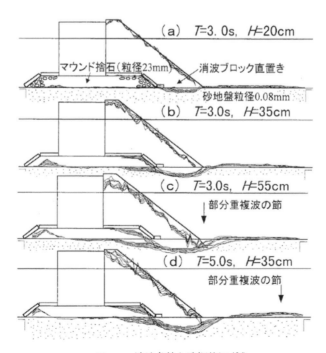

図4.2.9　波浪条件と洗掘状況 [4.2.4)]

(5) 各断面の洗掘量の比較

　図4.2.10は各断面の洗掘量を比較したもので、吸い出された砂地盤の断面積A_Bをケーソン前面のマウンドと消波ブロックの断面積A_Tで除した値を示している。消波ブロック直置きの場合と比較すると、石かごなどの洗掘防止工を用いた場合は洗掘量が小さくなっており、捨石マウンド厚が大きい場合やマットを敷いた場合はともに小さくなり約8%までになっている。しかし、洗掘でブロックが沈下するとブロックのかみ合わせが悪くなり、散乱や折損を引き起こすことを考えると約8%という数値は小さくない。

4.2.4　超大型実験によるブロック沈下現象の再現（現地の1/4スケール）

(1) 実験水路と実験条件

　超大型実験は大規模波動地盤水路（長さ183m、幅3.5m、深さ12m、中央部には4.0m深さの砂地盤層）において、水深4.0m、波高2.5mで実施された。消波ブロックの沈下実験は水深4.0mとし、最大波高2.5mの条件で実施された。実験スケールは水深4.0mの位置に設置された護岸、防波堤ならば現地の1/1、水深16mの護岸、防波堤ならば現地の1/4に相当する。

　この実験の主な目的は、①縮尺問題の解決：大型実験ではd_{50}=0.08mmという砂とシルトの混合砂を使っていたため、砂だけの場合にも同じ現象が発生するかを確かめること、②液状化問題の解決：大型実験では砂地盤の液状化が発生しなかったが、1/1〜1/4スケールで液状化によるブロックの沈下が発生するか確かめることである。

　実験は3種類行われており、①固定床実験：堤体周囲のマウンド内の流速、砂地盤の間隙水圧、ケーソン前面の水位変化を調べる実験、②移動床による再現実験：消波ブロックの沈下を再現する実験、③移動床による対策工実験：細粒砕石を用いた新たな工法に関する実験である[4.2.2]。ここでは、②の再現実験について述べる。

(2) 移動床による再現実験

　図4.2.11は実験断面であり、消波ブロックの沈下が起こりやすいように洗掘防止工として石かごを用いた断面である。石かご内の捨石は、マウンド砕石と同じD_{50}=73mmの砕石である。波は徐々に大きくされ、表4.2.2のように最大波高2.5mまでの実験が行われた。造波時間は、各波の条件に対して地盤の変形が落ち着くまで継続されている。

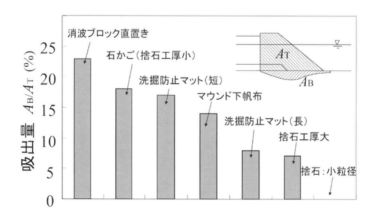

図4.2.10　波浪条件と洗掘状況[4.2.4]

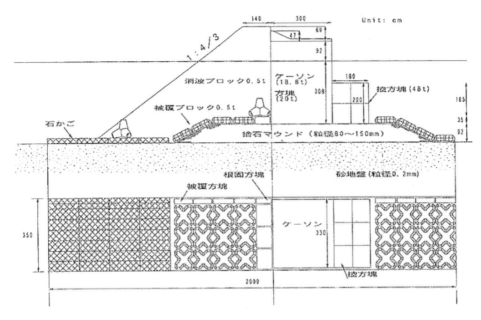

図 4.2.11　実験の断面図 [4.2.1)]

表 4.2.2　波浪条件 [4.2.1)]

周期(s)	波高(m)	波数	周期(s)	波高(m)	波数	周期(s)	波高(m)	波数
3.0	0.5	200	5.0	0.5	200	7.0	0.5	200
	1.0	200		1.0	200		1.0	200
	1.5	200		1.5	200		1.5	200
	2.0	200		2.0	200		2.0	200
				2.5	200		2.5	2,200

　図 4.2.12 は周期 5.0s、波高 2.5m での波の作用状況である。波の周期は 3.0s、5.0s、7.0s であるが、いずれの場合も波高 2.0m で沖から砕波してくるのが見られた。なお、周期 7.0s では波高 1.5m で部分重複波の腹の位置で波が崩れる場合もあった。波が大きくなるにつれて砂の舞い上がりが激しくなり、消波ブロック前面の水も砂の舞い上がりによって白濁した。図 4.2.13 は、周期 7.0s、波高 1.5m での消波ブロック下部マウンド下の砂の舞い上がり状況である。マウンド砕石内部には速い流れが発生しており、砕石背後に発生する渦によって砂が激しく舞い上がっているのが分かる。図 4.2.14 は消波ブロック法先側、水路側壁のアクリル製観測窓から測定した水粒子軌道直径 O_D であり、周期が長くなるにつれて水の動きが大きくなり、周期 7.0s では、2.5m の幅の観測窓を越えて動くようになった。このような水の動きによって舞い上がった砂は石かごとマウンド下部から吸い出され、さらに静水面付近にまで達して一部は越波によってケーソン背後に運ばれた。

図4.2.12　超大型実験での波の作用状況[4.2.1)]

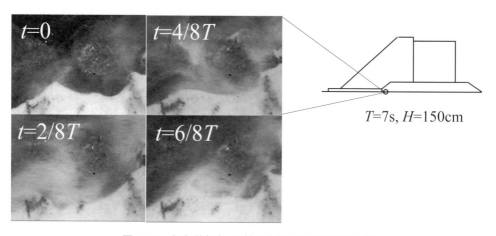

図4.2.13　超大型実験での捨石内部の砂の浮遊状況[4.2.1)]

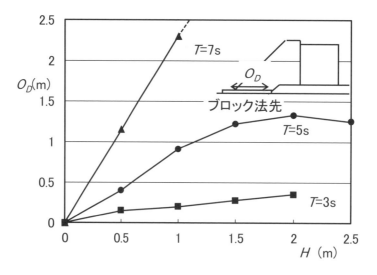

図4.2.14　水粒子軌道直径[4.2.1)]

　こうしてマウンド下部の砂は徐々に吸い出され、最終的に周期7s、波高2.5mの波を作用させたところ**図**4.2.15のようにマウンドは0.75mほど沈下し、消波ブロックは1.4mも沈下した。水深16mの防波堤であれば、5.6mほどもブロックが沈下したことになる。また、ケーソン下部でも砂が吸い出されており、ケーソン本体も0.1m以上沈下している。

　図4.2.16は、初期断面と実験終了後の状況であるが、ブロックは全く散乱しておらず、ブロックが配置を変えずにそのまま沈下していたことが分かる。

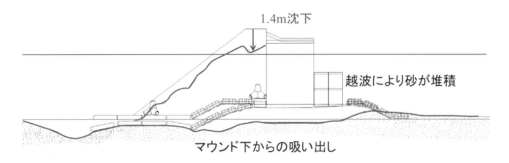

図4.2.15　実験後の最終断面 [4.2.1)]

図4.2.16　初期断面（左）と実験後（右）の状況 [4.2.1)]

4.2.5 中小型実験（超大型実験の1/14、現地の1/55.8スケール）-機関A-

(1) 実験の概要

中小型水路を用いたマウンド下部からの洗掘現象の再現実験について紹介する [4.2.5), 4.2.6)]。この実験は、超大型実験（4.2.4参照）の1/14縮尺模型である。実験水路と模型部の詳細を**図4.2.17**に示す。水路は長さ30m、幅0.7m、高さ0.9 mを用いた。砂地盤に用いた砂材料は、d_{50}=0.15mmのケイ砂6号（トーヨーシリカサンド6号-2）である。マウンド材は、D_{50}=11mmの礫材（美濃白川砂3分）である。ブロックとしては184.3gのテトラポット、188.7gのエックスブロックを用いている。

超大型実験ではd_{50}=0.2mmの砂を用いているが沈降速度にフルード則（3.4.1）を適用するとこの中小型実験スケールではd_{50}=0.088mmと算出される。このため、この実験では、縮尺の面から大きめの砂（約2倍）を用いていることになる。なお、沈降速度の算出にはRubey式[4.2.7)]を用いている。礫材についても同様に、超大型実験からの対応粒径5.26mmに対して、縮尺の面から約2倍の礫を用いていることになる。粒径比（マウンド材料D_{50}／地盤材料d_{50}）は超大型実験のものの約1/5である。波浪条件を**表4.2.3**に示すが、超大型実験と同等の入射波を最終波では100,000波作用させている。

(2) 地盤の作製

中村ら[4.2.5)]、村岡ら[4.2.6)]は、地盤の作製方法について詳しく述べているので紹介する。手順は以下のとおりである。

1) 予め地盤内の計測器を設置し、水路に水を張る。
2) 水中落下法にて、砂を投入する。この時、空気を地盤内に取り込まないように少しずつ慎重に投入する。
3) 地盤を締め固める目的で、小さい波から大きな波までを作用させる。
4) 砂地盤の上に礫材を用いてマウンドを作製する。マウンドの上にケーソン、ブロックを設置し、最後に消波ブロックを配置する。

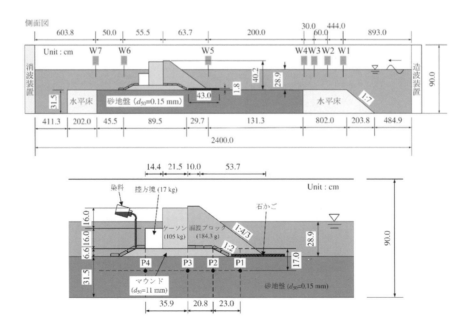

図4.2.17 実験水路（上）と模型部の詳細（下）[4.2.6)]

　作製された地盤を**図** 4.2.18 に示す。詳しく見ると薄い地層が連続して堆積しているのが確認でき、均質な地盤が作製されている様子が分かる。地盤の作製において砂を 1 回で多く投入するとこのような薄い層の連続がみられないため、本実験は少量ずつの慎重な水中落下で砂地盤が作製されている。

(3) 実験結果の概要

　図 4.2.19 に波浪作用にともなう断面形状の変化を示す。マウンド下部の砂地盤の洗掘が超大型実験と同様に生じていることが分かる。興味深い点は、洗掘が平衡状態に達するまでに、超大型実験と比較して長い時間を要したことである。具体的には、超大型実験ではマウンド下の地盤の洗掘は 2,000 波で 3m（現地スケール 4 倍に換算）であったのに対し、この中規模実験では 100,000 波を作用させて 2.5m（現地スケール 55.8 倍に換算）の洗掘であった。この実験では実験模型や波の諸元をフルード則にもとづいて決定しているが、マウンド下の砂地盤の洗掘現象の時間縮尺はフルード則の時間縮尺に対して大きい可能性が示唆される結果である。この点は今後の研究が期待される。

表 4.2.3　波浪条件

周期(s)	波高(cm)	波数	周期(s)	波高(cm)	波数	周期(s)	波高(cm)	波数
0.80	3.6	200	1.34	3.6	200	1.87	3.6	200
	7.2	200		7.2	200		7.2	200
	10.8	200		10.8	200		10.8	200
	14.3	200		14.3	200		14.3	200
				17.9	200		17.9	100,000

図 4.2.18　作製された模型地盤：慎重な水中落下により薄い地層が連続して堆積している [4.2.6)]

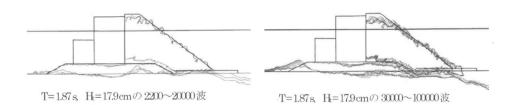

T=1.87s, H=17.9cm の 2200～20000 波　　　　　T=1.87s, H=17.9cm の 30000～100000 波

図 4.2.19　マウンド下の砂地盤の洗掘の発達 [4.2.6)]

4.2.6 中小型実験（超大型実験の1/14、現地の1/55.8スケール）-機関B-

(1) 実験の概要

　この実験は超大型実験の1/14縮尺模型である。実験水路と模型部の詳細を図4.2.20に示す。水路は長さ29m、幅0.5m、高さ1mを用い、砂地盤にはd_{50}=0.11mmのケイ砂8号（東北珪砂8号）である。マウンド材は、D_{50}=10mmの礫材である。ブロックとしては184.3gのテトラポッド、188.7gのエックスブロックを用いている。波浪条件は表4.2.4に示すように超大型実験と同じ波数の波を作用させ、最終波では3,200波の波を作用させている。

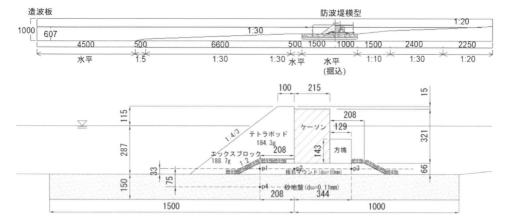

図4.2.20　実験水路（上）と模型部の詳細（下）

表4.2.4　波浪条件

周期(s)	波高(cm)	波数	周期(s)	波高(cm)	波数	周期(s)	波高(cm)	波数
0.8	3.6	200	1.34	3.6	200	1.87	3.6	200
	7.2	200		7.2	200		7.2	200
	10.8	200		10.8	200		10.8	200
	14.3	200		14.3	200		14.3	200
				17.9	200		17.9	3,200

(2) 初期地盤の液状化

　実験の模型床は水を張った状態で砂を緩く堆積して作製している（水中落下法）。砂中に空気が入った状況では間隙水圧の発生状況が変わると想定されるため、空気が封入されないようにして作製された。実験前に予め通過波検定（2.2.4）を実施したところ液状化現象がみられた。周期の短い0.8sの波では砂地盤に変化は見られず、表面に砂れんが発生していたが、周期を1.34sとして波高を徐々に大きくしたところ、波高10.8cmのときに砂地盤が液状化し、最終的に砂地盤が締め固まったことにより砂地盤が沈下した（図4.2.21）。一旦、砂を投入して再度波を作用させたところ、液状化は発生しなかったものの数cm沈下が発生した。

　このように移動床実験では砂の堆積状況によって、液状化が発生することもあるため、事前に造波行い地盤を締め固めることも適切な方法だと考えられる。特に、粒径が小さい砂では液状化が持続しやすいという傾向にある[4.2.8),4.2.9)]。

(3) 実験結果

　図 4.2.22 は、超大型実験と同様に波を作用させた最終的な変形状況である。実験は 2 ケース実施されており、1 ケース目はブロックの法先が砂地盤上に位置しており、2 ケース目は石かごが設置されている。法先が砂地盤上に位置するケース 1 では、法先での洗掘が激しく、実物で 7.5m もの洗掘量となり、消波ブロックの沈下量も大きくなっているのが分かる。法先が石かごで製作されたケース 2 は、超大型実験と同じ断面である。石かごがフィルター効果をもっており、洗掘がケース 1 と比較すると小さくなっている。洗掘量は実物で 2.6m であり、3m の沈下が発生した超大型実験とほぼ同程度の結果となっている。ただし、作用波数は多く、超大型実験では 2,200 波であったのに対し、ケース 2 では 3,200 波の波が作用している。超大型実験と同じ 2,200 波では洗掘量が実物で 2.1m にとどまっていた（図 4.2.23）。

　以上のことから中小型実験でも、粒径の小さい砂を用いることで、洗掘深をある程度再現することが可能なこと、スケール効果の影響で作用波数は小型実験では多めにとる必要があることが分かる。

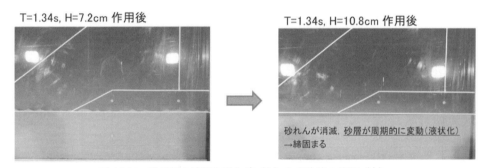

図 4.2.21　砂地盤の液状化発生前（左）と発生後の状況（右）

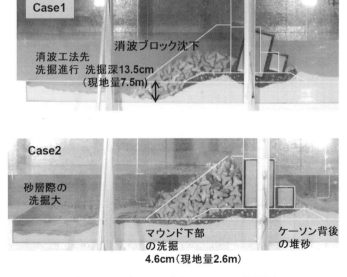

図 4.2.22　ケース 1 とケース 2 での洗掘状況

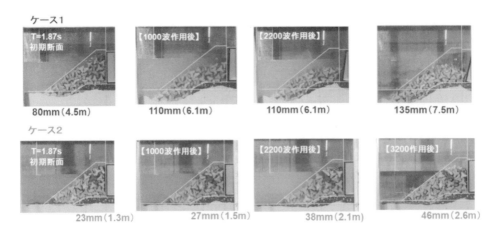

図4.2.23 作用波数にともなう洗掘の進展状況

(4) 越波による堤体背後の水位上昇

ケース1では、越波によって堤体背後の水位が上昇し、堤体背後からケーソン下のマウンドを通して沖向きの流れが発生していた。そのため、ケーソン下部で洗掘が激しくなり、ケーソン本体も大きく変動していた。現地では防波堤の開口部があるため、このような水位上昇が発生しない。超大型実験では副水路（循環路）があり、越波水塊が副水路を通して沖に流れ、現地の状況を再現していた。したがって、主水路のみの場合には、ポンプ等を用いて越波水塊を沖へ戻す必要がある。ケース2ではポンプを用いて越波水塊を沖へ戻すことで、超大型実験とほぼ同じ結果を得ている。

4.2.7 中小型実験（超大型実験の1/25、現地の1/100スケール）-機関C-

(1) 実験の概要

この実験[4.2.10)]は超大型実験の1/25縮尺模型である。実験水路と模型部の詳細を**図4.2.24**に示す。砂地盤に用いた砂材料は、d_{50}=0.11mmのケイ砂8号（東北珪砂8号）である。マウンド材は、D_{50}=4.6mmの礫材（ケイ砂1号）である。砂はできるだけ粒径を小さくするためにケイ砂8号を用いているものの超大型実験のスケールよりは縮尺の面からは約1オーダー大きい。マウンド材については超大型実験の1/25スケールに対応している。従って、粒径比（マウンド材料D_{50}／地盤材料d_{50}）は超大型実験のものより約1オーダー小さい。後述するが陳ら[4.2.10)]はこの粒径比が100より大きい場合に洗掘が発生すると考察している。

石かごを消波ブロック先端下部に設置するケースと設置しないケースの実験を行っている。超大型実験では石かごを設置しているため、はじめに石かご設置のケースの実験結果を示す。次いで、石かご無しの実験で興味深い結果がみられたのでそれを紹介する。

(2) 実験結果の概要

石かごを設置した場合の結果を示す。この規模の実験では超大型実験とは大きく異なり、マウンド下部からの砂の洗掘は発生しない結果となった（**図4.2.25**）。洗掘とは逆にマウンド法先部に砂の堆積がみられた。マウンド内の間隙水圧の測定結果からマウンド内の流速を見積もったところ、流速波形の特徴は超大型実験と一致していたが、洗掘が起こらない理由の一つとして流速の大きさ自体が小さいことが挙げられている。また、粒径比（マウンド材料D_{50}／地盤材料d_{50}）が40程度と超大型実験での粒径比360の約1/10と小さいことが、洗掘の起こらないことの最も重要な理由としている。

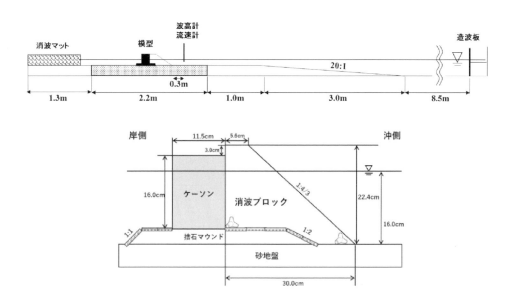

図 4.2.24　実験水路（上）と模型部の詳細（下）[4.2.10]

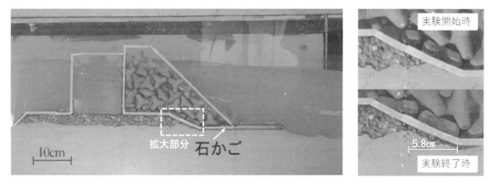

図 4.2.25　実験後のマウンド下部の砂の状況 (10,000 波作用後)[4.2.10]

　石かご無しの場合の実験結果では、ケーソン直下地盤の砂が洗掘され、ケーソンが大きく岸側へ傾斜する現象がみられた（**図 4.2.26**）。このケースでは、先ほど示した実験よりも大きな礫材を用いており、粒径比（マウンド材料 D_{50} ／地盤材料 d_{50}）が 100 を超え、粒径比の点からは洗掘が起こりやすい条件である。また、この規模の実験では消波ブロックが波によりケーソンを超えて移動する様子が観察された。小さい規模の実験では、消波ブロックの変形が大きくなりやすい。小型実験では、レイノルズ数が小さくなり抗力が相対的に大きくなることがその一因であると考えられる [4.2.11], [4.2.12]　(3.2.5)。

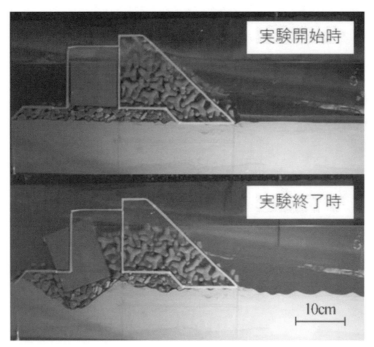

図 4.2.26　マウンド下からの激しい洗掘によるケーソンの岸側への大規模な傾斜 [4.2.10]

4.2.8 遠心力模型実験（超大型実験の 1/38、現地の 1/152 スケール）-機関 D-

(1) 実験の概要

　遠心力模型実験によりマウンド下部からの洗掘現象を再現した例を紹介する [4.2.13]。ドラム型の遠心載荷実験装置を用いて遠心力場で水理実験を行った。同装置の外観を**図 4.2.27** に示す。円筒水路が高速に回転することで水路全体に遠心力が作用する。この遠心力により水路に作用する重力加速度を仮想的に大きくすることができ、その状態下で造波を行っている。波の条件は遠心力場においてもフルード則に従う（**表 3.2.2** 参照）。洗掘実験で用いた円筒水路の断面と、その中の地盤−構造物模型部の断面を**図 4.2.28** に示す。この実験は超大型実験の 1/38 縮尺模型と小型であるが、遠心力場 38 g で行っており、応力や波圧は超大型実験の模型と一致していることが特徴である（**表 3.3.2** 参照）。

　荒木ら [4.2.13] は、地盤材料の粒径、間隙流体や外部流体の粘性などを変えて、3 ケースの実験を行った（**表 4.2.5** 参照）。Case1 の特徴は、超大型実験と同程度の粒径の地盤材料（ケイ砂 7 号、d_{50}=0.15mm）を用いるものの、沈降速度を超大型実験とあわせるために流体に粘性流体（水の 38 倍の粘性）を用いていることである。ここで、沈降速度は例えば、式 (4.2.1)（Hallemeier 式）[4.2.14] で表すことができるが、重力 g が遠心力場により N 倍大きくなった分だけ、粘性を N 倍にして沈降速度 w_s を実物と同一に保っている。

図 4.2.27　ドラム型遠心力装置

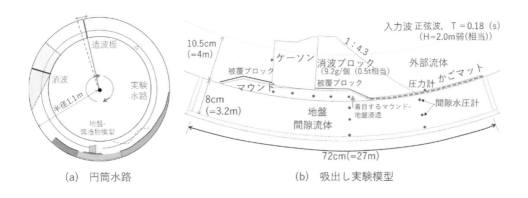

(a)　円筒水路　　　　　　　　　(b)　吸出し実験模型

図 4.2.28　遠心場の実験水路と洗掘実験模型の断面 [4.2.13)]

表 4.2.5　遠心場の洗掘実験　3 ケース地盤と流体の条件

		実験条件				沈降速度	マウンド内	実験結果
		地盤材料	マウンド材	間隙流体	外部流体	(式4.2.1) (表4.2.6)	Re 数	地盤洗掘
遠心力 場 38 g	Case1	ケイ砂 7 (d_{50}=0.15mm)	礫 4.75~9.5mm	38 倍 粘性	38 倍 粘性	2.0cm/s ○	47 (×)	無
	Case2	ケイ砂 7 (d_{50}=0.15mm)	礫 9.5~19mm	水	水	23cm/s ×	2280 (△~○)	無
	Case3	非塑性シルト (d_{50}=0.02mm)	礫 4.75~9.5mm	水	水	1.3cm/s ○	1020 (△)	有 (○)
超大型実験 鈴木ら [4.2.2)]		砂 (d_{50}=0.2mm)	砕石 80~150mm	水	水	2.5cm/s	9750	有

$$w_s = \frac{\rho' g (d_{50})^2}{18\nu} \quad (A<39) \quad A = \frac{\rho' g (d_{50})^3}{\nu^2} \tag{4.2.1}$$

ここで、ρ'：土粒子の水中密度、ν：外部流体の動粘性係数、d_{50}：砂の 50%粒径、g：重力加速度（本実験では 38 g）である。ただしこのケースでは、粘性流体を用いているため、マウンド内やブロック内のレイノルズ数が小さくなってしまう点が重要である（3.2.5）。これが結果に及ぼす影響は後述する。

　Case3 の特徴は、流体に水を用いるものの、超大型実験の 1/10 程度の地盤材料（d_{50}=0.02mm の非塑性シルト）を用いることで沈降速度を超大型実験と整合させていることである。すなわち、式（4.2.1）で重力が遠心力場により N 倍大きくなった分だけ粒径の 2 乗（d_{50}^2）を 1/N 倍にして沈降速度を超大型実験と同一に保っている。実物の砂材料の粒径を縮尺して実験に用いる場合、シルトや粘土など細粒土の粒径になることがあるが、一般に細粒土は塑性を示すため、細粒土を実験に用いると実物の実験結果を再現しにくい。そこで本実験では非塑性シルトを用いている。Case2 の特徴は、超大型実験と同じ地盤材料、流体に水を用いており、通常の水理模型実験と同じ条件である点である。この条件では、沈降速度は重力が遠心力場により N 倍大きくなるので沈降速度も N 倍になる点が重要である。実験に用いた地盤材料の粒度分布を図 4.2.29 に示す。ここで、非塑性シルトは、珪石・ろう石・カオリンを原石とする工業用粉末製品である。図 4.2.29 に示す粒径分布から細粒土に分類されるが、粘着力など塑性を示さないことが特徴でるため [4.2.15), 4.2.16)]、粒径を小さくした砂ともいえる。このため、この非塑性シルトは、実物の砂材料の粒径を縮尺して実験に用いる場合に都合がよい。

　遠心力場で土粒子沈降速度を実物と一致させることは、ディーン数（3.4.3）を一致させることに理論上等しい。そのため、Case1 と Case3 では地盤材料は異なるもののディーン数を模型と実物とでおよそ整合させているといえる。なお、Case3 の条件の実験相似比については、表 3.4.3 に示されている。本研究では土粒子の粒径を 1/$N^{0.5}$ 程度とすることで沈降速度の相似比を 1 としている。

(2) 遠心力場の波浪特性：コリオリ効果について

　ドラム型遠心力載荷装置を用いた水理模型実験では図 4.2.27 に示すような円筒水路を回転させることにより遠心力を水路全体に作用させるため、コリオリ効果（2.3.2）が回転平面上の波浪伝播特性に影響を及ぼす。遠心力場の円筒水路における重力波の伝播特性や発生するコリオリ効果に関しては、関口・Phillips[4.2.17)]により理論的に検討されている。そこで、荒木ら[4.2.13)]は遠心力場で波浪検定を行い、コリオリ効果を確認した（図 4.2.30）。ここで示す波浪検定では、波高を計測するとともに、同じ位置の海底面で水圧変動も圧力計により計測した。図 4.2.30 には、計測した水圧変動から、実海域の波高に微小振幅波理論を用いて換算した結果と、計測した波高の実物換算値とをそれぞれプロットしている。同図で波高計による計測値と底面圧力から想定される波高との間に差が生じていることが分かるが、これがコリオリ効果によるものである。すなわち円筒水路の回転方向と波の進行方向が同じ場合、波によってもたらされる底面圧力変動はコリオリ効果がない場合よりも大きくなることが理論的に示されているが [4.2.17)]、それが図 4.2.30 の実験結果で表れている。

　コリオリ効果は水路の円筒半径が大きい場合小さくなるものであるが、コリオリ効果が大きい場合は、実物の波高／波圧関係と、遠心模型における波高／波圧関係との差が大きくなる。従って、回転平面上に波が進行する遠心力場の模型実験で底面圧力変動に関わる問題（地盤やマウンド内の間隙水圧変動や地表面波圧に着目する問題）を取り扱う場合は、実験の入

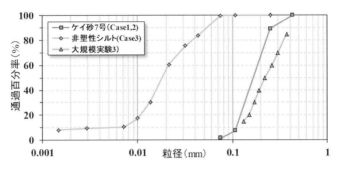

図 4.2.29　遠心場の洗掘実験　3 ケース地盤と流体の条件

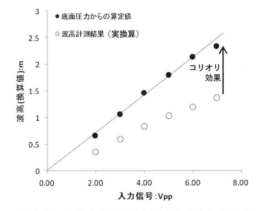

図 4.2.30　遠心場の実験水路と洗掘実験模型の断面（荒木ら [4.2.13)] に加筆）

力波の決定は実波高の幾何縮尺からではなく、底面圧力をもとに行う必要があるといえる。荒木ら [4.2.13)] は超大型実験を遠心模型で再現するにあたり、実験入力波の大きさを底面圧力から換算した波高と超大型実験の波高（実測 2.0m 弱）とが整合するように決定した。

(3)　実験結果の概要

　マウンド下部の洗掘の発生について、Case1~3 の結果を**表** 4.2.5 の右列に示している。地盤材料として非塑性シルト（実物の 1/10 粒径）を用いた Case3 のみでマウンド下部からの洗掘現象が観察された。Case3 の 2,000 波作用後の消波ブロック被覆堤の変状を**図** 4.2.29 に示している。マウンド下の砂地盤が洗掘され、マウンドの沈下が生じていることが分かる。これは超大型実験と同様であり、超大型実験で見られた洗掘現象が遠心力模型実験でも再現されたといえる。Case1 と Case2 ではマウンド下からの洗掘が起こらなかった。Case2 では沈降速度が大規模実験とくらべて 1 オーダー小さいことが、洗掘が起こらなかった原因であるといえる（表 4.2.5 参照）。Case1 では沈降速度は超大型実験と一致するが、粘性流体を用いているために、マウンド内のレイノルズ数が著しく小さくなり、マウンド内の乱れが小さくなったことで洗掘が発生しなかったといえる（3.4.3）。従って、透水構造物下部の洗掘現象は、沈降速度とレイノルズ数（マウンド内の乱れ）が重要であることが分かる。

　また、遠心力模型実験におけるマウンド内の流速を超大型実験同様にマウンド内圧力変動から算出しているが、超大型実験と大きさや変動形態が整合しており、マウンド内の流速が再現できていることが確認されている [4.2.13)]。

(a)波浪載荷前

(b)2000波作用後

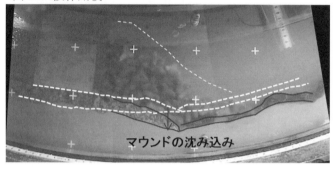

図4.2.29 マウンド下部地盤の洗掘とマウンドの沈み込み(Case3)[4.2.13]

4.2.9 ディーン（Dean Number）則と各スケールの実験結果

消波ブロック被覆堤消波ブロック下部の洗掘現象はマウンドや石かごの下で砂が激しく浮遊し、洗掘が進んでいく現象である。そこで、ここでは浮遊砂の沈降速度に関する相似則を表すディーン数を用いて実験結果を評価する。

重力場$1g$の実験では図4.2.30のようにディーン数とフルード則を組み合わせる。例えば、0.2mm（沈降速度2.6cm/s）の砂に対して、1/16の実験を行う場合、フルード則から沈降速度は1/4となるため、実験では0.09mm（沈降速度0.65cm/s）の砂を用いることになる。一方、Ngの遠心力模型実験では3.4.3に述べられているように、波高Hと周期Tの比が1であるため、沈降速度の相似比がそのままディーン数の相似比となる。荒木ら[4.2.13]はNg場における砂の沈降速度を表4.2.6に示すHallemeier式のgをNgとして求めている。

図4.2.31は砂の粒径と沈降速度の関係であり、$1g$〜$38g$場での沈降速度を示している。遠心場では流速が変わらないため（表3.2.2参照）、超大型実験での砂の沈降速度（2.6cm/s）を一定として$1g$〜$38g$場での砂の対応粒径を求めることになる。なお、重力をNgとした場合、係数Aのうち若干不具合が出る領域があり、その部分は除外している。

図4.2.32はディーン数を用いた対応粒径と各機関の実験結果である。黒四角は洗掘の再現が難しかった（あるいは、洗掘されるまで長時間を要した）もの、白丸は洗掘がほぼ再現されたものを示している。超大型実験はd_{50}=0.2mmの砂を用いて行われており、現地で0.3mmの砂の現象に対応している。機関Bの実験は超大型実験と同じライン上にあり、実験結果が超大型実験とほぼ同じだったことと対応している。また、機関Dの遠心力模型実験も現地で0.2mmの砂の現象に対応しており、実験結果と対応しているものと考えられる。

　一方で、機関Bの実験結果によると、洗掘の進行速度が大型実験や超大型実験と比較するとやや遅く、落ち着くまでにより多くの時間を要している。ディーン数による方法では沈降速度は相似されており洗掘形状が再現できるものの、浮遊砂濃度までは相似できていない可能性もあり、その影響が洗掘の進行速度に影響を及ぼしている可能性がある。

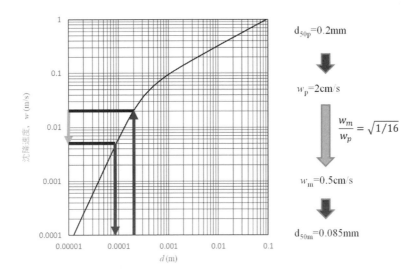

図4.2.30　ディーン数とフルード則を組み合わせて砂の粒径を求める方法

表4.2.6　Hallemeier 式 [4.2.14)]

$A = \dfrac{\rho' g (\mathrm{d}_{50})^3}{\nu^2}$	式(4.2.2)	式(4.2.3)	式(4.2.4)
	A<39	$39<A<10^4$	$10^4<A<3*10^6$
w_s	$\dfrac{\rho' g (\mathrm{d}_{50})^2}{18\nu}$	$\dfrac{(\rho' g)^{0.7}(\mathrm{d}_{50})^{1.1}}{6(\nu)^{0.4}}$	$\dfrac{(\rho' g)^{0.5}(\mathrm{d}_{50})^{0.5}}{0.91}$

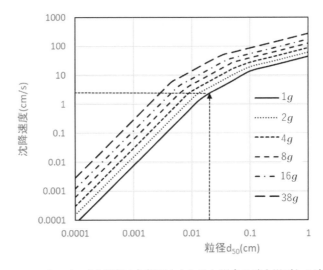

図4.2.31　Hallemeier 式と地盤の相似則をあわせた場合の重力場ごとの沈降速度

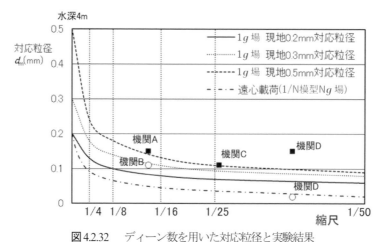

図4.2.32　ディーン数を用いた対応粒径と実験結果
(黒四角は洗掘の再現が難しかったもの、白丸は洗掘がほぼ再現されたもの)

4.2.10 まとめ

　本節では、中小型実験により洗掘現象を再現する方法を構築することを目的として、様々なスケール、地盤材料を用いた実験と超大型実験とを比較した。その結果以下のことが明らかとなった。

・洗掘形状は沈降速度による相似則（ディーン数）で、ほぼ再現可能なことが明らかとなった。また、遠心力模型実験についても荒木ら[4.2.13)]によりディーン数をもとにした洗掘現象の相似則の妥当性が示された。

・超大型実験の再現性は 0.11mm の砂を用いた縮尺 1/14 実験の再現性が最も高く、次いで 0.02mm の非塑性シルトを用いた 38g 遠心力模型実験（縮尺 1/38）の再現性が高かった。この結果は荒木ら[4.2.13)]の相似則をもとに調べた結果と対応しており、ディーン数の洗掘現象の再現性を支持する結果であった。ただし、38g 遠心力模型実験では浮遊現象の再現性が高かったものの、消波ブロックでの砕波現象の再現性が低かった。

・中小実験-機関 A の 0.15mm 砂を用いた縮尺 1/14 実験では、波数が多くなると洗掘が進行しており、村岡ら[4.2.6)]は洗掘が落ち着くまでにかかる時間についても、相似則が必要なことを示した。例えば、1/16 実験では、時間は 1/4 となり、一見収束するまでの時間がかなり短くなるように考えられる。しかし、洗掘速度という観点からすると、洗掘速度が 1/4 となれば、洗掘の進行速度は 4 倍多くなることになる。

・中小実験-機関 B の実験結果では洗掘形状が大型、超大型実験と相似していたものの、洗掘の進行速度は大型、超大型実験と比較するとやや遅く、落ち着くまでにより多くの時間を要している。ディーン数で沈降速度は相似されており洗掘形状が再現できるものの、浮遊砂濃度までは相似できていない可能性もあり、その影響が洗掘の進行速度に影響を及ぼしているものと考えられる。

・中小実験-機関 C の結果に見られるようにマウンド内部の乱れも重要な項目であり、レイノルズ数およびマウンド砕石と砂の粒径比の観点からも大きめの実験が望ましいことが明らかとなった。また、レイノルズ数が小さい条件では、抗力が相対的に大きくなり[4.2.11),4.2.12)]、消波ブロック模型が不安定になることにも注意が必要なことが明らかとなった。

・越波で堤体背後の水位が上昇するような場合には、ポンプあるいは副水路を用いて堤体背後の水位が上昇しないようにすることが重要なことも明らかとなった。

4.3 ケース② 養浜盛土の侵食

4.3.1 はじめに

　海岸侵食対策として行われる養浜は、防護の観点から必要な砂浜を造成する静的な養浜と、必要な砂浜を維持する上で不足している土砂供給量を補う動的な養浜に大別される。また、土砂を陸上に運び入れる陸上養浜と、海中に投入する海中養浜に分けることができる。動的な養浜を陸上で行う場合、施工管理等のため養浜は盛土状に行うことが多く、その盛土は高波浪時に侵食されて、その土砂が沿岸漂砂の下手側の海岸に供給される。

　養浜の場所や量は、養浜に用いる土砂の粒径を考慮した長期の海浜変形予測計算により決定されることが多い。その計算は、一定期間の波エネルギーの平均値（エネルギー平均波）に対応した海浜の広域的な変形を予測するものであり、養浜盛土自体の変形を精度良く予測するものではない。しかしながら、特に動的な養浜では養浜後の侵食に応じて盛土を繰り返し行わなくてはならない場合があることから、養浜盛土の侵食過程についても検討する必要がある。

　養浜盛土の侵食過程は、鉛直2次元の海浜変形の過程として捉えられることが多く、波浪だけではなく養浜材料にも依存する。しかし、養浜材料の影響は汀線の前進・後退や材料の分級について検討されているものの、海中とは異なり不飽和となりうる陸上部分の特徴を考慮した検討はなされていない。例えば、野口ら[4.3.1)]は、水理模型実験により、養浜盛土の侵食量が養浜の材料や層構造によって変わることを明らかにしているが、遡上波の掃流力による養浜盛土の侵食に着目しているため、サクションや地盤の締固め度の影響については考慮されていない。また、芹沢ら[4.3.2)]は、養浜盛土の斜面勾配と海域の供給砂量との関係について考察しているが、斜面勾配の決定条件については議論していない。

　養浜盛土の侵食に類似した現象と考えられる砂丘等の侵食や浜崖の形成についてもさまざまな研究が行われているが、その多くは遡上波の掃流力に着目したものである。例えば、服部・掛川[4.3.3)]は、段波性の遡上波により急勾配の海浜が急速に侵食されると浜崖が形成されることを明らかにしている。また、宇多・芹沢[4.3.4)]は、沿岸漂砂の阻止が浜崖形成に影響することを指摘している。このような研究以外に、砂丘等の土質条件に着目した研究も散見される。例えば、西・Kraus[4.3.5)]は、遡上波のインパクトによる砂丘崩壊に起因した漂砂発生機構を取り込んだ鉛直2次元の海浜変形モデルを開発したが、そのインパクトに係る係数が砂丘模型の締固めの有無により違うことを示している。本間ら[4.3.6)]は、高波による海岸道路の後浜斜面の侵食メカニズムについて、相対密度や飽和度に着目して分析している。Ericson et al.[4.3.7)]は、サクションを考慮して、ノッチの形成と崩落を繰り返して砂丘が後退する機構をモデル化している。また、van Bemmelen[4.3.8), 4.3.9)]は、浜崖の形成から崩壊に至るプロセスをモデル化している。さまざまな粒径の土砂が用いられる養浜盛土の侵食においても、遡上波の掃流力だけでなく、サクションの影響を考慮することが必要である。

　本節では、養浜盛土の侵食過程に及ぼす盛土材料の影響に着目して、砂丘や浜崖の後退機構に関する既往知見に基づき、野口ら[4.3.1)]の実験における造波開始直後の盛土断面の変化を考察し、適用すべき相似則について紹介する。

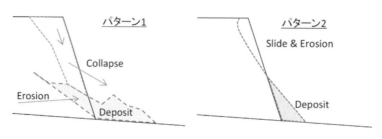

図 4.3.1　道路盛土を模した斜面の欠損パターン[4.3.6)]

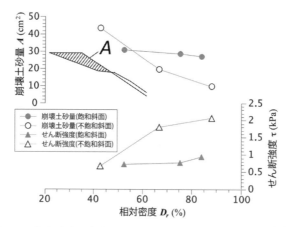

図 4.3.2　相対密度と崩壊土砂量およびせん断強度の関係[4.3.6)を一部加筆]

4.3.2　砂丘や浜崖の後退機構に関する既往知見

　地盤条件に着目して砂丘等の後退機構を分析した既往研究の知見を紹介する。本間らは[4.3.6)]は、道路盛土を模した斜面（代表粒径 0.28mm）の天端まで孤立波を遡上させ、欠損パターンが盛土斜面の緩い場合（図 4.3.1 のパターン 1）と中密な状態の場合（図 4.3.1 のパターン 2）とで異なること（図 4.3.1）、不飽和斜面では相対密度が大きいほど、せん断強度が大きくなるだけでなく土粒子間のサクションも大きくなるため崩壊量が減少することを示している（図4.3.2）。

　Ericson et al.[4.3.7)]は、砂丘の崩壊機構をオーバーハングとなった部分の重さが土砂のせん断強さを超えると破壊が生じる「Shear-type failure」と引っ張りによる亀裂が砂丘前面に生じて、滑動や崩落が生じる「Beam-type failure」に分類している（図 4.3.3）。「Shear-type failure」では、(a)のように砂丘の根元が侵食され、それにより(b)のようにオーバーハングとなった部分が崩落する。一方、「Beam-type failure」では、(c)のように砂丘の根元の侵食により生じた亀裂が砂丘前面のすべり面に達すると、砂丘前面の土塊が(d)のように回転するように滑り落ちたり、(e)のようにそのまま滑ったりする。さらに、各崩壊機構の支配方程式の諸元を提示している（図 4.3.4）。(a)では、砂丘の根元の侵食点から鉛直に延びる断面（図中の z 軸）において、その前面の土塊の重量とせん断強度が釣り合う時点で崩壊が生じるものとしている。また、(b)では、砂丘の根元の侵食により生じた亀裂とすべり面でのすべりを照査するものとしている。2 つの崩壊機構とも、そのせん断挙動の算定においてサクションが考慮されている。

　van Bemmelen[4.3.8)]は、カルマンタイプの斜面崩壊解析（図 4.3.5）における引っ張り応力をサクションに置き換えた式(4.3.1)により、浜崖の勾配 i とサクション σ から浜崖の限界高さ $S_{h,cr}$

を図 4.3.6 のように求めている。

$$S_{h,cr} = \frac{4\sigma^s}{\gamma}\left[\frac{\sin i \cos \varphi'}{1 - \cos(i - \varphi')}\right] \tag{4.3.1}$$

ここで、γ は土の単位体積重量、φ' は内部摩擦角である。

　また、van Bemmelen[4.3.8)]は、浜崖の形成及び崩壊の条件を図 4.3.7 および図 4.3.8 のように整理している。浜崖の形成条件は、波高、周期、粒径の関数である平衡海浜勾配 β_{eq} より初期の斜面勾配 β_i が急、かつ斜面上部の勾配 β_u が内部摩擦角 φ' より急な場合とされている。β_u は式(4.3.2)で表されるとしている。

$$\beta_u = \frac{R'_{2\%} - R'_{15\%}}{\dfrac{R'_{2\%} - R'_{15\%}}{\beta_i} - \Delta x} \tag{4.3.2}$$

ここで、$R'_{2\%}$ 及び $R'_{15\%}$ は超過確率 2% 及び 15% の遡上高、Δx は汀線の後退量である。$R'_{2\%}$ は浜崖の根元の最終的な高さ S_t と考えられている。

　一方、浜崖がなくなる条件は、波が浜崖の上（養浜盛土の上面の高さ S_c）まで打ち上がる場合（①）、波が浜崖の根元の高さ S_t 以上に打ち上がって浜崖の前で堆積が生じる場合（③）、波が浜崖の根元の高さ S_t まで打ち上がらないまま乾燥する場合（④）とされている。また、波が浜崖の根元の高さ S_t 以上に打ち上がるものの、浜崖の上（養浜盛土の上面の高さ S_c）まで打ち上がらない場合（②）には、浜崖は陸側に移動するものとされている。

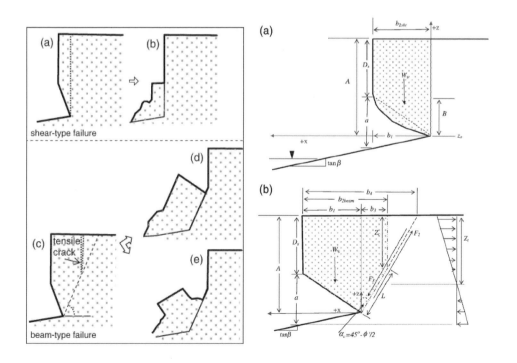

図 4.3.3　砂丘の崩壊機構の分類[4.3.7)]　　　図 4.3.4　崩壊機構の支配方程式に関する諸元[4.3.7)]

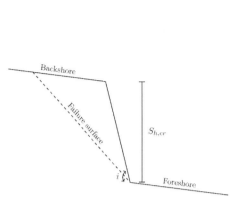

図4.3.5　カルマンタイプの斜面崩壊の浜崖の安定性への適用 [4.3.8)]

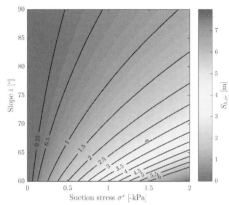

図4.3.6　サクションと浜崖の勾配を関数とした浜崖の限界高さ [4.3.8)]

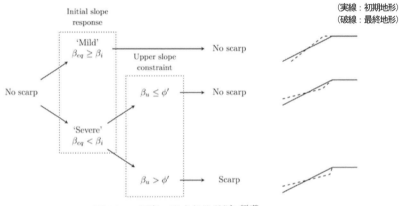

図4.3.7　浜崖の形成条件 [4.3.8)]を一部加筆

(実線：初期地形)
(破線：最終地形)

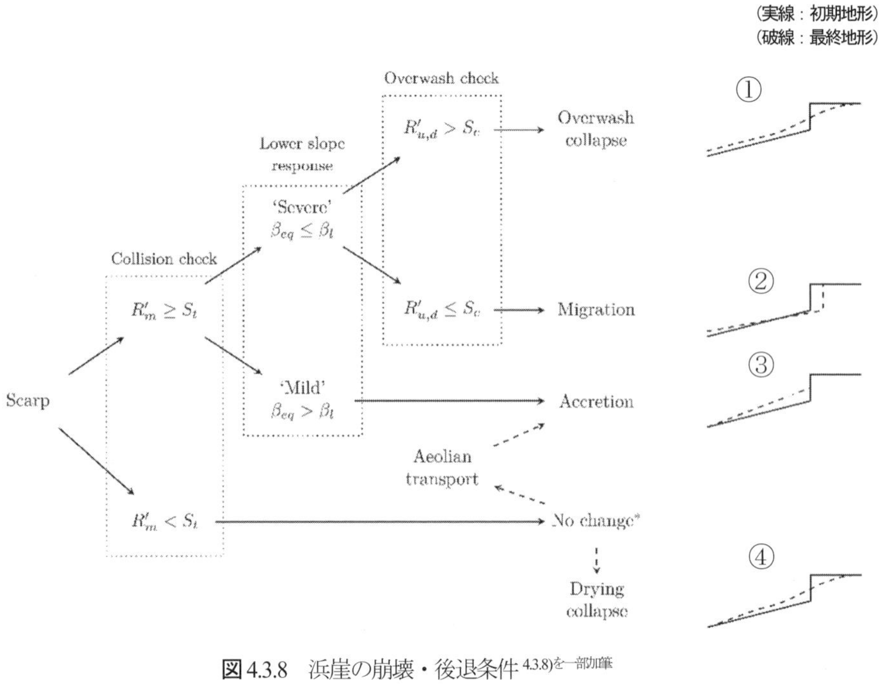

図4.3.8　浜崖の崩壊・後退条件 [4.3.8)]を一部加筆

4.3.3 実験方法

　養浜の材料や盛土構造の違いが前浜地形の保全に及ぼす効果を明らかにすることを目的に行われた野口ら[4.3.1)]の実験をここに示す。実験は長さ33 m、幅0.3 m、深さ0.8 mの小型造波水路を用いて、図4.3.9に示すように1/10勾配のモルタル製固定床を設置し、その陸部分に高さ0.2 m、天端幅0.4 m、法勾配1:1の養浜盛土を設置して実施された。初期の汀線は養浜盛土の法先であり、水中部分は固定床となる。養浜盛土が所定の形状となるようにコテで整形された後にすぐ実験が行われており、造波開始時の含水比は測定されていないが不飽和の状態であったと考えられる。なお、特定の海岸をモデルとはしていないので、模型縮尺は設定されていない。

　養浜盛土に用いた材料は、盛土の崩壊や礫の移動の性質が重要となることから、海岸近傍の河道内で採取された玉砂利および砂とし、図4.3.10に示すように粒度分布が重ならないようにふるい分け済みの材料を用いた。中礫を材料a（D_{50}: 8.2mm）、細礫を材料b（D_{50}: 2.3mm）、砂を材料c（d_{50}: 0.82mm）として基本材料として、材料aとbを混合した材料d、材料aとb、cを混合した材料eを作成した。養浜盛土は、図4.3.11に示すように、これらの基本材料単独の3ケースとこれらを混合した2ケース、砂の間に礫層を設けた盛土構造として3ケースの計8ケースとした。各ケースに含まれる基本材料は、表4.3.1に示す割合（体積比）とした。混合材料のCase 4～Case 8で最も砂（材料c）の割合が多いのがCase 8の73.3％で、中礫（材料a）の割合が多いのがCase 4の50％となっている。

　実験では、波高0.1 m、周期1.3 sの規則波を与えた。本間ら[4.3.6)]の実験とは異なり、波は養浜盛土の天端まで遡上しない。波高、周期、海底勾配及び中央粒径から求められる堀川ら[4.3.10)]のC値は、材料aでは1.0（堆積型）、材料bでは2.3（堆積型）、材料cでは4.6（中間型）である。

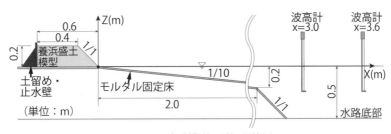

図4.3.9　実験模型と計測器位置

表4.3.1　養浜盛土の材料構成

養浜盛土に含まれる割合(%)	Case							
	1	2	3	4	5	6	7	8
材料 a （中礫）	100	0	0	50	33.3	0	0	13.3
材料 b （細礫）	0	100	0	50	33.3	40	30	13.3
材料 c （砂）	0	0	100	0	33.3	60	70	73.3

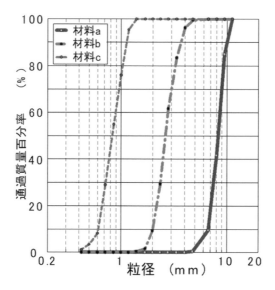

図4.3.10　養浜材料の粒度分布

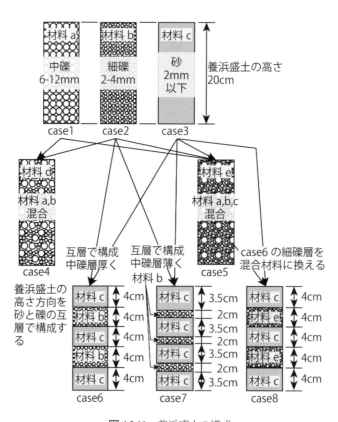

図4.3.11　養浜盛土の構成

図 4.3.12　Case 1（材料 a、中礫 100%）での養浜盛土の変形
（左上：造波開始 0 分後、右上：同 5 分後、左下：同 10 分後、右下：同 15 分後）

4.3.4 実験結果

(1) Case 1（材料 a、中礫 100%）

Case 1 での養浜盛土の変形過程を**図 4.3.12**(a)〜(d)に示す。造波開始直後では、波が盛土の法面において法先から約 7 cm の高さまで遡上し、その引き波により法先付近の中礫が移動し、初期汀線よりすぐ沖側に堆積した。その結果、造波開始から 5 分後には、波の遡上点と初期の法先との間の上半分が侵食され、下半分は初期の法勾配より緩やかな斜面となった (a)。その後の地形変化の速度はゆっくりであったが、造波開始から 11 分後には波の遡上点より上部の法面表層の中礫が転動し、法先周辺の侵食部分を埋める一方、波の遡上点より上部の法勾配が 1:1.2 程度になった (d)。その後は、造波開始直後とは異なり、埋め戻された盛土の法先付近の侵食は見られなかった。これは、初期汀線よりすぐ沖側に中礫が若干堆積していた影響と考えられる。以上のように、中礫のみの養浜盛土では、造波開始後に養浜盛土の法先が侵食され、流出した中礫が盛土より沖側に堆積した後、侵食された盛土下部に盛土上部の中礫が転落し、盛土の法面の上部は造波前よりやや緩やかになった。このように、このケースでは浜崖は形成されなかった。

(2) Case 2（材料 b、細礫 100%）

Case 2 での養浜盛土の変形過程を**図 4.3.13**(a)〜(d)に示す。造波開始直後では、盛土の法面に遡上する波が引くタイミングで法先周辺の細礫が移動し、初期汀線より沖側に堆積した。細礫が沖側に移動する量が Case 1 より大きいため、造波開始直後から波の遡上点より上部の法面表層の細礫が転動するとともに、初期汀線より沖側に Case 1 より多く堆積した。その結果、造波開始から 5 分後には、波の遡上点より海側は勾配 1:4 程度となり、それより上部の法面は初期よりやや急勾配となった (b)。その後の地形変化の速度は増加開始直後と比べてゆっくりであったが、波の遡上点以下の侵食により波の遡上点より上部の法面表層の細礫が転動することがたびたび見られた。その結果、造波開始から 10 分後以降は、波の遡上点より沖側の勾配は 1:5 程度であった (d)。 以上のように、細礫のみの養浜盛土（Case 2）では、中礫のみの場合（Case 1）と同様に、盛土下部が侵食されるとともに、それにより波の遡上点より上部の法面表層の細礫が転動し、波の遡上点より下部では初期より緩やかな法面になる一方、波の遡上点より上部の勾配は初期よりやや大きくなった。このように、このケースでは浜崖は形成されたとは判断できなかった。

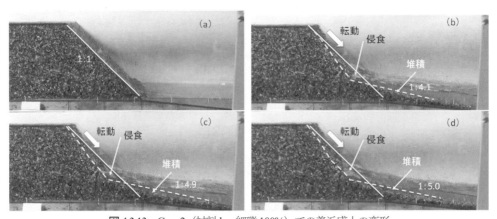

図 4.3.13　Case 2（材料 b、細礫 100%）での養浜盛土の変形
（左上：造波開始 0 分後、右上：同 5 分後、左下：同 10 分後、右下：同 15 分後）

(3) Case 3（材料 c、砂 100%）

　Case 3 での養浜盛土の変形過程を**図** 4.3.14 に示す。造波開始直後では、Case 1 及び Case 2 と同様に、盛土の法面に遡上する波が引くタイミングで法先周辺の砂が移動し、初期汀線より沖側に堆積した。ただし、波の遡上点より下部の法面が侵食されてもその上部は崩落せずに形をとどめ、オーバーハングの状態に至った後にその上部が崩落する現象が見られた。崩落した砂は遡上波により沖側に運ばれ、その後も波の遡上点付近の侵食とオーバーハングの形成、その上部の崩落が繰り返された。その結果、造波開始から 5 分後には、波の遡上点より海側は勾配 1:3.4 程度となり、それより上部の法面はほぼ鉛直に切り立つ形となった (b)。その後の地形変化は増加開始直後と比べて緩やかであり、波の遡上点以下より沖側の勾配も徐々に緩やかになっていった (d)。また、造波開始から 15 分後においても波の遡上点より上部の地形変化は盛土天端まで至らなかった。以上のように、砂のみの養浜盛土では、造波開始直後において波の遡上点付近が侵食され、オーバーハングが形成された後にその上部が崩落して法面が切り立つという過程を繰り返しながら、養浜盛土の侵食が進行した。その結果、ほぼ直立した浜崖が形成された。

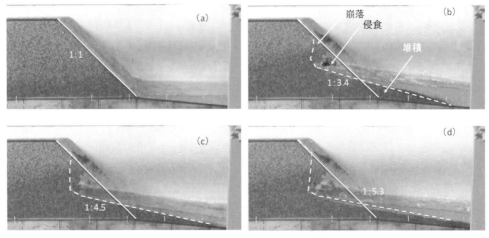

図 4.3.14　Case 3（材料 c、砂 100%）での養浜盛土の変形
（左上：造波開始 0 分後、右上：同 5 分後、左下：同 10 分後、右下：同 15 分後）

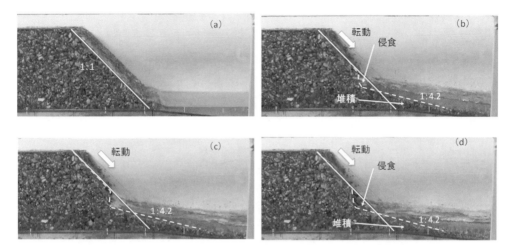

図 4.3.15　Case 4（材料 a、中礫 50％＋材料 b、細礫 50％）での養浜盛土の変形
（左上：造波開始 0 分後、右上：同 5 分後、左下：同 10 分後、右下：同 15 分後）

(4) Case 4（材料 a、中礫 50％＋材料 b、細礫 50％）

　Case 4 での養浜盛土の変形過程を図 4.3.15 に示す。造波開始直後では、Case 1〜Case 3 と同様に、盛土の法面に遡上する波が引くタイミングで法先周辺の砂が移動し、初期汀線より沖側に堆積した。また、Case 2（材料 b、細礫 100％）と同様に、波の遡上点より下部の法面が侵食されると波の遡上点より上部の法面表層の礫が転動し、初期汀線より沖側に堆積した。その結果、造波開始から 5 分後には、波の遡上点より海側は勾配 1:4.2 程度となり、それより上部の法面は初期よりやや急勾配となった（b）。その後の地形変化は小さく、波の遡上点より上部、下部とも、法面の勾配はほとんど変わらなかった（d）。以上のように、盛土下部が侵食されるとともに、それにより波の遡上点より上部の法面表層の細礫が転動し、波の遡上点より下部では初期より緩やかな法面になる一方、波の遡上点より上部の勾配は初期よりやや大きくなった。このケースでは、Case 2（材料 b、細礫 100％）と比べて波の遡上点付近の法面勾配が急であったものの、浜崖は形成されたとは判断できなかった。

(5) Case 5（材料 a、中礫 33.3％＋材料 b、細礫 33.3％＋材料 c、砂 33.3％）

　Case5 での養浜盛土の変形過程を図 4.3.16 に示す。造波開始直後では、Case 1〜Case 4 と同様に、盛土の法面に遡上する波が引くタイミングで法先周辺の砂礫が移動し、初期汀線より沖側に堆積した。ただし、Case 3（材料 c、砂 100％）と同様に、波の遡上点より下部の法面が侵食されてもその上部は崩落せずに形をとどめ、オーバーハングの状態に至った後にその上部が崩落する現象が見られた。崩落した砂は遡上波により沖側に運ばれ、その後も波の遡上点付近の侵食とオーバーハングの形成、その上部の崩落が繰り返された。その結果、造波開始から 5 分後には、波の遡上点より海側は勾配 1:4 程度となり、それより上部の法面はほぼ鉛直に切り立つ形となった（b）。その後の地形変化は増加開始直後と比べて緩やかであり、波の遡上点以下より海側の勾配も徐々に緩やかになっていったが、造波開始から約 11 分後において、オーバーハングの上部が崩落し、盛土天端まで変形が生じた（d）。以上のように、中礫、細礫、砂を同じ割合で混合した材料の養浜盛土では、Case 3（材料 c、砂 100％）と同様に、波の遡上点付近の侵食、その上部の崩落、法面の切り立ちを繰り返しながら、侵食が進行した。

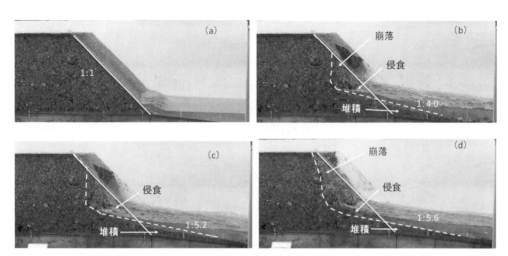

図 4.3.16　Case 5（材料 a、中礫 33.3%＋材料 b、細礫 33.3%＋材料 c、砂 33.3%）の養浜盛土変形
（左上：造波開始 0 分後、右上：同 5 分後、左下：同 10 分後、右下：同 15 分後）

(6) Case 6（材料 b、細礫 40%＋材料 c、砂 60%）

　Case 6 での養浜盛土の変形過程を図 4.3.17 に示す。造波開始直後では、盛土の法面に遡上する波が引くタイミングで波の遡上点付近の細礫が沖側に移動し、その侵食によりその上にある砂層が一部崩落し、法面が切り立った。このような細礫層の侵食とその上の砂層の崩落は繰り返し、やがて砂層だけでなくその上にある礫層も崩落するようになった。その結果、造波開始から 5 分後までに、中段の砂層とその上の礫層では法面が切り立った浜崖が形成される一方、波の遡上点より海側は勾配 1:4.4 程度となった (b)。その後も遡上点付近の細礫層の侵食は進み、造波開始から約 6 分後には、盛土天端の一部まで崩落し (c)、波の遡上点より上部の法面勾配はやや緩やかになった (d)。以上のように、砂と細礫の互層（同一厚さ）とした養浜盛土では、波の遡上点となる盛土下部の礫層の侵食によりその上部の砂層及び礫層が崩落するという過程を繰り返した後、勾配 1:0.56（約 61 度）の浜崖が形成された。

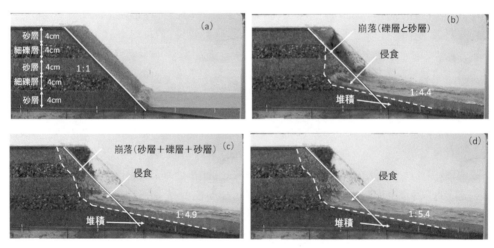

図 4.3.17　Case 6（材料 b、細礫 40%＋材料 c、砂 60%）での養浜盛土の変形
（左上：造波開始 0 分後、右上：同 5 分後、左下：同 10 分後、右下：同 15 分後）

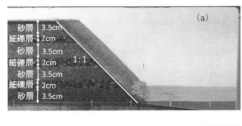

図4.3.18　Case 7（材料b、細礫30%＋材料c、砂70%）での養浜盛土の変形
（左上：造波開始0分後、右上：同5分後、左下：同10分後、右下：同15分後）

(7) Case 7（材料b、細礫30%＋材料c、砂70%）

　Case 7での養浜盛土の変形過程を**図4.3.18**に示す。造波開始直後では、盛土の法面に遡上する波が引くタイミングで下部の細礫層が侵食されるとともに、その上の砂層は遡上波の衝突により侵食され切り立った形状になった。このような細礫層の侵食とその上の砂層の崩落は繰り返し、やがて砂層だけでなくその上にある細礫層及びその上にある砂層及び細礫層も崩落するようになった。その結果、造波開始から5分後までに、中段の細礫層から上段の細礫層にかけて法面が切り立った浜崖が形成される一方、波の遡上点より海側は勾配1:4.8程度となった(b)。その後も遡上点付近の細礫層の侵食は進み、造波開始から約7分後には、中段の砂層で形成されたノッチから盛土天端の一部まで崩落した。崩落後の法面上部の勾配1:0.43（約67度）では、Case 6（材料b、細礫40%＋材料c、砂60%）より急であった。以上のように、砂と細礫の互層（不均等な厚さ）とした養浜盛土では、Case 6と同様に、波の遡上点以下の砂層・礫層の侵食によりその上部の砂層及び細礫層が崩落した。しかし、Case 6と比べると、法面上部の勾配は急であった。

(8) Case 8（材料a、中礫13.3%＋材料b、細礫13.3%＋材料c、砂73.3%）

　Case 8での養浜盛土の変形過程を**図4.3.19**に示す。造波開始直後では、盛土の法面に遡上する波が引くタイミングで波の遡上点付近の混合材料が沖側に移動し、その侵食によりその上にある砂層及び混合材料層（Case 5と同じ材料）の一部が崩落し、法面が切り立った。その結果、造波開始から5分後までに、下段の混合材料層から上部の混合材料層にかけて法面が切り立った浜崖が形成される一方、波の遡上点より海側は勾配1:4.8程度となった(b)。なお、他のケースとは異なり、造波開始から5分後以降については同じ画角の映像が残っていないため、分析の対象としない。以上のように、砂と混合材料（中礫、細礫、砂が同じ割合）の互層（同一厚さ）とした養浜盛土では、波の遡上点にある混合材料層の侵食によりその上部の砂層及び混合材料層が崩落し、その上部の砂層が切り立つという過程を繰り返した。

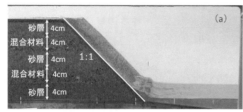

図 4.3.19　Case8（材料 a、中礫 13.3%＋材料 b、細礫 13.3%＋材料 c、砂 73.3%）での養浜盛土の変形
（左上：造波開始 0 分後、右上：同 5 分後）

4.3.5　実験結果と実現象との対比

(1)　実験結果の解釈

　van Bemmelen ら [4.3.8)] が示した浜崖の形成・破壊機構は、単一粒径の材料で構成された海浜に不規則波が遡上した状況を想定していると考えられ、4.3.4 で示した複数の粒径で構成された養浜盛土に規則波が遡上する実験とは異なっている。しかし、ここでは van Bemmelen ら [4.3.8)] の知見を援用して、実験結果の解釈を試みる。

　各ケースで生じた浜崖の高さ及び勾配とそれらの解釈を**表 4.3.2** に示す。規則波で行われた実験では、波の遡上高は養浜盛土の法面の下部に留まっており、全ケースにおいて、実験期間を通じてほぼ一定であった。波の遡上高が一定であるため、van Bemmelen が提案した斜面上部の勾配 β_u の式(4.3.2)を適用することはできないが、砂を材料に使用したケースでは養浜盛土の初期勾配より平衡海浜勾配が小さいため浜崖が形成されたものと考えられる。また、砂のみで構成された養浜盛土とした Case 3 と比べ、中礫・細礫・砂が均等に混合された材料を用いた Case 5 では、ノッチが形成されにくく、造波開始から 15 分後においてはより侵食されていた。礫のみ（中礫、細礫）で構成された Case 1、Case 2、Case 4 では、切り立った法面は形成されなかった。これは、礫のみの養浜盛土では、サクションが小さいため養浜盛土の法面が切り立つことができなかったためと考えられる。ただし、中礫と細礫を混合した Case 4 では、波の遡上点付近の法面勾配が急になっており、異なる粒径の礫によるかみ合わせの効果が現れた可能性がある。一方、単一礫と砂を層状に設置した Case 6〜Case 7 では、波の遡上高付近の材料や砂層の厚さによって侵食の形態がやや異なる結果となった。具体的には、Case 6（材料 b、細礫 40%＋材料 c、砂 60%）では、遡上点付近が礫層であるためそこでの侵食は Case 7（材料 b、細礫 30%＋材料 c、砂 70%）よりやや遅かったものの、その上部の礫層が切り立たないため、盛土の上面では Case 7 より後退した。

　以上のように、今回紹介した実験における養浜盛土の侵食は、1) 波により養浜盛土の斜面表面の砂礫が移動して養浜盛土の斜面が変形し、2) 斜面の変形により斜面が安定を保てなくなると崩落するという過程を経て生じたものと考えられる。

(2)　適用すべき相似則

　野口ら [4.3.1)] は実験の縮尺や適用した相似則を示していないが、4.3.5 で整理した養浜盛土の変形過程をふまえると、3.4.4 に示された波と地盤の複合実験の相似則を適用できると考えられる。ただし、3.4.4 にて述べられているように、重力場において水を使用する実験では、地盤と流体での時間の相似比は一致しない。したがって、波と地盤の複合実験の相似則を適用する場合には、養浜盛土の変形過程において生じる各現象の機構に応じて時間に関わる適切な相似比を選択する必要がある。養浜盛土の波の遡上範囲については、侵食は主に掃流によ

表4.3.2　各実験ケースの実験後の盛土部分の侵食状況

Case	底質	浜崖高さ	浜崖勾配	解釈
1	中礫	なし	—	粒径が大きいため侵食されにくい
2	細礫	なし	—	侵食されるが浜崖が形成されない
3	砂	中	ほぼ垂直	サクションにより盛土上部が崩落しない
4	中礫：細礫	なし	—	中礫と細礫のかみ合わせにより波の遡上点付近の法面が急になった？
5	中礫：細礫：砂	高	急	case3より盛土上部が崩落している
6	細礫：砂	高	やや緩	サクションが小さい細礫層で緩勾配になる
7	細礫：砂	高	急	細礫層が薄いため浜崖が急になる
8	中礫：細礫：砂	中	急	砂が多いため浜崖が急になる

※中礫（D_{50}: 8.2mm）、細礫（D_{50}: 2.3mm）、砂（d_{50}: 0.82mm）

る漂砂で生じることから、3.4.1に示された掃流による漂砂の相似則を適用できると考えられる。一方、養浜盛土の波の遡上範囲より上部については、前述の通りサクションの影響が認められることから、不飽和地盤の特性を考慮した相似則の適用が必要と考えられる。3.3.5に示されているように、不飽和地盤の相似比は透水係数などが飽和地盤と異なっている。それに対し、本間ら[4.3.6)]は盛土斜面の粒径を透水係数の相似則から規定している。このほか、吉田[4.3.11)]は、不飽和毛管流を考慮した浸透流の相似則として、幾何学的縮尺比と静止毛管上昇高比を等しくとるとともに負圧－含水比曲線を一致させることで、浸透流の流量の相似性が増すことを示している。幾何学的縮尺比と静止毛管上昇高比を等しくとることは、重力場の縮小模型においては、現地より静止毛管上昇高が小さくなるように、現地より粒径が大きいものを選ぶこととなる。また、負圧－含水比曲線を一致させるよう材料の組成を調整することが想定されている。

4.3.6　まとめ

・砂を含む材料で構成された養浜盛土では、盛土法面の途中まで波が遡上すると切り立った法面が形成されやすい。

・砂層と礫層の互層の養浜盛土では、遡上点の上部に砂層があると切り立った法面が形成されやすい。

・上記の傾向は、砂層でのサクションが礫層より大きく、法面が安定しやすいためと考えられる。

・養浜盛土の侵食に適用すべき相似則は、波と地盤の複合実験の相似則であるが、波の遡上範囲より上部については不飽和地盤の特性を考慮した相似則とする必要がある。

参考文献

4.2 ケース① 消波ブロック下部の洗掘現象

4.2.1) 西田仁志, 山口豊, 近藤豊次, 清水謙吉：孔間弾性波探査法による離岸堤の埋没状況に関する考察, 第32回海岸工学講演会論文集, pp.365-369, 1985.

4.2.2) 鈴木高二朗, 高橋重雄, 高野忠志, 下迫健一郎：砂地盤の洗掘による消波ブロック被覆堤のブロックの沈下被災について−現地調査と大規模実験−, 港湾空港技術研究所報告, Vol.41, No.1, pp. 51-90, 2002.

4.2.3) 入江功, 栗山善昭, 浅倉弘敏：重複波による防波堤前面の海底洗掘及びその対策に関する研究, 港湾技術研究所報告, 第25巻, 第1号, pp.3-86, 1986.

4.2.4) 鈴木高二朗, 高橋重雄：消波ブロック被覆堤のブロック沈下に関する一実験, 海岸工学論文集, 第45巻, pp.821-825, 1998.

4.2.5) 中村友昭, 村岡宏紀, 趙容桓, 水谷法美：消波ブロック被覆堤下部からの砂地盤の洗掘に関する実験的研究, 土木学会論文集B3（海洋開発）, 74巻2号, p. I_258-I_263, 2018.

4.2.6) 村岡宏紀, 中村友昭, 趙容桓, 水谷法美：消波ブロック被覆堤マウンド下部の砂地盤の侵食と石かごが与える影響に関する実験的研究, 土木学会論文集B1（水工学）, 74巻5号, p. I_595-I_600, 2018.

4.2.7) Rubey, W.W.: Settling Velocities of Gravel, Sand and Silt Particles, Amer. Jour. Sci., Vol. 25, pp.325-338, 1933.

4.2.8) 高橋重雄, 鈴木高二朗, 姜閏求, 常数浩二：細粒砂地盤の波による液状化に関する一実験, 海岸工学論文集, 第44巻, pp.916-920, 1997.

4.2.9) 鈴木高二朗, 多田清富, 下迫健一郎, 山﨑浩之, 姜閏求：大規模水路における波浪による地盤の液状化に関する一実験, 海岸工学論文集, 第50巻, pp.856-860, 2003.

4.2.10) 陳暁悦, 鈴木滉平, 有川太郎：砂地盤の洗掘現象における模型縮尺の影響について, 土木学会論文集B2（海岸工学）, 75巻2号, pp. I_547-I_552, 2019.

4.2.11) 島田真行, 藤本捻美, 斎藤昭三, 榊山勉, 平口博丸：消波ブロックの安定性に関する模型縮尺効果について, 第33回海岸工学講演会論文集, pp.442-445, 1986.

4.2.12 榊山勉, 鹿島遼一：消波ブロックに作用する波力に関する実験スケール効果, 海岸工学論文集, 第36巻, pp.653-657, 1989.

4.2.13) 荒木進歩, 澤田豊, 宮本順司, 牛山弘己, 田中佑弥, 小竹康夫：遠心模型実験を用いた消波ブロック被覆堤の地盤吸出し現象の考察, 土木学会論文集B2（海岸工学）, 74巻2号, p. I_1093-I_1098, 2018.

4.2.14) Hughes, S. A.: Physical Models and Laboratory Techniques in Coastal Engineering, World Scientific, 568p, 1993.

4.2.15) 日置和昭, 岩永駿平, 中村聡司, 本郷隆夫：細粒土の物質移動パラメータとバリア性能に関する考察, 土木学会論文集（地圏工学）, 67巻2号, pp. 240-251, 2011.

4.2.16) 内田桂子, 小峯英雄, 安原一哉, 村上哲, 遠藤和人：廃棄物最終処分場覆土材におけるメタン酸化細菌の育成可能な条件の提示, 地盤工学ジャーナル 3 (1), pp. 85-93, 2008.

4.2.17) 関口秀雄, Phillips, R.：遠心力場における水面波の造波とその適用, 海洋開発論文集, 第6巻, pp.205-210, 1990.

4.3 ケース② 養浜盛土の侵食

4.3.1) 野口賢二, 加藤史訓, 佐藤慎司：前浜地形の耐波侵食性向上に資する砂礫混合養浜手法の検討, 土木学会論文集B2, Vol.73, No.2, pp.I_799-I_804, 2017.

4.3.2) 芹沢真澄, 宇多高明, 星上幸良：前浜養浜時の浜崖形成のモデル化, 海洋開発論文集, 第21巻, pp.1011-1016, 2005.

4.3.3) 服部昌太郎, 掛川友行：浜崖の形成過程と発生条件, 海岸工学論文集, 第41巻, pp.546-550, 1994.

4.3.4) 宇多高明, 芹沢真澄：浜崖の形成機構に関する考察, 海洋開発論文集, 第12巻, pp.409-414, 1996.

4.3.5) 西隆一郎，Kraus, N.C.：砂丘侵食機構とモデル化について，海岸工学論文集，第43巻，pp.676-680，1996.

4.3.6) 本間大輔，宮武誠，佐々真志，木村克俊，白水元，蛯子翼：地盤性状変化を考慮した海岸道路の後浜斜面の高波による破壊メカニズムの解明，土木学会論文集 B2，Vol.72，No.2，pp.I_1189-I_1194，2016.

4.3.7) Erikson, L. H., Larson, M. and Hanson, H.: Laboratory investigation of beach scarp and dune recession due to notching and subsequent failure, Marine Geology, 245, pp.1-17, 2007.

4.3.8) van Bemmelen, C. W. T.: Beach Scarp Morphodynamics -Formation, Migration, and Destruction, Master thesis, Technical University of Delft, 2018.

4.3.9) van Bemmelen, C.W.T., de Schippera, M.A., Darnall, J. and Aarninkhofa, S.G.J., Beach scarp dynamics at nourished beaches, Coastal Engineering, vol.160, 2020. https://doi.org/10.1016/j.coastaleng.2020.103725

4.3.10) 堀川清司，砂村継夫，近藤浩右: 波による二次元海浜変形に関する実験的研究，第21回海岸工学講演会論文集，pp.193-200，1974.

4.3.11) 吉田昭治：浸透流の基礎的研究，山形大学紀要（農学），第5巻，第3号，pp.257-329，1968.

5. 波浪・地盤数値計算の方法論

5.1 数値計算の役割

　これまで述べてきたように模型実験を行うことで多くの有益な情報が得られることから、現象の理解のためには模型実験の実施は有用である。ただし、実験装置の規模や性能などの制約に加えて、労力、時間、費用などの経済性を考えると、諸条件を様々に変化させた模型実験の実施は負担になることが少なくない。また、計測装置の限界などのために、知りたい物理量が模型実験からすべて得られるわけではなく、データ取得性にやや難がある。

　一方、数値計算では、時空間的に詳細な情報を出力できることから、模型実験と比べて多くの観点から評価が行える利点がある。また、計算の設定が一旦できれば、諸条件の変更は比較的容易にできると期待され、労力を抑えることができると考えられる。

　ただし、数値計算を行う際には、よく知られているように検証（verification）と妥当性確認（validation）が重要である。詳細は白鳥ら [5.1.1)] に譲るが、検証（verification）では、与えられた基礎方程式の離散化の適切さ、コーディングの正確さ、格子収束性、時間刻みの影響などの検証が不可欠である。例えば、Navier-Stokes（NS）方程式の移流項を離散化する際、必要以上の風上差分の導入は過度の数値粘性を生み、適切な計算結果が得られない可能性がある。一方、妥当性確認（validation）に関しては、例えば基礎方程式に乱流モデルを用いることなく数値計算を行う直接数値シミュレーション DNS（Direct Numerical Simulation）では、流動場全域からエネルギーの散逸を担う最小渦のサイズ（Kolmogorov スケール）に到るまでのすべての渦の変動を NS 方程式により計算することになる。そのためには膨大な計算機容量を必要とすることから、現実の問題に適用できる可能性は非常に小さい [5.1.2)]。また、地盤が関わる現象の場合、地盤の構成材料のすべての粒子を考慮して計算することになり、さらに非現実的となる。したがって、乱流、流体力、構成式などのモデル化が不可欠であり、モデルの妥当性確認が欠かせない。また、例えば、後述する格子法では、地盤のモデルから波浪場のモデルへのフィードバックはほとんど行われていない。このようにモデル化自体がなされていない現象も残されている。

　さらに、模型実験同様、数値計算も縮尺の影響を受ける。流動場の代表スケールとして、平均流速 U と透過性材料の粒径 D を選ぶと、流体の動粘性係数を ν としたとき、レイノルズ数 Re は $Re = UD/\nu$ となる。このとき、粘性によるエネルギー逸散が行われるスケールを η とすると、D と η の比 D/η はおおむね $Re^{3/4}$ に比例する [5.1.3)]。ここで、フルード則に基づいて模型の寸法縮尺を原型の $1/N$ とした状況を考えてみる。第 3 章で述べた沈降速度の相似則（ディーン数）に従えば、沈降速度の算出に Rubey の式を用いた場合、D が比較的大きいとき、模型の D は原型の $1/N$ に漸近する。このとき、模型と原型で ν が等しい流体を用いるとすると、模型の Re は原型の $1/N^{3/2}$ となる。つまり、模型の D/η は原型の $1/N^{9/8}$ となる。模型の D は原型の $1/N$ に漸近するため、模型の η は原型の $N^{1/8}$ 倍となり、エネルギー逸散が生じるスケール

表 5.2.1　波浪と地盤の相互作用に関する数値計算の分類 [5.2.1]

区分	波の扱い	地盤の扱い
Type 1	微小振幅波理論など理論的に与える	支配方程式を有限要素法などで解析する
Type 2	数値解析で与える	支配方程式を有限要素法などで解析する
Type 3	微小振幅波理論など理論的に与える	個別要素法などで解析する
Type 4	数値解析で与える	個別要素法などで解析する

は実験の方が大きくなることになる。これは、フルード則の下では、粘性力の影響が相対的に大きくなることと対応している。通常、原型に対する実験の実施は、実験装置の制約上、困難であることから、妥当性確認（validation）は模型に対して行われる。この数値計算を模型の N 倍となる原型に展開することを考えると、エネルギー逸散が生じるスケールは模型の $1/N^{1/8}$ 倍となることから、原型での格子をフルード則に基づいて単純に模型の N 倍としたのでは両者で解像できるスケールの幅が異なることになる。したがって、対象とする現象や縮尺に応じた検証（verification）と妥当性確認（validation）を行い、その適用範囲内で適切に使用することが肝要である。

　以上のように模型実験と数値計算には長所も短所もあることから、模型実験と数値計算を相互に有機的に組み合わせて検討を進めて行くことは、波浪・地盤の相互作用に関わる問題の解決のために有効な手段であると考えられる。このうち、本章では、波浪と地盤の両者を取り扱える数値計算を取り上げる。まず 5.2 節では、これまでの数値計算モデルの開発・高度化の流れを概観する。続いて、数値計算モデルの例として、5.3 節では地盤の外側と内側の流体運動を統一的に解くモデルを、5.4 節では後述する粒子法に分類されるモデルを、5.5 節では格子法に分類されるモデルを紹介する。

5.2 流体と地盤の統一解法の発展

　土木学会海岸工学委員会数値波動水槽研究小委員会 [5.2.1]では、波浪と地盤の双方に関わる数値計算を表 5.2.1 のように 4 つの区分に分類している。

5.2.1 格子法

　Type 1 と Type 2 は、有限差分法（Finite Difference Method、FDM）、有限体積法（Finite Volume Method、FVM）、有限要素法（Finite Element Method、FEM）、境界要素法（Boundary Element Method、BEM）に基づく格子または要素をベースとした手法であり、格子法と呼ぶこととする。波浪場を理論値で与える Type 1 のモデルも開発されているが、Type 1 のモデルでは波浪と地盤の相互作用は取り扱えないことから、ここでは波浪場を数値解析で与える Type 2 を取り上げる。以降で紹介する研究を表 5.2.2 と表 5.2.3 にまとめたので、適宜、参照されたい。なお、波浪と地盤のカップリング手法の Type A と Type W は後述する。

　朴ら [5.2.2]は、波浪場にはポテンシャル理論、地盤には u-w 形式の Biot 式を適用した FEM に基づくモデルを開発している。ここに、u は地盤骨格の変位、w は地盤骨格に対する間隙水の

表 5.2.2　波浪と地盤のカップリング手法 Type A（地盤内部を含む領域全体の流動場を解き、求められた地盤表面での圧力と流速を FEM に与える）のモデル一覧

波動解析	ポテンシャル				
	BEM	●			
	VOF		●		
	CADMAS				
	OpenFOAM				
	RANS			●	●
浸透流		●			
地盤	圧密方程式	●			
	u-p 形式		●	●	●
	u-w 形式				
	u-w-p 形式				
構成式	線形弾性体	●	●	●	
	弾塑性体				●
年代	2000 年以前	水谷・Mostafa(1997)[5.2.3] [2D]			
	2000-2010		中村ら(2005)[5.2.18] [2D]	Hsu ら(2002)[5.2.25] [2D]	
	2010-2020		中村ら(2013)[5.2.20] [3D]	Ye ら(2013)[5.2.27] [3D]	Ye ら(2015)[5.2.28] [3D]
備考	カップリング	one-way	one-way	one-way	one-way

相対変位を表す。このモデルは、以下に紹介するモデルと異なり周波数領域での計算となっているものの、波浪場と地盤を一つの連立方程式にまとめて解く強連成の two-way カップリングとなっている。そのため、地盤骨格の変位を考慮した波浪場が解けることから、同モデルを用いて軟弱海底地盤上の波高の減衰を再現している。

　水谷・Mostafa[5.2.3]は、波浪場を解く BEM、地盤の浸透流解析を行う FEM、地盤の水・土連成解析を行う Biot の圧密方程式および線形弾性体の構成式に基づく FEM を結合した 2 次元モデルを開発している。同モデルでは、まず BEM と浸透流解析を行う FEM により地盤の内部を含む領域全体の流動場を解き、その結果得られた地盤表面での圧力を水・土連成解析を行う FEM に与える one-way カップリングが使われている。このカップリングを、以下、Type A（All）と呼ぶ。そして、開発したモデルを図 5.2.1 に示すケーソン式混成堤へ適用している[5.2.4]。

　CADMAS-SURF（SUper Roller Flume for Computer Aided Design of MAritime Structure）は、「数値波動水路の耐波設計への適用に関する研究会」により、従来の断面二次元造波水路の水理模型実験に代わりうる数値波動水路を目指し、VOF（Volume of Fluid）法に基づく数値計算法が数値波動水路として有力であると考え、開発されたものである[5.2.5]。当該研究会は、産官学の研究機関から構成されており、海域施設の耐波設計の実務に適用できる数値波動水路を作成することを目的として、国内初の数値水路を目指したものであり、2001 年に沿岸技術研究センターより公開されている[5.2.6]。榊山・香山[5.2.7]のポーラスモデルに基づき、2 次元非圧縮性流体 の連続の式および Navier-Stokes 方程式を基礎方程式としている。

　また、当時から、防波堤や護岸における地盤との相互作用を検討することが重要であると考え、蒋ら[5.2.8]は CADMAS-SURF と u-w 形式の地盤変形計算との連成計算を開発している。

表5.2.3　波浪と地盤のカップリング手法 Type W（地盤を不透過もしくは透過として波浪場の計算を行い、その結果得られた地盤表面での圧力を地盤境界に与える）のモデル一覧

波動	ポテンシャル	●			
	BEM				
	VOF				
	CADMAS		●	●	●
	OpenFOAM				
	RANS				
浸透流					●
地盤	圧密方程式				
	u-p 形式			●	
	u-w 形式	●	●		●
	u-w-p 形式				
構成式	線形弾性体	●	●	●	
	弾塑性体				●
年代	2000 年以前	朴ら(1996)[5.2.2] [2D]			
	2000-2010		蒋ら(2000)[5.2.8] [2D] 前野・藤田(2001)[5.2.17] [2D]	髙橋ら(2002)[5.2.9] [2D]	有川ら(2009)[5.2.11] [3D]
	2010-2020				
備考	カップリング	two-way	蒋ら：疑似 two-way 前野・藤田：one-way	one-way	浸透流解析を別途行っている．変形を空隙率で与える疑似 two-way

波動	ポテンシャル				
	BEM				
	VOF				
	CADMAS				
	OpenFOAM				●
	RANS	●	●	●	
浸透流					
地盤	圧密方程式				
	u-p 形式			●	●
	u-w 形式	●			
	u-w-p 形式		●		
構成式	線形弾性体		●	●	●
	弾塑性体	●			
年代	2000 年以前				
	2000-2010	熊谷(2009)[5.2.21] [2D]			
	2010-2020		Zhang ら(2015)[5.2.29] [3D]	Zhang ら(2020)[5.2.31] [3D] Lin ら(2020)[5.2.32] [3D]	Li ら(2020)[5.2.34] [3D]
備考	カップリング	one-way	one-way	one-way	one-way

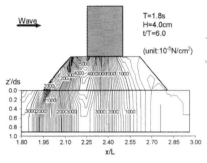

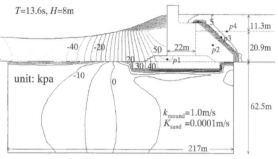

図 5.2.1 　混成堤周辺の圧力分布 [5.2.3)]　　　図 5.2.2 　ケーソン護岸周辺の圧力分布 [5.2.9)]

蒋ら [5.2.8)] のモデルでは、まず地盤の内部を除く領域の流動場を FDM により解き、FDM から得られた地盤表面での圧力を FEM に入力し、FEM から得られた地盤表面での流速を FDM に返す擬似的な two-way カップリングとなっている。このカップリングは、以下、Type W（Wave）と呼ぶ。その後、髙橋ら [5.2.9)] は、数値計算の安定性を高めることを目的として、u-p 形式の地盤計算との連成手法へと改良し、防波堤に波力が作用した際における地盤との連成計算手法を確立し、図 5.2.2 に示すケーソン護岸等、種々の条件への適用を行っている。ここに、p は間隙水圧であり、u や p は波浪場の流速や圧力と変数が重なることから、髙橋ら [5.2.9)] では U-π 形式と呼ばれている。有川ら [5.2.10)] は、2 次元の CADMAS-SURF を基にして、3 次元の CADMAS-SURF/3D を開発した。その後、「数値波動水路の耐波設計への適用に関する研究会」のメンバー、機関により、CADMAS-SURF/3D の実用化への研究が始まり、2010 年に沿岸技術研究センターから、コードが公開されている [5.2.11)]。有川ら [5.2.12)] は、FEM による構造物との連成計算を開発し、2011 年には、DEM とも連成した固気液 3 層モデルを開発している [5.2.13)]。その後、2 次元の CADMAS-SURF における地盤変形計算との連成と同様の手法を用いて、気相、液相、固体、地盤の連成計算を可能とし、さらに、非線形長波方程式と CADMAS-SURF/3D ならびに固気液連成モデルとの連成計算手法を開発している [5.2.14)]。その結果、津波の発生から、伝播、そして構造物の破壊までの一連の計算を可能とした。また、大木ら [5.2.15)] は、浸透計算における妥当性についての検証を行っている。そのモデルは、2021 年に公開されている [5.2.16)]。

　前野・藤田 [5.2.17)] は、波浪場には CADMAS-SURF、地盤には Biot の圧密方程式と線形弾性体の構成式に基づく FEM を適用した 2 次元 VOF-FEM モデルを開発している。前野・藤田 [5.2.17)] のモデルでは、まず地盤を不透過として CADMAS-SURF により波浪場の計算を行い、その結果得られた地盤表面での圧力を FEM に入力する Type W の one-way カップリングが使われている。中村ら [5.2.18)] は、波浪場に適用する VOF 法に基づく FDM と、地盤に適用する u-p 形式の Biot 式および線形弾性体の構成式に基づく FEM を組み合わせた 2 次元モデルを開発している。中村ら [5.2.18)] のモデルでは、水谷・Mostafa [5.2.3)] のモデルを参考に、FDM により地盤内部を含む領域全体の流動場を解き、求められた地盤表面での圧力と流速を FEM に与える Type A の one-way カップリングを採用している。また、中村ら [5.2.19)] は、波浪場のモデルを MARS（Multi-Interface Advection and Reconstruction Solver）に基づく LES（Large-Eddy Simulation）に代え、3 次元モデルに発展させている。さらに、中村ら [5.2.20)] は、漂砂による地形変化の影響を簡易的に考慮する手法を提案し、前述の 3 次元モデルに組み込むことで 3 次元流体・構造・地形変化・地盤連成数値計算モデル FS3M（three-dimensional coupled Fluid-Structure-Sediment-Seabed interaction Model）を作り上げている。熊谷 [5.2.21), 5.2.22)] は、弾塑性体の構成式を適用した

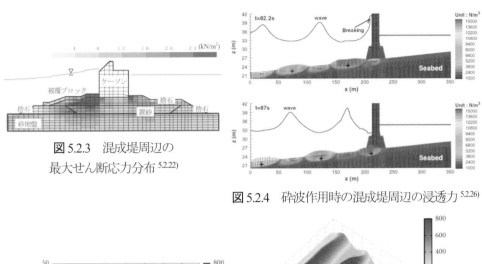

図 5.2.3　混成堤周辺の
最大せん断応力分布 [5.2.22)]

図 5.2.4　砕波作用時の混成堤周辺の浸透力 [5.2.26)]

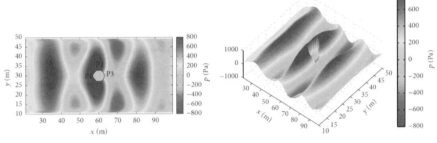

図 5.2.5　モノパイル周辺の地盤内部の間隙水圧分布 [5.2.29)]

u-p 形式の Biot の式に基づく FEM を開発し、波浪場を解く VOF 法と Type W の one-way カップリングにより接続した 2 次元モデルを構築している。そして、図 5.2.3 に示す混成堤等への適用を行っている。

　一方、Jeng ら [5.2.23)] および Ye ら [5.2.24)] によって、PORO-WSSI II（Porous models for Wave-Seabed-Structure Interactions, Version II）あるいは FSSI-CAS 2D（FSSI : fluid-structures-seabed interaction、CAS : Chinese Academy of Sciences）と呼ばれる 2 次元モデルが開発されている。これは、自由表面の追跡に VOF 法を適用した VARANS（volume-averaged Reynolds-averaged Navier-Stokes）方程式に基づく Hsu ら [5.2.25)] による波浪場の FDM と、u-p 形式の Biot の式および線形弾性体の構成式からなる地盤の FEM をカップリングしたモデルである。このモデルでは、水谷・Mostafa [5.2.3)] のモデルと同様のカップリング手法を採用しており、地盤内部を含む領域全体の流動場を FDM により解き、得られた地盤表面での圧力を FEM に入力する Type A の one-way カップリングとなっている。Ye ら [5.2.26)] は、図 5.2.4 に示すように、砕波作用時の混成堤周辺の地盤の応答を FSSI-CAS 2D により評価している。また、Ye ら [5.2.27)] は同モデルを 3 次元化し、FSSI-CAS 3D に発展させている。さらに、Ye ら [5.2.28)] は、FSSI-CAS 2D に弾塑性体の構成式を導入し、過剰間隙水圧の上昇に伴う液状化の発生可能性の評価を行っている。Zhang ら [5.2.29)] は、波浪場には RANS 方程式と VOF 法に基づく FDM、地盤には u-w-p 形式の Biot の式と線形弾性体の構成式に基づく FDM を用いた 3 次元 FDM を開発している。Zhang ら [5.2.29)] のモデルでは、前野・藤田 [5.2.17)] のモデルと同様の Type W の one-way カップリングが使われており、まず地盤表面に non-slip 条件を課して波浪場の FDM を解き、求められた地盤表面での圧力を地盤の FDM に入力している。そして、図 5.2.5 に示すように、開発したモデルによりモノパイル周辺の地盤の波浪応答の解析を行っている。また、Zhang ら [5.2.30)] は不均質な地盤への拡張を行っている。Zhang ら [5.2.31)] は、RANS および VOF 法に基づく FVM と u-p 形式の Biot の

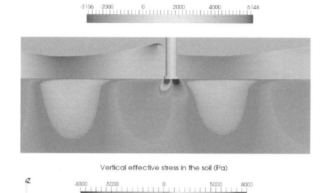

Dynamic wave pressure (Pa)

Vertical effective stress in the soil (Pa)

図5.2.6　洋上風力発電の重力式基礎周辺の鉛直有効応力分布[5.2.34]

式および線形弾性体の構成式に基づく FEM を組み合わせた2次元モデルを開発している。
Zhang ら[5.2.31]のモデルでも前野・藤田[5.2.17]のモデルと類似の Type W の one-way カップリング
が使われており、まず地盤表面に対数則に基づく境界条件を課して波動場の FVM を解き、
得られた地盤表面での圧力とせん断力を FEM に与えている。その他にも、Lin ら[5.2.32]は、
RANS および VOF 法に基づく FDM と Biot の圧密方程式および線形弾性体の構成式に基づ
く FEM を、前野・藤田[5.2.17]と同様の Type W の one-way カップリングで結合した3次元モデ
ルを開発している。

　近年は商用ソフトウェアあるいはオープンソースプログラムを利用するモデルが出てきて
おり、Chang・Jeng[5.2.33]は Ye ら[5.2.24]と同様の3次元モデルを COSMOL Multiphysics により構
築している。Li ら[5.2.34]は、u-p 形式の Biot と線形弾性体の構成式の式に基づく FVM を
OpenFOAM に導入し、図5.2.6に示すように洋上風力発電の重力式基礎周辺の波浪応答現象
への適用を行っている。これらのモデルでも、前野・藤田[5.2.17]のモデルと同様の Type W の
one-way カップリングが使われている。

　以上の格子法では、波浪場のモデルを地盤内部の浸透流にも拡張して適用し、その結果か
ら補間して求めた地盤表面での圧力を水・土連成解析へ入力する Type A か、地盤表面を出入
りする流速を指定して波浪場の計算を行い、その結果から外挿して求めた地盤表面での圧力
を水・土連成解析へ入力する Type W か、どちらかの手法によりカップリング計算を行ってい
る。ただし、いずれの手法にも課題が残っている。Type A の場合、波浪場のモデルの地盤内
部への適用性に疑問がある。そのため、地盤の外には Navier-Stokes 方程式、地盤の中には
Darcy-Brinkman 方程式などを適用し、地盤の外側と内側の流体運動を一体的に解くことがで
きる Darcy/Navier-Stokes 連成解析の適用による解決が望まれる[5.2.35]。また、地盤内部では波
浪場解析と水・土連成解析の双方から圧力や流速が求められることとなり、両解析から得ら
れる圧力と流速は必ずしも一致しないことが問題点として挙げられる。一方、Type W の場合、
水・土連成解析には地盤表面での圧力しか入力しておらず、地盤内部の表面近傍での連続式
の成立が保証されていない問題がある。

5.2.2　粒子法

　Type 3 と Type 4 は、個別要素法（Discrete Element Method、DEM）、SPH（Smoothed Particle
Hydrodynamics）法、MPS（Moving Particle Semi-implicit）法、不連続変形法（Discontinuous

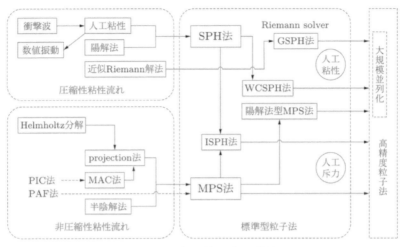

図 5.2.7　粒子法の歩み [5.2.36)]

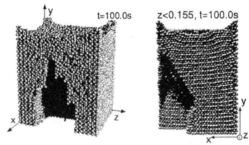

図 5.2.8　土砂吸い出しにより形成された空洞の安定形状 [5.2.42)]

Deformation Analysis、DDA）などに基づいており粒子法に分類される。図 5.2.7 に後藤 [5.2.36)]による粒子法に分類されるモデルのフローを示す。

　後藤ら [5.2.37)]は 2 次元 DEM モデルの開発を行い、地盤内の間隙水圧分布の時間変化を解析解で与えたときの液状化の発生領域を評価している。また、後藤・酒井 [5.2.38)]は DEM に基づく 2 次元数値移動床の開発を行っている。酒井ら [5.2.39)]は、間隙水圧に起因する付加的揚力の影響を考慮できるように後藤・酒井 [5.2.38)]による数値移動床を拡張し、間隙水圧が漂砂量に与える影響を考究している。陳ら [5.2.40)]は、FEM と DDA を結合したマニフォールドメソッド MM（Manifold Model）に基づく 2 次元モデルを開発し、間隙水圧分布の時間変化を与えたときの地盤の液状化過程を検討している。後藤ら [5.2.41)]は、後藤・酒井 [5.2.38)]による DEM に基づく数値移動床を 3 次元に拡張している。また、原田ら [5.2.42)]は後藤ら [5.2.41)]による 3 次元 DEM にサクションの効果を組み込み、図 5.2.8 に示すように土砂吸い出しによる空洞の成長過程の非定常性を明らかにしている。本田ら [5.2.43)]は、捨石マウンドに偏心荷重を載荷したときのマウンドと地盤の変形を 2 次元 DEM により解析している。高山ら [5.2.44)]はマウンド捨石を楕円要素とした DEM に基づく 2 次元モデルを開発し、波浪に対する混成堤ケーソンの安定性を評価している。さらに、高山・高橋 [5.2.45)]はケーソンを単一の要素とする改良を行っている。また、辻尾ら [5.2.46)]は、高山・高橋 [5.2.45)]のモデルを用いて、津波作用時のケーソン式混成堤の粘り強さの評価を行っている。

　一方、後藤ら [5.2.47)]は、波浪場と地盤をともに MPS 法で解く 2 次元固液二相流型 MPS の開発を行っている。同モデルには、表層せん断と水撃による侵食モデルが組み込まれており、図 5.2.9 に示すように津波の戻り流れによる護岸法先の洗掘現象への適用が行われている。五

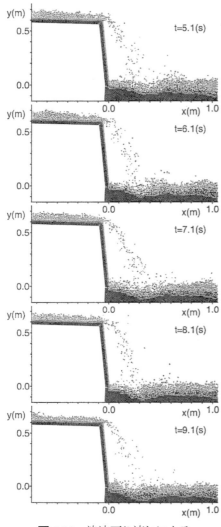

y(m)

0.5

0.0

t=5.1(s)

0.0　x(m)　1.0

t=6.1(s)

t=7.1(s)

t=8.1(s)

t=9.1(s)

図5.2.9　津波戻り流れによる
護岸法先の洗掘[5.2.47]

十里ら[5.2.48]は、固液二相流型MPSにDEM型のバネ・ダッシュポットモデルと弾塑性体の構成式を組み込むことにより弾塑性MPS法を構築し、斜面崩壊による津波の発生過程をシミュレーションしている。また、後藤ら[5.2.49]は、五十里ら[5.2.48]による弾塑性MPS法に底面せん断による侵食モデルを組み込み、護岸下部からの土砂吸い出しによる空洞の形成過程の解析を行っている。さらに、五十里ら[5.2.50]は、弾塑性MPS法を有効応力ベースに拡張するとともに、間隙水との連成を考慮できるようにした有効応力型弾塑性MPS法を開発し、静荷重作用時のケーソン式混成堤の大変形解析を実施している。後藤ら[5.2.51]は、液相を解くMPS法と固相を解くDEMをオーバーラップさせて固液連成解析を行う手法を提案し、多数の固相を含むダムブレイクの再現計算を行っている。後藤ら[5.2.52]は、固液二相流型MPSにDEM型のバネ・ダッシュポットモデル、底面せん断による侵食モデル[5.2.49]、水撃による侵食モデル[5.2.47]を組み込み、図5.2.10に示すように津波越流によるケーソン式混成堤の破壊過程の検討を行っている。五十里ら[5.2.53]は、弾塑性MPS法の高精度化を行い、鉛直噴流による地盤の洗掘現象に適用している。また、五十里ら[5.2.54]は、五十里ら[5.2.53]のモデルのうち地盤変形モデルの改良を行うとともに、微細土砂の巻き上げ・移流・拡散・沈降・堆積を解析するサブモデルを組み込んでいる。加えて、五十里ら[5.2.55]は水・土連成を考慮して地盤内の応力を解析できるように改良し、図5.2.11に示すように越流洗掘時のケーソン式混成堤の被災過程のシミュレーションを行っている。さらに、五十里ら[5.2.56]は応力補正を導入している。清水ら[5.2.57]は、DEMとMPS法を抗力型の相互作用力でカップリングした3次元DEM-MPS法を構築し、図5.2.12に示すようにケーソン式混成堤を越流した津波によるマウンドの3次元的な侵食過程を明らかにしている。

また、今瀬ら[5.2.58],[5.2.59]は、SPH法により水・土連成解析を行える2次元モデルを開発し、津波に対するケーソン式混成堤の安定性の評価を行っている。大家ら[5.2.60]は、Gotohら[5.2.61]による高精度ISPH（incompressible SPH）法に表層せん断と水撃による侵食モデルを組み込み、越流による防潮堤背後の洗掘の再現計算を行っている。また、同モデルを用いて、三通田・有川[5.2.62]は押し波による護岸前面の洗掘の検討を行っている。上島・佐藤[5.2.63]は、Gotohら[5.2.61]による高精度ISPH法に再堆積の概念を導入している。後藤ら[5.2.64]は、Gotohら[5.2.61]による高精度ISPH法をベースに、DEMとのカップリングモデル[5.2.51]と表層せん断と水撃による侵食モデル[5.2.47]を導入したPARISPHERE（PARticle Implemented Simulator for PHysical and

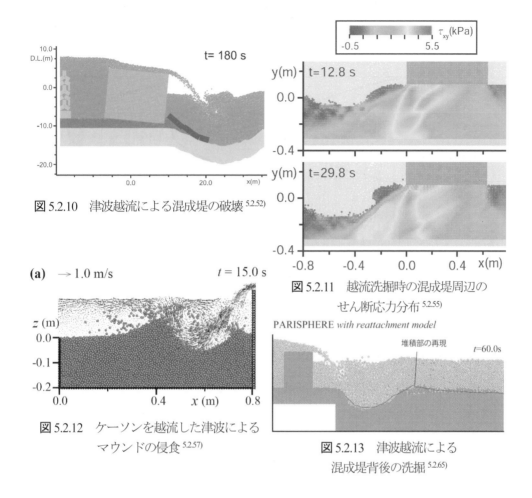

図 5.2.10　津波越流による混成堤の破壊 [5.2.52)]

τ_{xy}(kPa)

図 5.2.11　越流洗掘時の混成堤周辺の
せん断応力分布 [5.2.55)]

図 5.2.12　ケーソンを越流した津波による
マウンドの侵食 [5.2.57)]

PARISPHERE *with reattachment model*

堆積部の再現

t=60.0s

図 5.2.13　津波越流による
混成堤背後の洗掘 [5.2.65)]

Engineering REsearch）の開発を行っている。また、鶴田ら [5.2.65)] は、浮遊砂堆積モデルを組み込むことで PARISPHERE の改良を行い、図 5.2.13 に示す津波越流によるケーソン式混成堤背後の洗掘現象を対象に、洗掘岸側の堆積の再現性が向上することを確認している。

5.2.3　格子法と粒子法のカップリング

最後に、格子法と粒子法を組み合わせた数値計算の事例を紹介する。前野ら [5.2.66)] は、潜堤や地盤表層を含む波浪場には RANS と VOF 法に基づく FDM を、大変形が生じない地盤下層には Biot の圧密方程式と線形弾性体の構成式に基づく FEM を適用し、さらに潜堤と地盤表層の比較的大きな変形は DEM により解析する 2 次元 VOF-DEM-FEM モデルを開発している。同モデルでは、FDM または FEM から求めた流速と圧力勾配を DEM に与え、DEM で計算された粒子の位置に基づいて FDM の空隙率を更新している。また、山口ら [5.2.67)] は、地盤内部を含む波浪場の解析には Navier-Stokes 方程式を FVM で解いた CFD（Computational Fluid Dynamics）を用い、土粒子の変位の解析には DEM を適用した 2 次元 DEM-CFD モデルを開発している。このモデルでは、流速と粒子の相対速度に比例する相互作用力により FVM と DEM のカップリングを行うとともに、DEM により求めた粒子の位置に基づいて FVM の空隙率の更新も行っている。

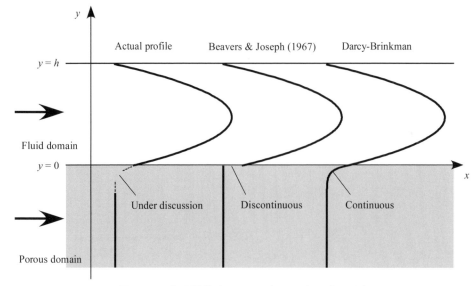

図5.3.1　多孔質体上のハーゲン・ポワズイユ流れ

5.3 流体と地盤の遷移領域の取扱い

　地盤内の浸透流と流体領域の流れを連続的に解析することは、波浪を受ける海底地盤の挙動を解析するための必要不可欠なツールとなる。また、海岸工学分野のみならず、地盤工学分野においても、堤防等の土構造物の安定性を考える場合、その内部に存在し得る水みちや空洞が構造物に与える水理学的影響を正確に予測するには、水みち・空洞における流体領域の流れ、土中では浸透流の挙動を同時に把握する必要が生じる。物質移動の観点からも、地表面の河川や湖沼の流れによる対象物質の輸送だけでなく、地表面から地中に浸入する（もしくは、地中から地表面に浸出する）物質の輸送を連続的に予測することは重要な課題であり、流体領域の流れと多孔質体中の浸透流を正確に計算する方法は、多くの工学的課題に必要となる。

　基本的には、多孔質体の浸透流には Darcy 則を適用する。水などの流体のみによって占められる流体領域の流れは Navier-Stokes 式によって記述され、Darcy 流と Navier-Stokes 流の連成流れ（以下、Darcy/Navier-Stokes 連成流れ）に関する数値解析は近年精力的に研究が進でいる。例えば、Çeşmelioğlu・Rivière[5.3.1]、Chidyagwai・Rivière[5.3.2]、Badea ら [5.3.3]、Girault・Rivière[5.3.4]、Chidyagwai・Rivière[5.3.5]、Cai ら [5.3.6]、Urquiza ら [5.3.7]、Mu・Xu[5.3.8]が挙げられ、この問題に対して、有限要素法や有限体積法をベースとする様々な解析手法が提案されている。

　Darcy/Navier-Stokes 連成流れの正確な計算を行う上で最も重要なことは、多孔質体と流体領域の境界（界面）において、それぞれの領域の流速と圧力をどのように接続するかにある。この問題に対する萌芽的な研究は Beavers・Joseph[5.3.9]のものである。彼らは、図 5.3.1 に示すような浸透流が壁面に沿って生じている状態のハーゲン・ポワズイユ流れ（層流）について実験し、流体領域の境界条件について考察を行った。その実験結果から、壁面に沿った流体領域の流速は、多孔質体（の壁面）を流れる浸透流速とは異なる値（不連続な値）を持つスリップ条件と考えるのが望ましいとした。このような多孔質体と流体領域との境界における接線成分の流速については、Saffman[5.3.10]は Beavers・Joseph[5.3.9]の提案したモデルに修正を加え、Neale ・Nader[5.3.11]は境界上の流速と応力について、連続的なモデルによって説明を行った。

表 5.3.1 接線方向流速の界面条件 [5.3.15]

Model	Velocity	Velocity gradient	Reference
1		$\left.\dfrac{\partial u_x}{\partial y}\right|_{\text{fluid}} = \dfrac{\alpha}{\sqrt{K}}\left(u_x|_{\text{interface}} - \langle u\rangle_x|_{\text{porous}}\right)$	Beavers & Joseph (1967)
2	$\langle u\rangle_x|_{\text{porous}}$ $= u_x|_{\text{fluid}}$	$\left.\dfrac{\partial \langle u\rangle_x}{\partial y}\right|_{\text{porous}} = \left.\dfrac{\partial u_x}{\partial y}\right|_{\text{fluid}}$	Neale & Nader (1974) Vafai & Kim (1990)
3	$\langle u\rangle_x|_{\text{porous}}$ $= u_x|_{\text{fluid}}$	$\mu_{\text{eff}}\left.\dfrac{\partial \langle u\rangle_x}{\partial y}\right|_{\text{porous}} = \left.\mu\dfrac{\partial u_x}{\partial y}\right|_{\text{fluid}}$	Kim & Choi (1996)
4	$\langle u\rangle_x|_{\text{porous}}$ $= u_x|_{\text{fluid}}$	$\dfrac{\mu}{\varepsilon}\left.\dfrac{\partial \langle u\rangle_x}{\partial y}\right|_{\text{porous}} - \left.\mu\dfrac{\partial u_x}{\partial y}\right|_{\text{fluid}}$ $= \left.\beta\dfrac{\mu}{\sqrt{K}}u_x\right|_{\text{interface}}$	Ochoa-Tapia & Whitaker (1995a) Ochoa-Tapia & Whitaker (1995b)
5	$\langle u\rangle_x|_{\text{porous}}$ $= u_x|_{\text{fluid}}$	$\dfrac{\mu}{\varepsilon}\left.\dfrac{\partial \langle u\rangle_x}{\partial y}\right|_{\text{porous}} - \left.\mu\dfrac{\partial u_x}{\partial y}\right|_{\text{fluid}}$ $= \left.\beta\dfrac{\mu}{\sqrt{K}}u_x\right|_{\text{interface}} + \beta_1 p u_x^2|_{\text{interface}}$	Ochoa-Tapia & Whitaker (1998)

その他にも、Bars・Worster[5.3.12]や Ochoa-Tapia・Whitaker[5.3.13]-[5.3.14]の研究が挙げられるが、最良とされるモデルには至っていない。この問題の解決には、多孔質体と流体領域の境界部において、微視的な（多孔質体の間隙径スケールでの）流れの計測とモデリングが必要となる。多孔質体と流体領域の境界における圧力や流速に関する境界条件は interfacial condition（界面条件）と呼ばれ、上述の既往研究は、界面における接線方向の流速のモデル化に焦点を当てたものである。しかし、境界における接線方向の流速よりも法線方向のそれの方が質量保存に直結し、数値計算の安定性には大きな影響を及ぼす点には注意が必要である。界面における流速と圧力の境界条件（以下、界面条件と呼ぶ）は次のようにまとめられる。

接線方向流速

Beavers-Joseph 条件 [5.3.9]が代表的であり、表 5.3.1 に既往モデルをまとめる [5.3.15]。Beavers-Joseph 条件の場合、界面における接線方向流速は不連続となる。一方、連続な接線方向流速を与えるモデルもあるが、この場合は多孔質体の浸透モデルに Brinkman 項を必要とする。

法線方向流速

多孔質体と流体領域との間で質量保存則を満たすように設定する必要がある。例えば、多孔質領域の流速として Darcy 流速を採用する場合、多孔質体と流体領域の界面において法線方向流速は連続でなければならない。

圧　力

多孔質体と流体領域の圧力は界面において連続とするのが、一般的とされる。

流体領域の流れと多孔質体中の浸透流を同時に解く方法には、大きく分けて single domain 法と two domain 法が存在する。図 5.3.2(a)に示す single domain 法では、通常、多孔質領域においては Navier-Stokes 式に Darcy 則に対応する抵抗項を加える等の処理を行い、一つの支配方程式によって多孔質体と流体領域の流れを統一的に解析する。この場合、多孔質体と流体領

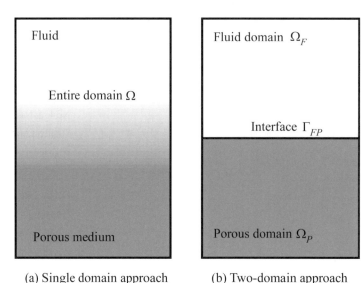

(a) Single domain approach　　　　(b) Two-domain approach

図 5.3.2　single domain 法と two domain 法

　域の境界において、圧力と流速が連続となるが、そこで流れが上述の界面条件を満たすとは限らない。また、間隙率や透水性を表す材料物性の急激な変化は圧力や流速の数値振動をまねくことから、多孔質体と流体領域の境界において材料定数を段階的に変化させることもある。この場合は、多孔質体と流体領域の境界は明確ではなくなり、界面付近において正確な圧力と流速の計算結果を得ることは難しくなる。

　一方、two domain 法では、多孔質体と流体領域を明確に分離し、それぞれの領域で別々の支配方程式を解く。そのため、それらの領域の境界において、境界条件が必要となり、上述の界面条件を課す。つまり、多孔質領域と流体領域は計算領域と支配方程式の観点から完全に分離され、界面条件はそれらの領域の圧力と流速を接続する役割を担う。二つの領域の境界では、界面条件を満たす流速分布が計算され、境界付近において single domain 法よりも正確な数値計算が可能と言える。流れの計算に加えて、海底地盤の変形といった力学的挙動を解析すること考えれば、多孔質領域と流体領域の境界が明確であり、その境界において的確な境界条件（界面条件）を与えることのできる two domain 法の方が、両領域における流れと変形の正確な数値計算を可能にする。

　Type A（All）解析は、single domain 法によって流体領域（波浪場）と多孔質領域（地盤浸透）の流体場を解き、界面における圧力を地盤の水・土連成解析に入力する方法となる。流体場は single domain 法によって解かれることから、流速も圧力も界面において連続的となる。ただし、多孔質領域の流速として Darcy 流速を解く場合は、界面における流速の連続性から質量保存則を満たすが、多孔質領域の流速として実流速（Darcy 流速を間隙率で除した流速）を解く場合は、質量保存が成り立たないことに注意が必要である。なお、地盤解析における浸透水（間隙流体）の支配方程式は Type A（All）解析のそれとは異なることから、地盤内では 2 つの流体解析結果が得られる点に課題が残る。一方、Type W（Wave）の場合、波浪場（流体領域の流れに対応）から得られる圧力を地盤表面（界面）の境界条件として入力する。このため、圧力は界面において連続となるが、地盤内の浸透流則は Darcy 則によって入力する圧力に応じて出力されるため、流速は法線方向（及び接線方向）に不連続となり、質量保存則が厳密には満たされないことを認識する必要がある。

5.3.1 界面条件 (interfacial condition) の役割

　多孔質体と流体領域の流れを接続する際に、どのように界面条件が機能するのかを例示する。上述の通り、界面条件は single domain 法には不要であり、ここでは two domain 法を想定している点に注意する。

　流体領域の流れの支配方程式は、Navier-Stokes 方程式であり、以下となる。

$$\frac{\partial u_i}{\partial x_i} = 0 \quad , \quad \frac{\partial u_i}{\partial t} + \frac{\partial u_i u_j}{\partial x_j} = -\frac{1}{\rho}\frac{\partial p}{\partial x_i} + \nu\frac{\partial^2 u_i}{\partial x_j \partial x_j} \tag{5.3.1}$$

ここに、u_i、p、ρ、n は流速、圧力（ピエゾ圧）、密度、動粘性係数であり、x_i と t は直交座標と時間を表す。また、下付きの i と j は Einstein の総和規約に従う free index あるいは dummy index である。一方、多孔質体中において Darcy 則を仮定すると、連続式とあわせて、以下の方程式を得る。

$$\frac{\partial \langle u_i \rangle}{\partial x_i} = 0 \quad , \quad \langle u_i \rangle = -\frac{K}{\mu}\frac{\partial \langle p \rangle^*}{\partial x_i} \tag{5.3.2}$$

ここに、K は固有透水係数、μ は粘性係数である。また、$\langle \bullet \rangle$ は体積平均、$\langle \bullet \rangle^*$ は相体積平均を意味し、$\langle u_i \rangle$ はダルシー流速、$\langle p \rangle^*$ は多孔質体の間隙を占める流体の圧力（ピエゾ圧）に対応する。

　図 5.3.1 に示した多孔質体上のハーゲン・ポワズイユ流れを考えると、流速は x 方向（水平方向）のみであり、式(5.3.1)及び(5.3.2)は

$$-p' + \mu\frac{d^2 u}{dy^2} = 0 \qquad (0 < y < h) \tag{5.3.3}$$

$$-p' - \frac{\mu}{K}\langle u \rangle = 0 \qquad (y < 0) \tag{5.3.4}$$

と変形できる。ここに、u は水平方向流速 u_x、p' は水平方向の圧力勾配 $\partial p / \partial x$ を意味し、流体領域と多孔質体において、同じ一定の値を持つと仮定している。式(5.3.4)は、多孔質領域において

$$\langle u \rangle = -\frac{K}{\mu}p' \qquad (y < 0) \tag{5.3.5}$$

となり、流速は一定となる。流体領域では、式(5.3.3)を積分することで以下を得る。

$$u = \frac{p'}{2\mu}y^2 + C_1 y + C_2 \qquad (0 < y < h) \tag{5.3.6}$$

ここに、C_1 と C_2 は積分定数である。流体領域の上部 ($y = h$) においてノンスリップ条件、

$$u = 0 \quad \text{at} \quad y = h \tag{5.3.7}$$

流体領域下部の界面に Beavers-Joseph 条件（表 5.3.1 の Model 1 に対応）

$$\frac{du}{dy} = \frac{\alpha}{\sqrt{K}}(u - \langle u \rangle) \quad \text{at} \quad y = 0 \tag{5.3.8}$$

を課すことで、式(5.3.6)の二つの積分定数を決定でき、流体領域において

$$u = \frac{p'}{2\mu}\left(y + h + \frac{-h^2 + 2K}{h + \frac{\sqrt{K}}{\alpha}}\right)(y - h) \qquad (0 < y < h) \tag{5.3.9}$$

と速度分布を求めることができる。この場合、多孔質体では、圧力勾配 p' によって流速は既定され、式(5.3.8)の Beavers-Joseph 条件を課すことから、流速（$\langle u \rangle$ と u）は界面において不連続となる。

多孔質領域においても、粘性項（Brinkman 項）を導入することで、界面における流速を連続にすることが可能となる。以下の Darcy-Brinkman 式は、Navier-Stokes 式を多孔質領域で体積平均を施すことで導かれ、Darcy 則に粘性項及び慣性項が加えられた形をとる。

$$\frac{\partial \langle u_i \rangle}{\partial t} + \frac{\partial}{\partial x_j}\left(\frac{\langle u_i \rangle \langle u_j \rangle}{\lambda}\right) = -\frac{\lambda}{\rho}\frac{\partial \langle p \rangle^*}{\partial x_i} + \nu \frac{\partial^2 \langle u_i \rangle}{\partial x_j \partial x_j} - \frac{\lambda \nu}{K}\langle u_i \rangle \tag{5.3.10}$$

ここに、λ は多孔質体の間隙率を表す。図5.3.1 に示した定常な x 方向の流れを考えると、式(5.3.10)は

$$-p' + \frac{\mu}{\lambda}\frac{d^2 \langle u \rangle}{dy^2} - \frac{\mu}{K}\langle u \rangle = 0 \qquad (y < 0) \tag{5.3.11}$$

と変形できる。式(5.3.11)の一般解のうち、$y \to -\infty$ において発散しないものは以下の形をとる。

$$\langle u \rangle = D \cdot e^{\sqrt{\frac{\lambda}{K}}y} - \frac{K}{\mu}p' \qquad (y < 0) \tag{5.3.12}$$

ここに、D は積分定数である。流体領域の上部（$y=h$）におけるノンスリップ条件（式(5.3.7)）に加えて、界面条件（表5.3.1 の Model 2 に対応）

$$u = \langle u \rangle \quad \text{and} \quad \frac{du}{dy} = \frac{d\langle u \rangle}{dy} \quad \text{at} \quad y=0 \tag{5.3.13}$$

を課すことで、式(5.3.6)の C_1 及び C_2 と式(13)の D の 3 つ積分定数を定めることができ、流体領域及び多孔質領域において、以下の解を得る。

$$u = \frac{p'}{2\mu}\left(y + h + \frac{-h^2 + 2K}{h + \sqrt{\frac{K}{\lambda}}}\right)(y - h) \qquad (0 < y < h) \tag{5.3.14}$$

$$\langle u \rangle = \frac{p'}{2\mu} \cdot \frac{-h^2 + 2K}{h + \sqrt{\frac{K}{\lambda}}} \cdot \sqrt{\frac{K}{\lambda}}e^{\sqrt{\frac{\lambda}{K}}y} - \frac{K}{\mu}p' \qquad (y < 0) \tag{5.3.15}$$

このように、Brinkman 項を導入することで、流速を連続的に解くことが可能となる。界面条件は、それぞれの領域における境界条件となり、多孔質体と流体領域の流速をつなげる役割を果たす。なお、$\alpha = \sqrt{\lambda}$ の場合、式(5.3.9)と式(5.3.14)は一致する。これは、界面条件が異な

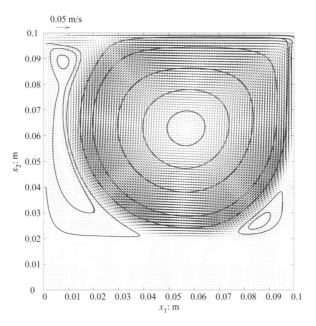

図 5.3.3　流速ベクトルと流線（流体領域）[5.3.16]

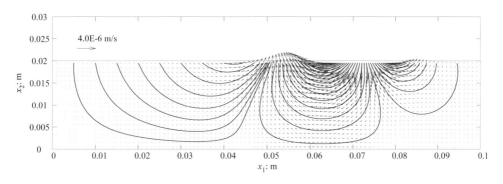

図 5.3.4　流速ベクトルと流線（多孔質領域）[5.3.16]

る場合であっても、材料定数の値によって同一の解を得る例となる。

5.3.2　数値解析例

　2 次元問題の数値解析例として、流体領域と多孔質領域の両者を解析領域に持つキャビティ流れの計算例を示す[5.3.16]。流体領域では、式(5.3.1)の Navier-Stokes 方程式、多孔質領域では式(5.3.10)の Darcy-Brinkman 式を支配方程式として、界面条件には、流速及び流速の空間微分の連続性（表 5.3.1 の Model 2 に対応）を課し、圧力も界面において連続として計算を行った。一辺が 0.1 m の正方形領域のうち、下部 5 分の 1 を多孔質領域とし、その間隙率は 0.5、透水係数は 2.0×10^{-3} m/s に設定した。境界条件は、領域上面にのみ、水平方向に流速 0.05 m/s を与え、その他の境界にはノンスリップ条件を課した。正方形領域の一辺の長さを代表長さにとり、上面に与えた流速を代表流速としてレイノルズ数 Re を求めると、Re=5,000 に相当する計算となる（動粘性係数は水を想定して、1.0×10^{-6} m²/s）。

　計算された定常時の流速及び圧力の分布を図 5.3.3〜5.3.5 に示す。図 5.3.3 より、多孔質領域において大きな渦を巻いて流れが生じており、図 5.3.5 の圧力分布は形成された渦の中心に

おいて圧力が減少している様子が見てとれる。これは、よく知られるキャビティ流れの結果と一致するが、Darcy/Navier-Stokes カップリング計算の特徴は多孔質領域の浸透流も同時に計算される点にある。図 5.3.3 では、相対的に多孔質領域での流速が小さいため、図 5.3.4 に多孔質領域における流速分布を示す。同図からは多孔質領域においても空間的に変化する流れの様子が計算されており、図 5.3.3 と図 5.3.4 を見比べると、流体領域の流れが衝突する箇所から多孔質領域への流入が生じ、その中央部では圧力の下がる流体相の渦に吸い寄せられるように浸透水が流出する様子が計算される。なお、図 5.3.5 の圧力分布においては、流体領域と多孔質領域の境界において圧力が連続的に変化しており、界面条件が機能している様子が見てとれる。

　流体領域の流れの計算に、乱流モデルを導入することで、幅広いレイノルズ数の流れに対応可能である。ここでは、流体領域の乱流モデルにコヒーレント構造モデル[5.3.17]を導入した Large Eddy Simulation（LES）の結果を紹介する。上記キャビティ流れと同様に、一辺が 0.1 m の正方形領域のうち、下部 5 分の 1 を多孔質領域とし、その間隙率は 0.5、透水係数は 2.0×10^{-3} m/s に設定した。境界条件は、上面に水平方向に 1.0 m/s の流速を与え、側面及び下面はノンスリップ条件を課した。この計算のレイノルズ数は $Re=100,000$ に対応する。図 5.3.6 と図 5.3.7 に計算された流体領域の流速と渦度の分布を示す。計算の初期は、右側面に一つの渦が発生する（$t=0.25$ 秒）が、時間とともにその渦は右側壁面に沿って下方に移動する。渦が多孔質領域の境界に近づくと、その境界に沿っていくつかの渦が連なるように発達する（$t=2.75$ 秒）。渦の発達は、図 5.3.6 の流速分布よりも、図 5.3.7 の渦度分布の方が分かりやすい。この計算で設定したレイノルズ数の大きさ（$Re=100,000$）となると定常状態に落ち着くことなく、常にいくつかの渦が出現と消滅を繰り返す流れが計算される（$t=8.50$ 秒）。なお、多孔質領域の流れは Darcy 流を想定した層流状態にあり、多孔質領域の渦度の大きさは、すべての時間を通してかなり小さい。図 5.3.8 には、2.75 秒後と 8.50 秒後の多孔質領域の流速分布を示す。そこでの流速は、流体領域と比較してかなり小さいため、多孔質領域における流速のみを図示している。同図からは、流体領域と多孔質領域の界面付近の渦が発生している箇所で、多孔質領域の表面に水の流入と流出が生じることが見て取れる。このように、LES のような乱流計算とともに多孔質領域の浸透流を同時計算することで、グリッドスケールで解像される渦が多孔質体中の浸透流に与える影響を計算することが可能となる。

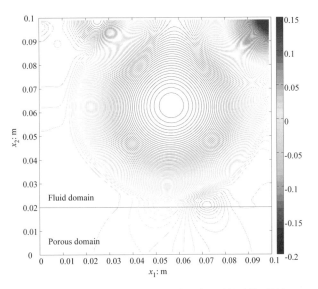

図5.3.5 圧力分布（流体領域と多孔質領域） [5.3.16]

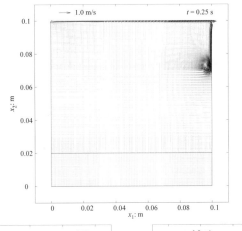

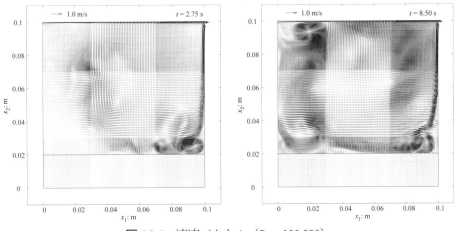

図5.3.6 流速ベクトル（$Re = 100,000$）

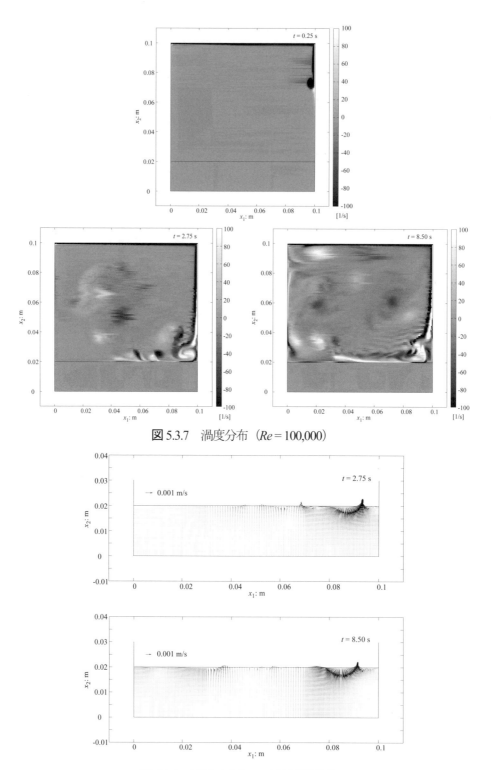

図 5.3.7　渦度分布（$Re = 100{,}000$）

図 5.3.8　流速ベクトル（多孔質領域）

5.4 粒子法による底質土砂輸送

　海岸過程の数値シミュレーションにおいて、底質土砂輸送によって形成される海岸 ripple は、底面粗度として海浜流場に影響するため、岸側境界条件として重要である。底質土砂輸送による ripple 形成機構を詳細に理解するには、ripple を砂粒子スケールから捉え、砂粒子運動の集合体として記述するのが合理的である。Cundall and Strack [5.4.1)]の個別要素法（DEM：Distinct Element Method）は個々の砂粒子運動の追跡が可能な Lagrange 型の数値シミュレーション手法である。流れ場と適切にカップリングし固液二相流モデルを構築することで、底質土砂の輸送機構の理解を深めることができる。底面境界層では、底面シアーによる堆積層表層砂粒子との活発な運動量交換によって底質土砂輸送が顕在化する。それに加えて、砕波帯や波打ち帯では、砕波による水面からの運動量流入が底質土砂輸送に大きく影響する。そのため、浅海域における底質土砂輸送機構の理解には、自由水面挙動を精度よく扱うことが可能な流体シミュレーション手法の選択が鍵となる。

　ここでは、砂粒子運動追跡に DEM 型の数値移動床を用いた粒子追跡法型の混相流モデルによる底質土砂輸送を対象とした数値シミュレーション手法について概観する。DEM を用いた固液二相流に関する混相流モデル手法の基本的な枠組みを示した後、DEM-MPS 法を用いた ripple 形成過程の数値シミュレーション事例を紹介する。

5.4.1 混相流解析

　粒子混入による乱流変調を捉えるには、直接数値シミュレーション（DNS：Direct Numerical Simulation）の実施が有効な選択肢だと考えらえる。限定された条件における単相乱流や固液混相乱流の DNS は、数十年前から実施されているが、DNS の計算負荷は非常に高く、今日の計算機環境においても高 Reynolds 数条件の DNS の実施は困難であることには変わりはない。そのような状況から、解像できる乱流スケールは粗くはなるが、対象とする現象において注目する時間や距離のスケールを考慮し，平均化処理を施した支配方程式を用いて、計算負荷を抑えた固液混相流の数値シミュレーションが実施されている。砂粒子間の接触や衝突の効果が現象に対して無視できない程度に砂粒子を含む混相流場では、粒子間相互作用力の評価が不可欠である。DEM を用いた粒子追跡法では、粒子間相互作用力を評価しつつ砂粒子運動が Lagrange 追跡される。また、DEM とカップリングする流体計算方法には、Euler 型あるいは Lagrange 型の数値計算手法の選択肢がある。激しい水面変動を伴う砕波帯や波打ち帯での漂砂過程を対象とする場合、数値拡散による界面の不鮮明化を排除するため、流体計算に Lagrange 型モデルを採用する数値シミュレーションが有効である。以下では、固相砂粒子追跡に DEM を用いた粒子追跡法型の固液二相流のモデル例を示す。

(1) Euler-Lagrange カップリング

　数値流体力学に関する書籍（例えば、小林 [5.4.2)]）に詳しく記載されているが、Euler-Lagrange カップリングでの流体運動の基礎方程式は、基本的に二流体モデルと同様であり、体積平均や時間平均等、各種の平均化によって得られる連続式と運動方程式から構成される。従って数値解析で得られる解は粒子運動による界面の変動スケールよりも大きな領域で平均化された量である。

$$\frac{\partial}{\partial t}\alpha_f \rho + \nabla \cdot \left(\alpha_f \rho \boldsymbol{u}\right) = 0 \tag{5.4.1}$$

$$\frac{\partial}{\partial t}\alpha_f\rho\boldsymbol{u} + \nabla\cdot(\alpha_f\rho\boldsymbol{uu}) = -\nabla(\alpha_f p) + \nabla\cdot(\alpha_f\boldsymbol{\tau}) + \alpha_f\rho\boldsymbol{g} + \boldsymbol{M}_{\mathrm{int}} \tag{5.4.2}$$

ここに、α_fは流体相の体積率、ρは流体密度、$\boldsymbol{u}$は流速ベクトル、pは圧力、$\boldsymbol{\tau}$は粘性応力、$\boldsymbol{g}$は重力加速度、$\boldsymbol{M}_{\mathrm{int}}$は固液相間の相互作用力である。一方、砂粒子は質点運動として BBO（Basset-Boussinesq-Oseen）方程式を基礎とした並進の運動方程式と回転の運動方程式が使用される。

$$m\frac{d\boldsymbol{u}_p}{dt} = -V_p\nabla p + V_p\nabla\cdot\boldsymbol{\tau} + \boldsymbol{F}_f + \boldsymbol{F}_c + m\boldsymbol{g} \tag{5.4.3}$$

$$I\frac{d\boldsymbol{\omega}_p}{dt} = \boldsymbol{T}_f + \boldsymbol{T}_c \;;\;\; \boldsymbol{T}_c = \boldsymbol{r}\times\boldsymbol{F}_c \tag{5.4.4}$$

ここに、mは粒子質量、$\boldsymbol{u}_p$は粒子移動速度ベクトル、V_pは粒子体積、$\boldsymbol{F}_f$は式(5.4.3)の右辺第1項と第2項以外の効果による流体力、$\boldsymbol{F}_c$は粒子間相互作用力、$\boldsymbol{r}$は粒子重心からの相対位置ベクトル、$\boldsymbol{T}_f$は流体力によるトルク、$\boldsymbol{T}_c$は粒子間相互作用力によるトルクである。Euler-Lagrange 法では流れ場の代表スケールは砂粒子のそれと比較して大きく、固液相間の相互作用力は適当なモデル化が必要である。固液相間の相互作用項$\boldsymbol{F}_f$は抗力、仮想質量力等の流体力の和によって与えられる。

$$\boldsymbol{F}_f = \boldsymbol{F}_d + \boldsymbol{F}_v + \boldsymbol{F}_b + \boldsymbol{F}_l + \boldsymbol{F}_m \tag{5.4.5}$$

ここに、$\boldsymbol{F}_d$は流体抗力、$\boldsymbol{F}_v$は付加質量力、$\boldsymbol{F}_b$はバセット力、$\boldsymbol{F}_l$は流体の速度勾配に起因したサフマン揚力、$\boldsymbol{F}_m$は粒子回転に起因したマグナス揚力である。これら各項の流体力に対するモデルは十分に整備されておらず、使用する際にはそれらの適用範囲について注意が必要である。なお、実際の数値シミュレーションでは、現象に応じて支配的な流体力のみが考慮され簡略化されることもある。例えば、数値移動床の単一粒子追跡モデルとして、次式のように流体力として抗力$\boldsymbol{F}_d$と仮想質量力$\boldsymbol{F}_v$を考慮した並進の運動方程式から砂粒子運動が追跡され、その他の流体力項の効果は無視されている（例えば、後藤[5.4.3]）。

$$(\sigma + \rho C_M)V_p\frac{d\boldsymbol{u}_p}{dt} = \frac{1}{2}C_D\rho\frac{\pi}{4}d^2|\boldsymbol{u}-\boldsymbol{u}_p|(\boldsymbol{u}-\boldsymbol{u}_p)$$
$$+ \rho(1+C_M)V_p\frac{d\boldsymbol{u}}{dt} + V_p(\sigma-\rho)\boldsymbol{g} \tag{5.4.6}$$

ここに、σは粒子密度、C_Dは抗力係数、πは円周率、C_Mは付加質量係数である。なお、砂粒子間衝突が無視できるほど希薄濃度であれば、粒子間相互作用力は考慮されなくてもよく、式(5.4.6)はその扱いの式である。砂粒子の運動方程式、式(5.4.3)に含まれる粒子間力に起因した項$\boldsymbol{F}_c$は、砂粒子の堆積層や分散層を含む移動床現象の数値シミュレーションでは DEM のスプリング-ダッシュポットモデルから計算される。なお、乱流の効果を考慮するならば、運動方程式(5.4.2)の応力に乱流応力$\boldsymbol{\tau}_{\mathrm{Re}}$を含めることになる。これまで各種の乱流モデルによって固液混相乱流計算が試みられているが、粒子混入による乱流構造への影響については十分な理解は得られていない。また、密度および流速の変動成分に関する相関項について、それらの変動の影響が現象に対して無視できない場合は流体の基礎式(5.4.1)および(5.4.2)に考慮しなければならない。ただし、既往の研究では、その定式化が困難であることからか、変動相関項について考慮しているケースは殆ど見受けられない。

　流体運動の記述に二流体モデルの基礎式を採用し、粒子間の相互作用力を考慮して粒子運動を Lagrange 追跡する Euler-Lagrange 法の数値解析は、離散的挙動を示す粒子運動を記述する上で馴染みがよく、土砂輸送現象の説明のためにこれまでに多数実施されている。Yeganeh

ら[5.4.4]は、定常掃流過程を対象に Euler-Lagrange 法を適用した数値シミュレーションを実施し、高い底面せん断力条件下で観察される高濃度粒子流動層と saltation 層から構成される流動層の多層構造の再現に対して、粒子間相互作用力の評価が重要であること示している。また、Drake・Calantoni[5.4.5]や Calantoni・Thaxton[5.4.6]は、1 次元流体モデルと 3 次元 DPM（Discrete Particle Model）のカップリングから、振動流下のシートフロー漂砂の数値シミュレーションを実施し、実務を意識した漂砂量式を提案している。なお、粒子運動は、式(5.4.6)に粒子間相互作用力を加えた形の基礎式を使用して追跡している。地盤工学の分野では El Shamy・Zeghal[5.4.7]や Suzuki ら[5.4.8]にこの種の手法を用いた研究が確認できる。

(2) 粒子流 DNS および LES

Euler-Lagrange 法は、現象の平均的な構造の予測には便利ではある。しかしながら、連続相の方程式が平均化された場を想定して記述されていること、また、砂粒子運動が質点モデルより追跡されると、粒子運動に伴う後流渦といった粒子周りの流れ場を十分に記述できないため、砂粒子運動と乱流場の相互作用について十分に検討できない。砂粒子混入による乱流変調の理解など固液二相乱流機構の本質理解には、エネルギーの散逸を担う最小渦のサイズ（Kolmogorov スケール）を分解できる流体計算格子を用いた数値解析が必要である。この種の解析では、乱流モデルや構成式などのモデルが一切含まれず、基礎方程式を直接数値計算することから直接数値シミュレーション（DNS）と呼ばれる。

粒子周りの流れ場を高い精度で分解する計算手法として、粒子境界に沿って境界適合格子や非構造格子を適用する方法がある（図 5.4.1 参照）。この種の方法は、境界条件を正確に与え易く計算精度は固定矩形格子を採用した結果よりも良いが、粒子移動に伴う格子生成が必要となるため計算負荷は高い。固定矩形格子を用いる計算手法では、階段状となる境界での解析精度に配慮する必要がある。境界での計算格子を細分化する方法や、境界に沿って矩形格子を分割するカットセル法が提案されているが、境界適合格子や非構造格子と同様に粒子移動による境界周りの再定義の作業が必要となることに変わりはない。粒子移動による界面境界の再構築のプロセスを不要とする矩形格子を用いた手法として、Peskin[5.4.9]によって提案された埋め込み境界（Immersed Boundary）法がある。IB 法は、Navier-Stokes 式に強制力を加えて境界を近似表現する手法である。これまでに IB 法を基礎とした計算手法がいくつか提案されているが、いずれも補間によって与えられる界面近傍の速度を考慮して計算格子上での強制力が与えられている。Kajishima・Takiguchi[5.4.10]、Tsuji ら[5.4.11]は、粒子を含む計算格子での体積平均速度を使用し、強制力を算定する IB 法を基礎とする数値計算手法によって、粒子群挙動の DNS を実施している。Kajishima・Takiguchi[5.4.10]の粒子流を対象にした DNS の考え方は以下のようである。流体の基礎式は非圧縮性ニュートン流体の連続式と Navier-Stokes 式である。数値計算では計算セルにおける各相の体積率を考慮した平均速度 u に対して次式が用いられている（図 5.4.2 参照）。

$$\nabla \cdot u = 0 \tag{5.4.7}$$

$$\frac{\partial u}{\partial t} + u \cdot (\nabla u) = -\frac{1}{\rho}\nabla p + \nu\nabla \cdot [\nabla u + (\nabla u)^{\mathrm{T}}] + g + f_p \tag{5.4.8}$$

$$u = (1 - \alpha_p)\tilde{u} + \alpha_p v_p \; ; \; v_p = u_p + \omega_p \times r \tag{5.4.9}$$

boundary fitted coordinate mesh　　unstructured mesh

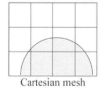

Cartesian mesh

cut cell

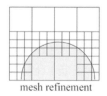

mesh refinement

図 5.4.1　計算格子

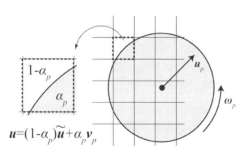

$$\boldsymbol{u}=(1-\alpha_p)\widetilde{\boldsymbol{u}}+\alpha_p\boldsymbol{v}_p$$

図 5.4.2　混相セルでの流体速度

ここに、νは動粘性係数、$\boldsymbol{f}_p$は強制力、α_pは固相粒子体積率、$\boldsymbol{v}_p$は粒子内部の速度、$\boldsymbol{r}$は粒子重心からの相対位置ベクトル、$\boldsymbol{\omega}_p$は角速度である。先ず、流れ場全体が流体で満たされているとして仮の速度 $\widetilde{\boldsymbol{u}}$ を求める。

$$\widetilde{\boldsymbol{u}} = \boldsymbol{u}^n + \Delta t\left(-\boldsymbol{u}\cdot\nabla\boldsymbol{u} - \frac{1}{\rho}\nabla p + \nu\nabla\cdot[\nabla\boldsymbol{u} + (\nabla\boldsymbol{u})^{\mathrm{T}}] + \boldsymbol{g}\right) \tag{5.4.10}$$

ここに、上付き添字nは計算ステップを意味する。粒子を含まない計算セルはこの $\widetilde{\boldsymbol{u}}$ が時刻 $n+1$ ステップでの速度$\boldsymbol{u}^{n+1}$になる。粒子を含む計算セルについては、次式で定義する強制力$\boldsymbol{f}_p$を用いて速度を修正し時間発展が完了する。

$$\widetilde{\boldsymbol{u}} = \boldsymbol{u}^n + \Delta t\left(-\boldsymbol{u}\cdot\nabla\boldsymbol{u} - \frac{1}{\rho}\nabla p + \nu\nabla\cdot[\nabla\boldsymbol{u} + (\nabla\boldsymbol{u})^{\mathrm{T}}] + \boldsymbol{g} + \boldsymbol{f}_p\right) \tag{5.4.11}$$

$$\boldsymbol{f}_p = \frac{\alpha_p(\boldsymbol{v}_p - \widetilde{\boldsymbol{u}})}{\Delta t} \tag{5.4.12}$$

一方、個々の粒子運動は、次式のように式(5.4.12)で求めた強制力$\boldsymbol{f}_p$の体積積分から追跡される。

$$m\frac{d\boldsymbol{u}_p}{dt} = -\rho\int_{V_p}\boldsymbol{f}_p dV + \boldsymbol{G}_p \tag{5.4.13}$$

$$I\frac{d\boldsymbol{\omega}_p}{dt} = -\rho\int_{V_p}\boldsymbol{r}\times\boldsymbol{f}_p dV + \boldsymbol{N}_p \tag{5.4.14}$$

ここに、$\boldsymbol{G}_p$、$\boldsymbol{N}_p$は外力及び外力モーメント、V_pは粒子体積である。なお、粒子に作用する流

体力の積分計算に流体計算と同じ計算セルを用いるので、運動量の収支は保存される。

　上述と異なり、計算格子中の各相の体積率を考慮した流体密度を用いる手法もある。気液二相流の数値解析に見られる一流体モデルによる数値計算では、計算格子中の体積率で重み付けられた密度の流体運動が計算される（例えば、秋山・有富[5.4.12]）。

$$\nabla \cdot \boldsymbol{u} = 0 \tag{5.4.15}$$

$$\frac{\partial \boldsymbol{u}}{\partial t} + \boldsymbol{\nabla} \cdot (\boldsymbol{u}\boldsymbol{u}) = -\frac{1}{\rho}\nabla p + \frac{1}{\rho}\nabla \cdot \mu[\nabla \boldsymbol{u} + (\nabla \boldsymbol{u})^{\mathrm{T}}] + \boldsymbol{g} + \boldsymbol{f}_s \tag{5.4.16}$$

$$\bar{\rho} = \sum_k \alpha_k \rho_k \tag{5.4.17}$$

ここに、μは粘性係数、$\boldsymbol{f}_s$は表面張力効果による体積力、下付き添字kはk相を示す記号、α_kはk相の計算格子中の体積率である。なお、気液界面が捕獲には次式の体積率に関する輸送式が用いられる。

$$\frac{D\alpha_k}{Dt} = 0 \tag{5.4.18}$$

　固液二相流を対象とした Euler-Lagrange 法では、剛体粒子を Lagrange 追跡するため、固液相の界面の捕獲に対して気液二相流の数値解析で見られる体積率に関する輸送式(5.4.18)は用いずともよく、数値拡散の抑制や界面勾配に関する考察も必要としない。牛島ら[5.4.13]によって開発された MICS（Multiphase Incompressible flow solver with Collocated grid System）では、各相の体積率を考慮した粒子流体混合系の数値解析手法が展開されている。山田ら[5.4.14]は、MICS を用いて底質粒子の初期移動を対象に数値シミュレーション(固相円柱要素径に対して1/8 の計算格子幅を用いており、抗力係数が適切に再現できることが確認されている)を実施し、実験との比較から MICS の良好な再現性を示している。DNS では、粒子周りの流れ場が十分に分解できるので、粒子に作用する流体力に関するモデル化は不要であるが、その実施は計算負荷が高く、低 Reynolds 数の現象を対象にした解析に限定される。高 Shields 数条件下での活発な土砂輸送機構の検討など、高 Reynolds 数に対する DNS の実施には極めて多数の計算格子数を必要とするため現実的ではなく、RANS（Reynolds-Averaged Navier-Stokes Simulation）や LES（Large Eddy Simulation）による検討が都合よい。個々の砂粒子周りの非定常流れをできるだけ詳細に捉え、土砂輸送機構を検討するには、LES による固液二相流の乱流解析は合理的な選択である。LES では、流体の基礎式に SGS（subgird scale）項が導入される。粒子スケールよりも細かい流体計算格子を採用することから、特に粒子間衝突による活発な粒子運動が存在する場合、計算格子に含まれる粒子占有率や流体と粒子の相対速度の変動が顕在化する。それ故、固液相のカップリングでは、砂粒子の運動によって誘起される乱れの効果である変動量の相関量に対するモデルの検討が必要であり、粒子混入効果を考慮した SGS（subgird-scale）項の検討は現象予測に対して重要であると考えられる。これまでのところ移動床を対象とした LES による固液二相乱流解析で使用されている SGS 項は、連続相の Smagorinsiky モデルの準用が見受けられるが、研究例として振動流下シートフロー漂砂の鉛直分級過程（原田ら[5.4.15]）や石礫移動床計算（Fukuoka[5.4.16]）がある。

(3) Lagrange-Lagrange カップリング

　砕波帯や波打ち帯における土砂輸送機構の検討には、水面変動の激しい砕波界面を如何に高精度に捕獲できるかがシミュレーション結果の成否を左右する。Lagrange 型の流体ソルバーである粒子法は激流解析に対して高い再現性が確認されており、粒子法として Ginglod and

Monaghan[5.4.17]のSPH（Smoothed Particle Hydrodynamics）法やKoshizuka・Oka[5.4.18]のMPS（Moving-particle semi-implicit）法はよく知られている。また、それらの手法とDEMとの固液相間カップリングに対しては、DEMとEuler型の流体計算で開発された類似の概念が採用され、固液相間の運動量交換を抗力型の式で評価するモデルやDEM粒子周りの流体応力の積分から与えるモデルがある。また、流体運動の基礎式には、単相あるいは粒子流体混合系で与えるタイプが提案されている。具体的に、単相の場合の流体運動方程式は、

$$\rho \frac{D\boldsymbol{u}_l}{Dt} = -\nabla p + \mu\nabla\cdot[\nabla\boldsymbol{u}_l + (\nabla\boldsymbol{u}_l)^{\mathrm{T}}] + \rho\boldsymbol{g} + \boldsymbol{M}_{\mathrm{int}} \; ; \; \boldsymbol{M}_{\mathrm{int}} = \frac{\sigma\boldsymbol{v}_p - \rho\boldsymbol{u}_l}{\Delta t} \tag{5.4.19}$$

であり、流体粒子混合系のそれは、

$$\bar{\rho} \frac{D\bar{\boldsymbol{u}}}{Dt} = -\nabla\bar{p} + \nabla\cdot\bar{\boldsymbol{\tau}} + \bar{\rho}\boldsymbol{g} + \boldsymbol{M}_{\mathrm{int}} \; ; \; \boldsymbol{M}_{\mathrm{int}} = \frac{\sigma\boldsymbol{v}_p - \bar{\rho}\bar{\boldsymbol{u}}}{\Delta t} \tag{5.4.20}$$

に基づく。ここに、$\bar{\boldsymbol{u}}$は粒子流体混合系の流速ベクトル、$\bar{\boldsymbol{\tau}}$は粒子流体混合系の粘性応力、$\bar{p}$は粒子流体混合系の圧力である。なお、上式(5.4.19)と(5.4.20)では、流体とDEM粒子運動を流体粒子とDEM粒子の運動量差を用いてカップリングした式である。DEMと粒子法をカップリングしたLagrange-Lagrange型の固液混相モデルについては、研究事例の紹介とともに太田ら[5.4.19]や後藤[5.4.20]に記載されていることを付記しておく。

5.4.2 数値解析例

　5.2節の通り、海岸工学分野では土砂輸送に関連した多くの現象の予測や理解のために、固液混相流の数値シミュレーションが多く実施されてきた。本節では、海底微地形であるrippleを対象とした最近のLagrange-Lagrangeカップリングによる計算事例を示す。

　浅海域のrippleの凹凸スケールは、海浜過程予測において底面境界条件を与える不可欠な幾何学的な量である。これまで、振動流装置を用いた実験や現地観測からrippleの波長や波形勾配のデータが蓄積されてきた（例えば、Inman[5.4.21]；Bagnold[5.4.22]；Mogridge・Kamphuis[5.4.23]；Sleath[5.4.24]；Dingler・Inman[5.4.25]）。しかしながら、水深が浅い波打ち帯では寄せ波と引き波による小規模砕波によって気泡を伴った激しい水面変動を呈するため、ripple周りの流れ場やripple形状の計測は困難である。また同様に、砕波を伴う固気液混相乱流現象に対する数値シミュレーションの実施も困難であり、波打ち帯でのripple形成機構に対する十分な知見は得られていない。

　rippleは波による水粒子運動と底質の相互作用によって生じる。移動限界付近の砂粒子運動に対して、解析あるいは数値シミュレーションでは、海底への波の影響が小さく水面まで解かずとも底面境界層の流れと砂粒子の相互作用に注目した扱いでよく、また、実験あるいは観測では、境界層付近の計測に注力してよいと考えられる。しかし、砕波帯以浅では、砕波による水面からの運動エネルギーの供給や進行波の水面勾配がripple形成に強く影響するため、水面変動を含めた計測や解析の検討が不可欠である。したがって、数値シミュレーションでは、水面を精度良く扱うことが可能な流体解析手法の選択が必要である。一方で、rippleは砂粒子スケールの現象であるから、ripple形成機構を詳細に理解するには、現象の素過程である個々の砂粒子運動を解くことが重要である。このような観点から、ripple形成機構を数値流砂水理学的な観点から考察するため、流体解析に激流解析に定評のあるLagrange型ソルバーの一つであるMPS法を、砂粒子追跡には個々の砂粒子運動をLagrange追跡できるDEMを採用し、それらをカップリングしたDEM-MPS法の枠組みをベースにした研究がある。

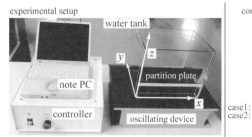 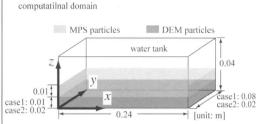

図 5.4.3　実験装置（左）と計算領域（右）

　以下に、波打ち帯における ripple 初期発達機構の理解に向けた基礎研究として、強制振動水槽内の移動床表層に発生する ripple を対象とした水理実験と 3 次元 DEM-MPS 法による数値シミュレーション例を示す。水理実験の内容、数値シミュレーションモデルでの基礎方程式、そして波打ち帯 ripple 発達機構の検討に関して概説する。なお、同種の実験および計算は Harada ら [5.4.26] で紹介している。

(1) 水理模型実験

　図 5.4.3(左)に実験装置を示す。波形制御ソフトを用いて PC から振動条件を入力し、制御装置を通して小型振動台上のガラス水槽が加振される。振動条件は、周期 0.5s、片振幅 1.0cm の正弦波形信号とした。なお、振動台上のガラス水槽の滑動防止のため、ゴムマットを振動台とガラス水槽の間に敷いた。ガラス水槽の外寸は横幅 25cm、奥行き 17cm、高さ 21cm であり、内部に層厚 1cm（case1）あるいは 2cm（case2）の堆積層（移動床部）を粒径 d=1.0mm、比重 2.65 のアルミナ球を用いて形成した。なお，ガラス水槽の厚さは 0.5cm である．また、堆積層の表面は水平に均し、堆積層表層が乱されないように移動床上に被り水深 1.0cm まで静かに水を張った。振動による移動床表層の ripple の発達過程を振動台に固定したビデオカメラにて撮影する。case2 の層厚 2cm の実験では、移動床内部にシリンジを用いて赤および青色の染料を注入し、振動による染料の挙動も ripple の発達過程と併せて記録した。

(2) 数値シミュレーション手法および計算条件

　固相（DEM 法）と液相（MPS 法）が異なる離散空間で解かれる。両相のカップリングには、オーバーラップ型の固液混相型 DEM-MPS 法（後藤 [5.4.27]）を基礎に、抗力を介して運動量の交換がなされる。振動によって、水面には小規模な砕波が生じるが、非線形性の強い水面変動を精度良く捉えるため、流体解析での支配方程式の離散化には、高精度化スキームを MPS 法（Koshizuka・Oka [5.4.18]）に導入した高精度粒子法高精度粒子法（MPS-HS-HL-ECS-GC-DS 法：Khayyer・Gotoh [5.4.28], [5.4.29], [5.4.30]；Tsuruta ら [5.4.31]）を適用した。

　流体の支配方程式は、次式の連続式と運動方程式である。

$$\frac{D\rho_l}{Dt} + \rho_l \nabla \cdot \boldsymbol{u}_l = 0 \tag{5.4.21}$$

$$\rho_l \frac{D\boldsymbol{u}_l}{Dt} = -\nabla p + \mu \nabla^2 \boldsymbol{u}_l + \rho_l \boldsymbol{g} - \frac{1}{\varepsilon}\boldsymbol{F}_{\mathrm{drag}} + \boldsymbol{F}_{\mathrm{e}} \tag{5.4.22}$$

ここに、ρ_l は流体密度、$\boldsymbol{u}_l$ は速度ベクトル、p は圧力、μ は粘性係数、$\boldsymbol{g}$ は重力加速度ベクトル、$\boldsymbol{F}_{\mathrm{e}}$ は外力、ε は固相の間隙率であり、添字 l は流体粒子を表す。$\boldsymbol{F}_{\mathrm{drag}}$ は固相・液相間の相互作用力ベクトルである。固相粒子運動は、並進および回転の運動方程式により記述される。

$$\rho_s A_3 d_s{}^3 \frac{d\boldsymbol{u}_s}{dt} = \frac{A_3 d_s{}^3}{1-\varepsilon} \boldsymbol{F}_{\text{drag}} - A_3 d_s{}^3 \nabla p + \rho_s A_3 d_s{}^3 \boldsymbol{g} + \boldsymbol{F}_{\text{pcol}} \tag{5.4.23}$$

$$I_s \frac{D\boldsymbol{\omega}_s}{Dt} = \boldsymbol{T}_{\text{pcol}} \tag{5.4.24}$$

ここに、A_3は固相粒子の 3 次元形状係数、d_sは粒子径、$\boldsymbol{F}_{\text{pcol}}$は固相粒子間力ベクトル、$I_s$は慣性テンソル、$\boldsymbol{T}_{\text{pcol}}$は固相粒子間力によるトルクであり、添字$s$は固相粒子を表す。式(5.4.23)の右辺第 2 項は流れの慣性力に相当する力であり、固相粒子に作用する浮力を含む。また、粒子間力による$\boldsymbol{F}_{\text{pcol}}$および$\boldsymbol{T}_{\text{pcol}}$は接触状態にある粒子間に配置した、スプリング・ダッシュポット系を用いて計算される（Harada・Gotoh[5.4.32]）。固相粒子と壁面の接触は、壁面を粗度のない平面として扱い、接触力は粒子間接触と同様に粒子と壁面の間に配置したスプリング・ダッシュポット系から計算する。

　オーバーラップする流体と固相粒子間の相互作用力は、固相の間隙率 ε に関する次式を用いて評価した（Ergun[5.4.33]；Wen・Yu[5.4.34]）。

$$\boldsymbol{F}_{\text{drag}} = \beta(\boldsymbol{u}_l - \boldsymbol{u}_s) \tag{5.4.25}$$

$$\beta = \begin{cases} \dfrac{\varepsilon^2 \mu}{K} + F_{ch} \dfrac{\varepsilon^3 \rho_l}{\sqrt{K}} |\boldsymbol{u}_l - \boldsymbol{u}_s| & (\varepsilon \le 0.8) \\[3mm] \dfrac{3}{4} C_D (1-\varepsilon) \varepsilon^{-1.65} \dfrac{\rho_l}{d_s} |\boldsymbol{u}_l - \boldsymbol{u}_s| & (\varepsilon > 0.8) \end{cases} \tag{5.4.26}$$

$$K = \frac{\varepsilon^3 d_s{}^2}{\alpha (1-\varepsilon)^2} \quad ; \quad F_{ch} = \frac{1.75}{\sqrt{150 \varepsilon^3}} \tag{5.4.27}$$

ここに、Kは固相の浸透率、C_Dは抗力係数である。抗力係数は粒子 Reynolds 数(Re_p)の関数として次式で与えた。

$$C_D = \begin{cases} \dfrac{24}{Re_p} \left(1 + 0.15 Re_p{}^{0.687}\right) & \left(Re_p \le 1000\right) \\[3mm] 0.4 & \left(Re_p > 1000\right) \end{cases} \tag{5.4.28}$$

$$Re_p \equiv \frac{|\boldsymbol{u}_l - \boldsymbol{u}_s| \varepsilon \rho_l d_s}{\mu} \tag{5.4.29}$$

前節で示した case1 および case2 の水理実験結果と比較するため、DEM-MPS 法を用いた数値シミュレーションを実施するが、DEM 粒子は実験で使用したアルミナ球と同じ粒径と比重とした。また、数値移動床を構成する DEM 粒子スケールの解像度を確保するため、水理実験 case1 との比較では直径 1.0mm の MPS 粒子を用いた流体計算を実施した。また、複数回の実験結果から水槽の奥行き方向に概ね一様な ripple 形状が確認され、3 次元性が小さいため計算コストに配慮し、奥行きの幅は実験の半分の条件とした（**図 5.4.3** 右参照）。一方、移動床内部の染料挙動も併せて観察する水理実験 case2 との比較では、染料挙動を詳細に捉えるため、MPS 粒子は DEM の倍の解像度（直径 0.5mm）とした。MPS 粒子径を DEM 粒子の半分（倍の解像度）としたことで計算負荷が増大するため、計算負荷低減のため奥行き幅を制限した 2cm の計算領域とした（**図 5.4.3** 右参照）。なお、case1 と同様に概ね一様な ripple の形成が実験で確認されている。

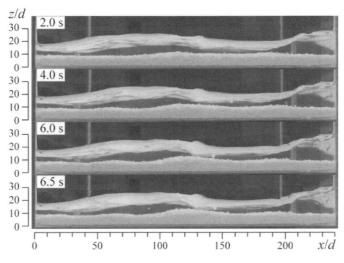

図 5.4.4　振動実験における ripple の発達過程

(3) 数値シミュレーションと水理模型実験の比較
(a) case1 について

　図 5.4.4 に振動実験における ripple の発達過程の瞬間画像を示す。振動を与え、水平に均した移動床表層に凹凸が発生する移動床発達過程を追跡するが、時刻$t =2.0$s ではすでに水路中央部付近（$x/d =120$）に ripple の初期形成が認められる。水路中央部の ripple は時間経過に連れて波高が成長し ripple の波形勾配が増加する様子が見て取れる。なお、時刻$t =4.0$s 以降では、観測領域の移動床表層に顕著な ripple の発達傾向は示されず、移動床が振動条件に対して十分に発達し、概ね平衡状態にあると考えられる。本実験の振動条件では、水路中央部付近（$x/d=120$）の ripple に加えて$x/d=60$ および$x/d=180$ 付近に、水路中央部と比較して半分程度の波高を持つ ripple が形成し、水路中央に対して左右対称の形状を示したが、同種の実験による ripple の発達傾向は、既往の実験（Ayrton・Ayrton[5.4.35]）でも確認されている。

　図 5.4.5 に実験と数値シミュレーションの移動床表層形状の比較を示す。数値シミュレーションでは、時刻$t =4.0$s 以降に、移動床表層の凹凸形状に僅かな変動は確認できるが、顕著な違いは示されず、移動床の発達がほぼ収束している。同様の傾向が、実験結果でも観察された。また、数値シミュレーション結果での、水路中央付近（$x/d=120$）の ripple の波高は、実験と比較して 1~2 粒子程度低いものの、移動床表層に形成した峰や谷の出現位置は、実験結果の傾向を概ね良好に再現することが分かる。時刻$t =6.0$s から 1 周期間（0.5 秒間）における代表位相での実験および数値シミュレーションの水面形の比較を図 5.4.6 に示す。数値シミュレーションの強制振動に対する水面の概形は実験結果を良好に再現している。

　ripple の形成機構を検討するため、図 5.4.7 に振動台の加速度がゼロとなる時刻付近（$t =6.12$s と$t =6.36$s）の DEM 粒子移動速度の大きさと DEM 粒子に作用する x 軸（水平）方向の抗力および圧力勾配力の空間分布を示す。時刻$t =6.12$s および$t =6.36$s の$x/d =70~90$ と$x/d =140~160$ の移動床表層付近の DEM 粒子の移動速度は、他の領域と比較して高い速度分布を示す。また、DEM 粒子の流動を示す領域における同時刻の抗力と圧力勾配力の水平方向成分にも高い値が確認でき、移動床中央部の ripple 凸部の形成は、流体力による表層 DEM 粒子運動に起因することがうかがえる。

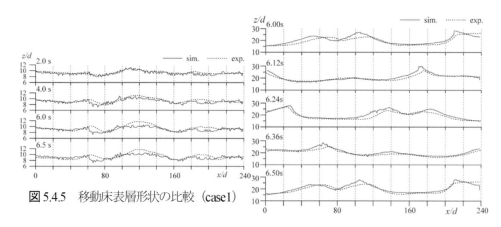

図 5.4.5　移動床表層形状の比較（case1）

図 5.4.6　水面形の比較（case1）

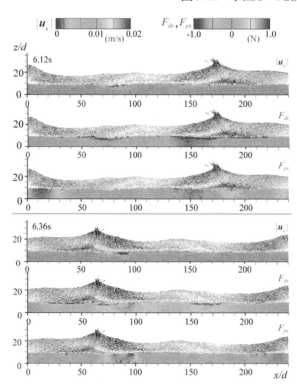

図 5.4.7　DEM 粒子移動速度の大きさ、DEM 粒子に作用する抗力・圧力勾配力の空間分布

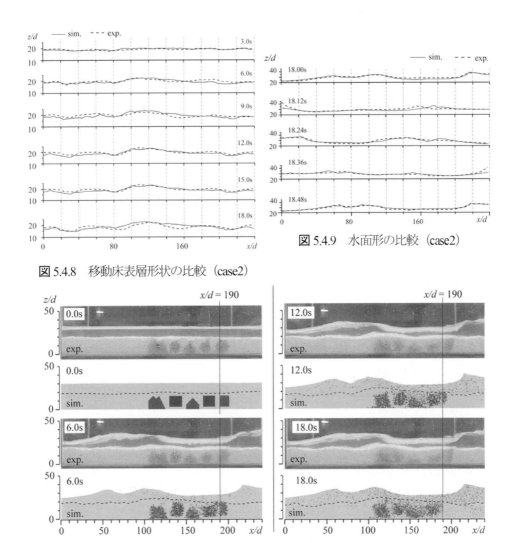

図 5.4.8　移動床表層形状の比較（case2）

図 5.4.9　水面形の比較（case2）

図 5.4.10　移動床内部に注入した染料挙動の比較

(b) case2 について

　case1 と同様に数値シミュレーション結果の実験結果に対する再現性を確認するため、移動床表層の凹凸の発達過程および代表位相における水面形の比較を示す。図 5.4.8 に移動床表層の発達過程を示す。数値シミュレーションの移動床の波形勾配は実験と比較して小さい傾向ではあるものの、移動床表層の凹凸の発生位置は概ね良好に一致する。また、時刻 $t = 15.0$s 以降、移動床の ripple の発達は収束し平衡過程に到達していることがうかがえる。図 5.4.9 に 37 周期目（時刻 $t = 18.0$s〜）の代表位相の水面形状を示すが、水面形についても数値シミュレーション結果は実験を良好に再現している（河野ら [5.4.36]）。

　ripple の発達過程における移動床内間隙水の挙動を検討する。図 5.4.10 に、移動床内部に注入した染料挙動の比較を示す（河野ら [5.4.36]）。瞬間画像は $y = 1$cm の断面での MPS 粒子を表示し、DEM 堆積層の表層高さは点線で表示した。なお、実験における染料の初期注入時の分布状態と同じ条件に近づくように、数値シミュレーションでは可能な限り MPS 粒子の着色領域を設定し Lagrange 追跡した。初期時刻 $t = 0.0$s の $x/d = 190\sim200$ 付近では、青色染料の着色領域で満たされている。実験では、その青色領域の移動床表層に近い上部領域の染料は、右

に輸送され初期着色領域からの歪みが確認できる（時刻$t=18.0$s 参照）。一方、数値シミュレーションでは、実験と比較して着色粒子の輸送率が高く、時刻$t=12.0$s の時点では、すでに初期に配置した半分以上の着色粒子が移動床表層から滲出し、時刻$t=18.0$s ではほとんどの青色粒子が$x/d=190{\sim}200$ 付近の移動床内部に確認できない。水路の端部付近において、実験と数値シミュレーションの間隙流速の空間分布に違いが観測されたが、水路中央部（$x/d=120$）付近に形成された ripple 周辺の間隙水挙動では、ripple の峰付近での染料の滲出傾向が実験および数値シミュレーションの双方に確認できた。水路端部付近での染料挙動における、実験に対する数値シミュレーション結果の再現性の低さの理由は、実験領域と数値シミュレーション領域の違いが原因であると推察される。数値シミュレーションでは計算コストの観点から奥行き幅を実験の 1/8 の 2cm と狭い領域に限定した。そのため、水路端部では、実験と比較して側壁からの拘束の影響を受け易く、水路端部の間隙水流の分布に違いが発生したと考えられ、今後の検討課題である。

5.4.3 まとめ

　砕波帯漂砂機構の検討には、複雑に変動する気液境界である水面の把握と、底質土砂輸送による固液境界の把握が要求される。DEM-MPS 法の強みとして、1)水面計算の再現性の高さと、2)移動床構成粒子運動の精緻な追跡が挙げられ、DEM-MPS 法を用いた数値シミュレーションは、砕波帯漂砂機構の検討に有効であると考えられる。5.4.2 節では、DEM-MPS 法による ripple 形成過程の微視的な構造の検討を対象にした数値シミュレーションへの適用例を示した。実験に対する数値シミュレーション結果の再現性について、ripple 発達過程および移動床内部の間隙水挙動の比較から確認するとともに、実験計測が困難である移動床粒子への作用力の観点から ripple 形成機構を検討した事例を示した。この種の計算は、計算負荷が高く計算機性能や計算機資源の制約から、計算領域、解像度には制約条件があるが、内部構造の理解に真価を発揮する。微視的構造の理解は、漂砂機構の深い理解に繋がり、また，ミクロからメソスケールへの拡張として構成則の誘導にも貢献すると期待できる。

5.5 格子法による地盤の波浪応答

　波浪と地盤が関わる現象を格子法で解くためには、後述するように波浪場と地盤で支配方程式が異なるため、波浪場と地盤のそれぞれのモデルに加え、両者の適切なカップリングも不可欠である。本節では、格子法のモデルの例として CADMAS GEO-SURF[5.5.1)・CADMAS SURF/3D[5.5.2)と FS3M[5.5.3)を取り上げ、波浪場のモデル、地盤のモデル、両者のカップリング手法を概説する。また、モデルの適用例として、FS3M のシミュレーション結果を紹介する。

5.5.1 波浪場のモデル

　波浪場のモデルは、通常、非圧縮性粘性流体に対する連続式と Navier-Stokes（NS）方程式を支配方程式とする。第 5 章の冒頭で述べたように、DNS（Direct Numerical Simulation）は現実的ではないことから、Reynolds 平均に基づく RANS（Reynolds Averaged Numerical Simulation）や空間平均に基づく LES（Large Eddy Simulation）の適用が不可欠である。また、沿岸域で見られる複雑な気液界面の追跡には、SLIC（Simple Linear Interface Calculation）型あるいは PLIC（Piecewise Linear Interface Calculation）型の VOF（Volume of Fluid）法、Level Set（LS）法、VOF 法と LS 法をカップリングした CLSVOF（Coupled Level-Set and Volume-of-Fluid）法など

が使われる。ここで取り上げる CADMAS GEO-SURF・CADMAS SURF/3D は高 Re 型 k-ε 2 方程式モデルに基づく RANS、FS3M はコヒーレント構造モデルに基づく LES であり、気液界面の追跡にはどちらも VOF 法を採用している。以下では、CADMAS SURF/3D と FS3M での波浪場の支配方程式と離散化手法の概要を説明する。詳細は、有川ら [5.5.2] や中村ら [5.5.3] を参照されたい。

CADMAS SURF/3D の支配方程式は次式のように与えられる。

連続式

$$\frac{\partial \gamma_x u}{\partial x} + \frac{\partial \gamma_y v}{\partial y} + \frac{\partial \gamma_z w}{\partial z} = \gamma_v S_\rho \tag{5.5.1}$$

Navier-Stokes 方程式

$$\lambda_v \frac{\partial u}{\partial t} + \frac{\partial \gamma_x uu}{\partial x} + \frac{\partial \gamma_y vu}{\partial y} + \frac{\partial \gamma_z wu}{\partial z} = -\frac{\gamma_v}{\rho}\frac{\partial p}{\partial x} + \frac{\partial}{\partial x}\left\{\gamma_x \nu_e\left(2\frac{\partial u}{\partial x}\right)\right\}$$
$$+ \frac{\partial}{\partial y}\left\{\gamma_y \nu_e\left(\frac{\partial u}{\partial y}+\frac{\partial v}{\partial x}\right)\right\} + \frac{\partial}{\partial z}\left\{\gamma_z \nu_e\left(\frac{\partial u}{\partial z}+\frac{\partial w}{\partial x}\right)\right\} - \gamma_v D_x u - R_x + \gamma_v S_u \tag{5.5.2}$$

$$\lambda_v \frac{\partial v}{\partial t} + \frac{\partial \gamma_x uv}{\partial x} + \frac{\partial \gamma_y vv}{\partial y} + \frac{\partial \gamma_z wv}{\partial z} = -\frac{\gamma_v}{\rho}\frac{\partial p}{\partial y} + \frac{\partial}{\partial x}\left\{\gamma_x \nu_e\left(\frac{\partial v}{\partial x}+\frac{\partial u}{\partial y}\right)\right\}$$
$$+ \frac{\partial}{\partial y}\left\{\gamma_y \nu_e\left(2\frac{\partial v}{\partial y}\right)\right\} + \frac{\partial}{\partial z}\left\{\gamma_z \nu_e\left(\frac{\partial v}{\partial z}+\frac{\partial w}{\partial y}\right)\right\} - \gamma_v D_y v - R_y + \gamma_v S_v \tag{5.5.3}$$

$$\lambda_v \frac{\partial w}{\partial t} + \frac{\partial \gamma_x uw}{\partial x} + \frac{\partial \gamma_y vw}{\partial y} + \frac{\partial \gamma_z ww}{\partial z} = -\frac{\gamma_v}{\rho}\frac{\partial p}{\partial z} + \frac{\partial}{\partial x}\left\{\gamma_x \nu_e\left(\frac{\partial w}{\partial x}+\frac{\partial u}{\partial z}\right)\right\}$$
$$+ \frac{\partial}{\partial y}\left\{\gamma_y \nu_e\left(\frac{\partial w}{\partial y}+\frac{\partial v}{\partial z}\right)\right\} + \frac{\partial}{\partial z}\left\{\gamma_z \nu_e\left(2\frac{\partial w}{\partial z}\right)\right\} - \gamma_v D_z w - R_z + \gamma_v S_w - \frac{\gamma_v \rho^* g}{\rho} \tag{5.5.4}$$

VOF 関数 F の移流方程式

$$\gamma_v \frac{\partial F}{\partial t} + \frac{\partial \gamma_x uF}{\partial x} + \frac{\partial \gamma_y vF}{\partial y} + \frac{\partial \gamma_z wF}{\partial z} = \gamma_v S_F \tag{5.5.5}$$

ここに、x と y は水平方向座標、z は鉛直方向座標、t は時間、u、v、w はそれぞれ x、y、z 軸方向の流速、p は圧力、F は VOF 関数（$F=1$ のとき液相、$0<F<1$ のとき気液界面、$F=0$ のとき気相を表す）、ρ は規準密度、ρ^* は浮力を考慮した密度、ν_e は分子動粘性係数と渦動粘性係数の和、g は重力加速度、γ_v は体積空隙率、γ_x、γ_y、γ_z はそれぞれ x、y、z 軸方向の面接透過率、$\lambda_v = \gamma_v + (1-\gamma_v) C_M$、$\lambda_x = \gamma_x + (1-\gamma_x) C_M$、$\lambda_y = \gamma_y + (1-\gamma_y) C_M$、$\lambda_z = \gamma_z + (1-\gamma_z) C_M$、$C_M$ は慣性力係数、D_x、D_y、D_z はそれぞれ x、y、z 軸方向のエネルギー減衰帯のための係数、S_ρ、S_u、S_v、S_w、S_F は造波ソースのためのソース項である。また、Dupuit-Forchheimer 型の抵抗則を用いるとき、多孔質体から受ける抗力項 R_x、R_y、R_z は

$$R_x = \gamma_v\left(\gamma_x u\right)\left\{\alpha + \beta\sqrt{\left(\gamma_x u\right)^2 + \left(\gamma_y v\right)^2 + \left(\gamma_z w\right)^2}\right\} \tag{5.5.6}$$

$$R_y = \gamma_v\left(\gamma_y v\right)\left\{\alpha + \beta\sqrt{\left(\gamma_x u\right)^2 + \left(\gamma_y v\right)^2 + \left(\gamma_z w\right)^2}\right\} \tag{5.5.7}$$

$$R_x = \gamma_v \left(\gamma_z w\right) \left\{ \alpha + \beta \sqrt{\left(\gamma_x u\right)^2 + \left(\gamma_y v\right)^2 + \left(\gamma_z w\right)^2} \right\} \tag{5.5.8}$$

と表される。ここに、αとβは以下の Engelund の表現で与えられるパラメータである。

$$\alpha = \alpha_0 \frac{\left(1-\gamma_v\right)^3}{\gamma_v^2} \frac{\nu}{d^2} \tag{5.5.9}$$

$$\beta = \beta_0 \frac{\left(1-\gamma_v\right)}{\gamma_v^3} \frac{1}{d} \tag{5.5.10}$$

ここに、νは動粘性係数、dは多孔質体の代表径であり、α_0とβ_0は多孔質体の種類や積み方ごとに異なる値をもつパラメータである。計算格子にはスタガード格子が用いられており、流速場と圧力場の連成計算には SMAC（Simplified Marker and Cell）法が、NS 方程式の対流項の離散化には 1 次精度風上差分法、2 次精度中心差分法、あるいは両者のハイブリッドスキームが、Poisson 方程式の解法には MILU-BiCGSTAB 法が、VOF 関数の移流方程式の移流項には donor acceptor 法あるいは界面の傾きを考慮した方法が適用されている。

一方、FS3M の支配方程式は次式のように与えられる。

連続式

$$\frac{\partial m}{\partial t} + \frac{\partial \left(m\bar{v}_j\right)}{\partial x_j} = q^* \tag{5.5.11}$$

Navier-Stokes 方程式

$$\frac{\partial}{\partial t}\left[\left\{m + \left(1-m\right)C_A\right\}\bar{v}_i\right] + \frac{\partial}{\partial x_j}\left(m\bar{v}_i\bar{v}_j\right) = -\frac{m}{\hat{\rho}}\frac{\partial \bar{p}}{\partial x_i} + mg_i$$
$$+ \frac{m}{\hat{\rho}}\left(f_i^s + R_i + f_i^{ob}\right) + \frac{1}{\hat{\rho}}\frac{\partial}{\partial x_j}\left(2m\hat{\mu}\bar{D}_{ij}\right) + \frac{\partial}{\partial x_j}\left(-m\tau_{ij}^a\right) + Q_i + m\beta_i \tag{5.5.12}$$

VOF 関数 F の移流方程式

$$\frac{\partial \left(mF\right)}{\partial t} + \frac{\partial \left(m\bar{v}_j F\right)}{\partial x_j} = Fq^* \tag{5.5.13}$$

ここに、x_iは位置ベクトル、tは時間、$\bar{v}_i$は流速の grid scale（GS）成分、$\bar{p}$は圧力の GS 成分、g_iは重力加速度ベクトル、$\hat{\rho}$は流体の見かけの密度、$\hat{\mu}$は流体の見かけの粘性係数、mは多孔質体の空隙率、C_Aは多孔質体の付加質量係数、f_i^sは CSF（Continuum Surface Force）モデルに基づく表面張力ベクトル、f_i^{ob}は流体・構造間の相互作用力ベクトル、$\bar{D}_{ij}$はひずみ速度テンソルの GS 成分（$= \left(\partial\bar{v}_j/\partial x_i + \partial\bar{v}_i/\partial x_j\right)/2$）、$\tau_{ij}$はコヒーレント構造モデルに基づく乱流応力テンソル、Q_iは造波ソースベクトル、q^*は単位時間当たりの造波ソース強度、β_iは減衰領域での減衰関数ベクトルである。上付きの a はテンソルの非等方成分を表す。また、R_iは多孔質体から受ける線形・非線形抵抗力ベクトルであり、

$$R_i = -\frac{m\hat{\rho}g}{k^w}\bar{v}_i - \frac{C_{D1}\hat{\rho}\left(1-m\right)}{2md_{50}}\bar{v}_i\sqrt{\bar{v}_j\bar{v}_j} \tag{5.5.14}$$

$$k^w = k_s^w S_e^{1/2} \left\{ 1 - \left(1 - S_e^{1/m^*} \right)^{m^*} \right\}^2 \tag{5.5.15}$$

$$k_s^w = \frac{1}{12 C_{D2}} \frac{m^2}{1-m} \frac{g d_{50}^2}{\nu_w} \tag{5.5.16}$$

と表される。ここに、C_{D2}、C_{D1} はそれぞれ線形、非線形抵抗力係数、g は重力加速度、ν_w は水の動粘性係数、d_{50} は多孔質体の中央粒径、S_e は多孔質体の有効飽和度、m^* は van Genuchten の式の形状パラメータである。FS3M では、CADMAS SURF/3D と異なり、体積空隙率γ_vと面積透過率γ_x、γ_y、γ_zの区別はしておらず、いずれも空隙率 m とおいている。その一方で、FS3M では、空隙率 m の時間変化を考慮している。多孔質体から受ける抵抗力のモデル化の違いについては後述する。その他、エネルギー減衰帯・減衰領域での減衰力のモデル化などに違いが見られる。計算格子には、CADMAS SURF/3D と同様に、スタガード格子が用いられている。また、流速場と圧力場の連成計算には SMAC 法が、NS 方程式の対流項の離散化には 5 次精度 MUSCL TVD（Monotone Upstream-Centered Schemes for Conservation Laws, Total Variation Diminishing）スキームが、Poisson 方程式の解法には MICCG（Modified Incomplete Cholesky Conjugate Gradient）法が、VOF 関数の移流方程式の移流項には MARS（Multi-Interface Advection and Reconstruction Solver）が適用されている。

　ここでは、波浪と地盤がともに関わる多孔質体から受ける抵抗力のモデル化に着目する。簡単のために、CADMAS SURF/3D では、体積空隙率γ_vと面積透過率γ_x、γ_y、γ_zの区別はせず、両者とも m とおくこととする。FS3M では、m の時間変化は考慮せず、$\partial m / \partial t = 0$ であるとする。また、FS3M の多孔質体の中央粒径 d_{50} は CADMAS SURF/3D の代表径 d と等しいと仮定する。このとき、NS 方程式の一般形を、例えばx軸方向の場合、

$$c \frac{\partial u}{\partial t} + \cdots = -\frac{m}{\rho} \frac{\partial p}{\partial x} - agm^2 u - bgm^3 u \sqrt{u^2 + v^2 + w^2} + \cdots \tag{5.5.17}$$

とおくこととする。ここに、a、b、c は係数であり、aは透水係数 k の逆数に相当する。

　まず慣性力について、式(5.5.17)の左辺第 1 項にある非定常項の係数 c に着目すると、CADMAS SURF/3D では、$c = \lambda_v = \gamma_v + (1 - \gamma_v) C_M = m + (1 - m) C_M$ となり、C_Mは慣性力係数である。一方、FS3M では、$c = m + (1 - m) C_A$ となり、C_Aは付加質量係数である。ここで、C_MとC_Aには$C_M = 1 + C_A$の関係があるため、慣性力は CADMAS SURF/3D と FS3M でモデル化が異なっていることが分かる。

　続いて、抵抗力の線形成分に着目すると、透水係数 k の逆数であるaは表 5.5.1 のようにまとめられる。表 5.5.1 では、CADMAS SURF/3D と FS3M に加え、球形粒子のときの Kozeny-Carman の式[5.5.4]と van Gent[5.5.5]によるモデル化も示した。ここに、αは係数である。表 5.5.1 より、a の分母にある m の次数や分子にある$(1 - m)$の次数がモデルによって異なっているものの、いずれも d^2 に比例するモデルとなっている。ここで、抵抗力の線形成分が卓越する状況、すなわち Darcy 則が成り立つx軸方向の 1 次元場を考えると、動水勾配 i は流量流速（Darcy 流速）mu を使って $i = amu$ と書かれる。例えば、フルード則に基づいて、模型の寸法縮尺を原型の $1/N$ とする状況を考えてみる。このとき、動水勾配 i は無次元であり縮尺によらないが、模型の流速 u は原型の $1/N^{0.5}$ となるため、模型の a は原型の $N^{0.5}$ 倍とすればよい。上述したように、a は d^2 に比例するモデル化となっているため、模型の粒径 d は原型の $1/N^{0.25}$ とすればよいことになる。第 3 章で述べたように、沈降速度の相似則（ディーン数）に従えば、抵抗力の線形成分が卓越する透過性材料の粒径が比較的小さいとき、模型の粒径 d は原型の

表 5.5.1　抵抗力の線形成分

	$a\,[\mathrm{s/m}]$
CADMAS SURF/3D	$\alpha_0\dfrac{(1-m)^3}{m^2}\dfrac{\nu}{gd^2}$
FS3M	$12C_{D2}\dfrac{1-m}{m^2}\dfrac{\nu}{gd^2}$
Kozeny-Carman の式	$180\dfrac{(1-m)^2}{m^3}\dfrac{\nu}{gd^2}$
van Gent[5.5.5)]	$\alpha\dfrac{(1-m)^2}{m^3}\dfrac{\nu}{gd^2}$

表 5.5.2　抵抗力の非線形成分

	$b\,[\mathrm{s^2/m^2}]$
CADMAS SURF/3D	$\beta_0\dfrac{1-m}{m^3}\dfrac{1}{gd}$
FS3M	$\dfrac{1}{2}C_{D1}\dfrac{1-m}{m^3}\dfrac{1}{gd}$
van Gent[5.5.5)]	$\beta\left(1+\dfrac{7.5}{KC}\right)\dfrac{1-m}{m^3}\dfrac{1}{gd}$

$1/N^{0.25}$ に漸近することから、表 5.5.1 のモデル化と沈降速度の相似則は対応していると言える。ただし、C_{D2} は KC（Keulegan Carpenter）数の増加とともに大きくなる傾向があることが確認されている [5.5.6)]。KC 数は、模型の粒径を原型の $1/N^{0.25}$ としたとき、模型と原型で一致せず、模型は原型の $1/N^{0.75}$ と小さくなる。したがって、透水性と漂砂形態を模型と原型で合わせるために、模型の粒径を原型の $1/N^{0.25}$ とした上で、係数 α、α_0、C_{D2} は KC 数が小さくなった分だけ調整する必要があると考えられる。

　抵抗力の非線形成分については、表 5.5.2 のようにまとめられる。表 5.5.2 にも van Gent[5.5.5)] によるモデル化を示した。ここに、β は係数、KC は KC 数である。表 5.5.2 より、係数の表し方に差が見られるものの、どの b にも $(1-m)/m^3/(gd)$ が含まれており、d に反比例するモデルとなっている。ここで、抵抗力の非線形成分が卓越する状況における x 軸方向の 1 次元場を考えると、動水勾配 i は $i=bmu|mu|$ と書かれる。先ほどと同様に、フルード則に基づいて、模型の寸法縮尺を原型の $1/N$ とする状況を考えてみると、模型の b は原型の N 倍となるようにすればよい。いずれのモデルでも b は d に反比例する関数形となっているため、模型の粒径 d は原型の $1/N$ とすればよいことになる。沈降速度の相似則（ディーン数）に従えば、抵抗力の非線形成分が卓越する透過性材料の粒径が比較的大きいとき、模型の粒径は原型の $1/N$ に漸近することから、表 5.5.2 のモデル化、沈降速度の相似則、フルード則はすべて対応した結果となる。ただし、抗力係数は KC 数とレイノルズ数に依存することが知られている [5.5.7)]。模型の粒径を原型の $1/N$ としたとき、KC 数は模型と原型で一致する。その一方で、原型と模型で動粘性係数が等しい流体を用いたとすると、レイノルズ数は模型と原型で一致せず、模型は原型の $1/N^{1.5}$ に小さくなる。したがって、透水性と漂砂形態を模型と原型で合わせるために、模型の粒径を原型の $1/N$ とした上で、係数 β_0、C_{D1}、β はレイノルズ数に応じて調整する必要がある可能性があると考えられる。

　このことを実験の視点から見てみる。模型の寸法縮尺を原型の $1/N$ とし、原型と模型で動粘性係数が等しい流体を用いたとする。このとき、上述のように模型のレイノルズ数は原型の $1/N^{1.5}$ に小さくなるため、一般に模型の抗力係数、すなわち流体が多孔質体から受ける抵抗力は原型よりも大きくなる。これは、多孔質体が流体から受ける抵抗力も原型と比べて大きくなること意味しており、小規模な実験ほど反射率や透過率が下がるとしている鹿島ら [5.5.8)] や榊山・小笠原 [5.5.9)] の実験結果と整合的である。CADMAS SURF/3D のモデル化を例にとる

表5.5.3　抵抗力の卓越成分と各相似則での粒径の縮尺

	大きさ	抵抗力の卓越成分	原型に対する模型の粒径			
			フルード則	沈降速度の相似則	抵抗力の相似則	抵抗力の係数
粗砂以下	<2 mm	線形	$1/N$	$1/N^{0.25}$	$1/N^{0.25}$	KC 数依存
小礫	1 cm	線形・非線形	$1/N$	$1/N$〜$1/N^{0.25}$	一意に決定できず	
大礫	10 cm	非線形	$1/N$	$1/N$	$1/N$	Reynolds 数依存
巨礫	0.3-1.0 m					
ブロック、巨岩	>1.0 m					

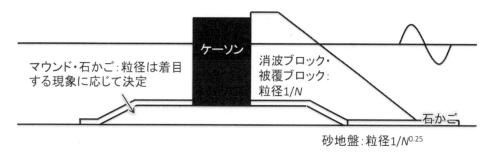

図5.5.1　消波ブロック被覆堤マウンド下部の砂地盤の侵食問題における
表5.5.3 に基づく模型の粒径の決定方法の目安

と、$\beta_0 (1-m)/m^3$ が模型と原型で等しくなるように、模型の β_0 が大きくなった分だけ空隙率 m も大きくする工夫をすれば、実験を原型に近づけることも不可能ではない。ただし、m を変化させると多孔質体の骨格構造が原型と実験で異なることになり、β_0 も変化すると推測されることから、m による調整は簡単ではないと思われる。

最後に、抵抗力の線形成分と非線形成分の両者が卓越する場合を考えてみる。これまでと同様に x 軸方向の 1 次元場を考えると、動水勾配 i は $i = a\,mu + b\,mu\,|mu|$ となる。フルード則に基づいて、模型の寸法縮尺を原型の $1/N$ とすると、上述したように、線形成分からは模型の粒径 d は原型の $1/N^{0.25}$、非線形成分からは模型の d は原型の $1/N$ とする必要があり、模型の d を一意に決定できない。一方、沈降速度の相似則（ディーン数）に従えば、模型の粒径は原型の $1/N$〜$1/N^{0.25}$ の間の値を取ることになる。したがって、例えば漂砂現象に着目する場合には、模型の粒径を沈降速度の相似則に基づいて決めた上で、透水性は抵抗力の係数の調整で合わせることが考えられる。

以上を表5.5.3 にまとめた。ここで、多孔質体の材料の分類と抵抗力の卓越成分については、Gu・Wang[5.5.10]に倣った。ケーススタディとして、この考え方を第4章で取り扱った消波ブロック被覆堤マウンド下部の砂地盤の侵食問題に適用すると図5.5.1 となる。まず消波ブロックや被覆ブロックについては、原型も模型も表5.5.3 の大礫以上に相当するため、抵抗力のうち非線形成分が卓越すると考えられることから、模型の大きさは原型の $1/N$ とすればよい。また、砂地盤については、原型も模型も表5.5.3 の粗砂以下に相当するため、抵抗力のうち線形成分が卓越すると考えられることから、模型の粒径は原型の $1/N^{0.25}$ とすればよい。ただし、

抵抗力の係数は KC 数やレイノルズ数に依存しているため、KC 数やレイノルズ数の変化に合わせて調整が必要になる。一方、マウンドや石かごは模型では表 5.5.3 の小礫に相当することになるため、粒径は漂砂、抵抗力の線形成分、抵抗力の非線形成分のどれに着目するかによって決定せざるを得ない。さらに、いま着目している現象では、マウンドを通じての砂地盤の吸い出しが生じ、砂地盤とマウンドの粒径比も関わってくることから、スケール効果の影響は避けられないと思われる。

5.5.2 地盤のモデル

地盤全体の釣合式、間隙水の釣合式、連続式から、地盤骨格の変位 u、地盤骨格に対する間隙水の相対変位 w、間隙水圧 p を未知数とする u-w-p 形式の Biot の式が導かれる。また、水の体積弾性係数 K_w が有限であると仮定すると p が消去でき、u-w 形式の Biot の式が導かれる。一方、u-w-p 形式の Biot の式から間隙水の相対加速度が地盤骨格の加速度と比べて小さいと仮定して消去すると、u-p 形式の Biot の式が導かれる。さらに、すべての加速度項を無視すると、Biot の圧密方程式が導かれる。前節で述べたように、地盤のモデルでは、これらのいずれかの式が支配方程式として用いられている。その他、有効応力の原理、土骨格の構成式、ひずみ変位関係を加えることで、全体の支配方程式となる。高橋ら [5.5.11)] によって u-w 形式の Biot の式では slow compression wave を適切に計算できず間隙水圧の計算精度が低下する現象が確認されていることから、ここで取り上げている CADMAS GEO-SURF と FS3M では、いずれも u-p 形式の Biot の式を支配方程式としている（CADMAS GEO-SURF では、U-π形式と呼んでいる）。以下では、FS3M での支配方程式の概要を説明する。詳細は、高橋ら [5.5.11)] や中村ら [5.5.3)] を参照されたい。

FS3M の支配方程式は、地盤骨格の変位ベクトルを u_i、間隙水の相対変位ベクトルを w_i としたとき、間隙水の相対加速度 $\ddot{w}_i$ が地盤骨格の加速度 $\ddot{u}_i$ と比べて小さいと仮定することで導かれる以下の u-p 形式の Biot の式で与えられる。

$$\rho \ddot{u}_i = -\sigma'_{ji,j} - p_{,i} + \rho g_i \tag{5.5.18}$$

$$-\frac{\partial \varepsilon_{kk}}{\partial t} + \frac{m}{K_w} \dot{p} + \left\{ \frac{k_s}{\rho_w g} \left(-\rho_w \ddot{u}_i - p_{,i} + \rho_w g_{si} \right) \right\}_{,i} = 0 \tag{5.5.19}$$

ここに、p は間隙水圧、σ'_{ij} は圧縮を正とする有効応力テンソル、ε_{ij} はひずみテンソル、m は地盤の空隙率、ρ は地盤の密度（$= (1-m)\rho_s + m\rho_w$）、ρ_s は土粒子実質部分の密度、ρ_w は水の密度、k_s は地盤の透水係数、K_w は水の見かけの体積弾性係数、g_{si} は重力加速度ベクトル、g は重力加速度である。また、下付きの $,i$ は偏微分 $\partial / \partial x_i$ を表す。

u-p 形式の Biot の式は、通常、有限要素法 FEM により解かれる。このとき、節点で間隙水圧を定義する Sandhu 流と要素で間隙水圧を定義する Christian 流の定式化がある。FS3M では、間隙水圧の定義点が地盤の表面に位置していた方が波動場との接続が容易であると考え、Sandhu 流の定式化を適用している。また、時間積分として、地盤骨格の変位には Newmark の β法を、間隙水圧には Crank-Nicolson 法を用いている。計算格子として、地盤骨格の変位には 20 節点アイソパラメトリック要素を、間隙水圧には次数が 1 次低い 8 節点アイソパラメトリック要素を用いている。

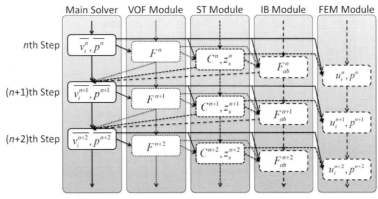

図 5.5.2　FS3M でのカップリング手法

5.5.3 波浪場と地盤のカップリング

　波浪場のモデルと地盤のモデルのカップリングには、前節で述べたように、地盤の内部を含む領域の流動場を波浪場のモデルで解き、得られた地盤表面での圧力を地盤のモデルに与える Type A（All）と、地盤の内部を除く領域の流動場を解き、得られた地盤表面での圧力を地盤のモデルに与える Type W（Wave）がある。ここで取り上げている CADMAS GEO-SURF では Type W、FS3M では Type A のカップリングを採用している。以下では、FS3M における Type A のカップリングを紹介する。

　FS3M は、波浪場のモデルであるメインソルバー、気液界面を追跡する VOF（Volume of Fluid）法に基づく VOF モジュール、流体・構造連成解析を行う固体埋め込み（Immersed Boundary ; IB）法に基づく IB モジュール、漂砂による移動床の地形変化と浮遊砂濃度分布の計算を行う ST（Sediment Transport）モジュール、地盤のモデルである FEM モジュールから構成されている。メインソルバー、VOF モジュール、IB モジュール、ST モジュールの間には、流体・構造・地形変化の連成解析を行うために弱連成の two-way カップリングが使われており、それらと FEM モジュールとの間には上述したように Type A の one-way カップリングが使われている。図 5.5.2 に計算手順を示す。ここに、n は計算ステップ数である。具体的には、FS3M では、以下のような手順により計算が実行される。

1. メインソルバーを実行し、流速 $\bar{v}_i$ と圧力 $\bar{p}$ を計算する。
2. メインソルバーから得られた流速場を用いて VOF モジュールを実行し、VOF 関数 F を計算する。
3. メインソルバーと VOF モジュールから得られた値を用いて ST モジュールを実行し、漂砂による地盤の高さ z_s の変化と浮遊砂濃度 C の分布を計算する。
4. メインソルバー、VOF モジュール、ST モジュールから得られた値を用いて IB モジュールを実行し、可動構造物の変位を計算する。
5. メインソルバーと ST モジュールから得られた値を用いて FEM モジュールを実行し、地盤骨格の変位 u_i と間隙水圧 p を計算する。
6. VOF モジュール、ST モジュール、IB モジュールから得られた値をフィードバックしてメインソルバーを実行する。以上の手順を計算終了時刻まで繰り返す。

ここに、手順 5 において、メインソルバーにより得られた流速 $\bar{v}_i$ と圧力 $\bar{p}$ から地盤表面での流速と圧力を補間して求め、求められた値を FEM モジュールに入力することで、地盤表面での流速および圧力の連続性を確保している。

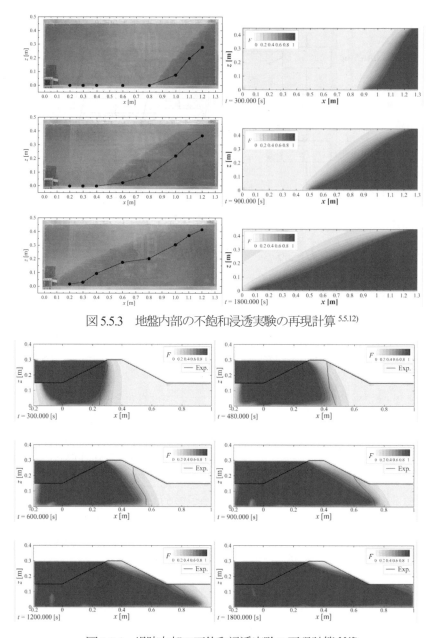

図 5.5.3　地盤内部の不飽和浸透実験の再現計算[5.5.12)]

図 5.5.4　堤防内部の不飽和浸透実験の再現計算[5.5.12)]

5.5.4 数値解析例

　FS3M の適用例として、地盤および堤防内部の浸透現象、越流による堤防の侵食現象、遡上津波による陸上構造物周辺の洗掘現象の計算例を紹介する。

　吉川ら[5.5.13)]による地盤内部の不飽和浸透実験を対象に、FS3M のうちメインソルバーと VOF モジュールを使って再現計算を実施した。長さ 2.20 m、高さ 0.65 m の計算領域に、長さ 1.30 m、高さ 0.45 m の地盤を設定し、地盤右端の水位を 0.46 m に維持した。地盤材料は 6 号珪砂であり、空隙率 m は 0.5、初期飽和度が 8.0%、van Genuchten の式の形状パラメータ α は 0.28 kPa^{-1}、n^* は 12.898 とした。また、中央粒径 d_{50} は杉井ら[5.5.14)]の粒径加積曲線に基づいて 0.2 mm とした。残留飽和度 S_{rr} と最大飽和度 S_{rs} は、吉川ら[5.5.13)]に倣って、それぞれ 0.0% と

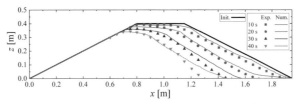

図 5.5.5　不飽和堤防の越流侵食実験の再現計算 [5.5.12)]

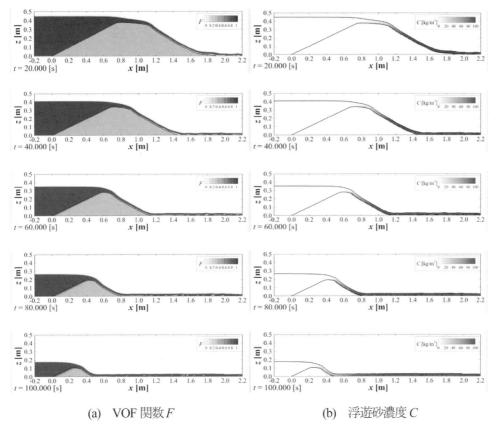

(a)　VOF 関数 F　　　　　　　　　　　(b)　浮遊砂濃度 C

図 5.5.6　不飽和堤防の越流侵食時の流動場 [5.5.12)]

100.0%とした。線形抵抗力係数 C_{D2} は $C_{D2} = 30.0$ とした。図 5.5.3 に結果の一例を示す。ここで、同図の実験結果には、地盤底面で計測した水圧を水頭換算した値が丸と実線で記載されている。同図に示すように、地盤の右下から浸透が進んでおり、浸潤面の進行速度が実験結果と計算結果で同程度となっている。また、計算結果から浸潤面の上側の飽和度がほとんど変化していないことも確認でき、VOF 法ベースの手法にサクションの効果を考慮したことで地盤内部の不飽和状態を保持できていることが分かる。

　次に、與田 [5.5.15)]による堤防内部の不飽和浸透実験の再現計算を示す。この計算でも、FS3Mのうち、メインソルバーと VOF モジュールを使っている。長さ 2.80 m、高さ 0.50 m の計算領域に、長さ 1.20 m、高さ 0.15 m の地盤と天端幅 0.10 m、高さ 0.15 m、法面勾配 1/2 の堤体を設定し、堤体の左側を天端まで湛水した。地盤および堤体の材料は 6 号珪砂であり、中央粒径 d_{50} は 0.239 mm、空隙率 m は 0.53、初期飽和度は 9.17%、残留飽和度 S_{rr} は 11.5%、van Genuchten の式の形状パラメータ α は 0.3924 kPa^{-1}、n^* は 3.852 とした。また、上記と同様、線形抵抗力係数 C_{D2} は 30.0、最大飽和度 S_{rs} は 100%とした。計算結果の一例を図 5.5.4 に示す。

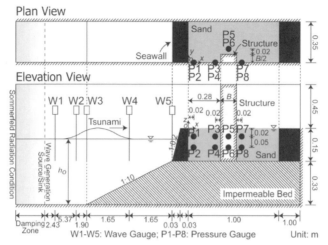

図-5.5.7 遡上津波による陸上構造物周辺の洗掘現象の
再現計算で用いた計算領域の概略図 [5.5.3)]

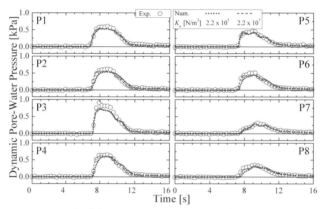

図5.5.8 地盤内部のP1～P8での過剰間隙水圧の比較 [5.5.3)]

同図の実線は実験から得られた浸潤面の位置を表す。図5.5.3の場合と同様、図5.5.4からも浸潤面の進行速度が実験結果と計算結果で概ね一致していることが分かる。また、最終状態を示した $t=1800$ sの結果より、堤防裏法の浸出点はCasagrandeの方法で求めた $x=0.568$ m、$z=0.216$ m付近に位置しており、浸出点の観点でも再現性が確認できる。

続いて、與田[5.5.15)]による不飽和堤防の越流侵食実験の再現計算を示す。この計算では、FS3Mのうち、メインソルバーとVOFモジュールに加えて、漂砂計算を行うSTモジュールも使っている。長さ3.35 m、高さ0.50 mの計算領域に、前段落において再現性が確認できた6号珪砂からなる天端幅0.35 m、高さ0.40 m、法面勾配1/2の堤防を設定し、計算領域の左端から水理実験と同流量の水を流入させた。堤防の空隙率 m、初期飽和度、残留飽和度 S_{rr} は、実験と同様、0.51、33.2%、12.0%とした。他のパラメータは前段落と同じとした。STモジュールに入力する漂砂のパラメータについては、砂粒子の密度 ρ_s は 2.65×10^3 kg/m³、静止摩擦角と水中安息角は45°、動摩擦角は27°、浮遊砂の巻き上げ係数は0.00055とした。限界Shields数は岩垣の式から求めた。砂粒子の沈降速度は、堤防裏法尻よりも岸側の水平床での堆積を抑制するため、Rubeyの式の1/10とした。図5.5.5に堤防の侵食形状の比較を示す。同図に示すように、天端が徐々に下がりつつ、裏法が初期形状から並行に侵食していく点など、堤防の侵食形状は実験結果と良く一

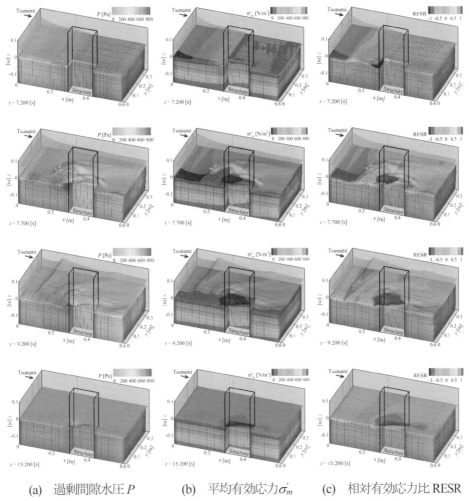

|(a) 過剰間隙水圧 P|(b) 平均有効応力 σ'_m|(c) 相対有効応力比 RESR|

図5.5.9　洗掘発生時の地盤の波浪応答（$K_w = 2.2 \times 10^7$ N/m²）[5.5.3]

致している。図5.5.6に侵食進展時の流体率Fと浮遊砂濃度Cの分布を示す。同図(a)の実線は堤防の外形を、同図(b)の実線は水面（$F = 0.5$）と堤防の外形を表す。同図に示すように、越流した流れにより砂が巻き上げられ、浮遊砂濃度Cが大きくなるとともに、堤防が裏法側から徐々に侵食されている。このとき、堤防を越流した流れは非常に薄く、この薄い越流水の作用により侵食が進展していることも確認できる。

　最後に、遡上津波による陸上構造物周辺の洗掘現象への適用例を紹介する。ここでは、FS3Mのうち、メインソルバー、VOFモジュール、STモジュールに加えて、地盤の水・土連成解析を行うFEMモジュールも使用している。図5.5.7に使用した計算領域の概略図を示す。同図に示すように、海岸護岸の背後から0.28 mの位置に幅Bが0.14 mの角柱構造物を固定し、その周囲に中央粒径d_{50}が0.2 mmの砂地盤を設定した。そして、津波をモデル化したW1での津波高が0.064 mの押し波一波（継続時間6.0 s、静水深0.455 m）を作用させた。地盤のパラメータは、水理実験での実測値が得られていないことから、空隙率m、砂粒子の密度ρ_s、せん断弾性係数G、Poisson比νはそれぞれ0.4、2.65×10^3 kg/m³、10^8 N/m²、0.33とし、透水係数k_sはKozeny-Carmanの式より4.34×10^{-4} m/sとした。また、水の見かけの体積弾性係数K_wは2.2×10^5 N/m²と2.2×10^7 N/m²に変化させた。図5.5.8に地盤内部での過剰間隙水圧の比較を示す。同図に示すよ

うに、$K_w = 2.2 \times 10^5 \, \text{N/m}^2$の場合には、地盤の深部のP2、P4、P6、P8において過剰間隙水圧の増加が水理実験結果と比べて若干緩くなっているものの、$K_w = 2.2 \times 10^7 \, \text{N/m}^2$の場合には水理実験結果を良好に再現できている。図5.5.9に遡上津波により構造物の沖側隅角部に洗掘が形成される際の過剰間隙水圧P、平均有効応力σ_m'、相対有効応力比RESR（$= 1 - \sigma_m'/\sigma_{m0}'$ ；σ_{m0}'：σ_m'の初期値）の分布を示す。津波が構造物の沖側面に到達した$t = 7.2 \, \text{s}$に着目すると、護岸の岸側と構造物の沖側において地盤表面近傍のPが若干上昇している。このとき、構造物沖側の地盤表面ではσ_m'が増加しており、それに応じてRESRが減少している。その一方で、護岸岸側の地盤表面ではσ_m'が減少し、それに応じてRESRが増加していることから、液状化の発生が示唆される。その後、構造物の沖側面を津波が打ち上がるとともに、その下部の地盤表面を中心にPがさらに増加している。ただし、洗掘が始まった構造物の沖側隅角部周辺ではPの増加は確認できない一方で、洗掘に伴い上載荷重が減少したことからσ_m'が低下し、そのためにその周辺ではRESRが増加し、液状化の発生が示唆される。そして、地盤上の水位が低下するとともに初期状態に近づいていっているものの、洗掘が生じた構造物の沖側隅角部ではσ_m'は低下したままとなっていることが確認できる。

　以上のように、FS3Mにより波浪と地盤の相互作用に関わる様々な現象の計算が行えるものの、地盤の水・土連成解析において漂砂による地形変化の影響は簡易的にしか考慮されていない点など課題が残されていることから、さらなる改良・高度化が期待される。

参考文献

5.1　数値計算の役割

5.1.1) 白鳥正樹, 越塚誠一, 吉田有一郎, 中村均：工学シミュレーションの品質保証とV&V, 丸善出版, 160 p., 2013.

5.1.2) 梶島岳夫：Large Eddy Simulation－混相乱流の数値シミュレーションに向けて－, 混相流, 第10巻, 第4号, pp. 372-378, 1996.

5.1.3) 梶島岳夫：乱流の数値シミュレーション改訂版, 養賢堂, 285 p., 2014.

5.2　流体と地盤の統一解法の発展

5.2.1) 土木学会海岸工学委員会数値波動水槽研究小委員会：数値波動水槽 砕波波浪計算の深化と耐波設計の革新を目指して, 丸善出版, 228 p., 2012.

5.2.2) 朴佑善, 高橋重雄, 鈴木高二朗, 姜閏求：波・地盤・構造物の相互作用に関する有限要素法解析, 海岸工学論文集, 第43巻, pp. 1036-1040, 1996.

5.2.3) 水谷法美, Ayman M. Mostafa：波の非線形を考慮した混成堤基礎地盤の波浪応答に関する研究, 海岸工学論文集, 第44巻, pp. 926-930, 1997.

5.2.4) Mizutani, N. and Mostafa, A. M.: Nonlinear wave-induced seabed instability around coastal structures, Coastal Engineering Journal, Vol. 40, No. 2, pp. 131-160, 1998.

5.2.5) 磯部雅彦, 高橋重雄, 余錫平, 榊山勉, 藤間功司, 川崎浩司, 蒋勤, 秋山実, 大山洋志：数値波動水路の耐波設計への適用に関する研究, 海洋開発論文集, 第15巻, pp. 321-326, 1999.

5.2.6) https://www.cdit.or.jp/program/cadmas.html

5.2.7) 榊山勉, 香山真裕：消波護岸の越波に関する数値シミュレーション, 海岸工学論文集, Vol. 43, pp. 696-700, 1997.

5.2.8) 蔣勤, 高橋重雄, 村西佳美, 磯部雅彦：波・地盤・構造物の相互作用に関する VOF-FEM 予測モデルの開発, 海岸工学論文集, 第47巻, pp. 51-55, 2000.

5.2.9) 高橋重雄, 鈴木高二朗, 村西佳美, 磯部雅彦：波・地盤・構造物の相互作用に関する U-π形式 VOF-FEM（CADMAS GEO-SURF）の開発, 海岸工学論文集, 第49巻, pp. 881-885, 2002.

5.2.10) 有川太郎, 山田文則, 秋山実：3次元数値波動水槽における津波波力に関する適用性の検討, 海岸工学論文集, 第52巻, pp. 46-50, 2005.

5.2.11) 沿岸技術研究センター：「CADMAS－SURF/3D 数値波動水槽の研究・開発」, 沿岸技術ライブラリーNo. 39, https://www.cdit.or.jp/program/cadmas-3d.html, 2010.

5.2.12) 有川太郎, 浜口一博, 北川和士, 鈴木智憲：数値波動水槽と構造物変形計算との連成計算手法に関する研究, 土木学会論文集B2（海岸工学）, 第65巻, 第1号, pp. 866-870, 2009.

5.2.13) 有川太郎, 秋山実, 山崎昇：数値波動水槽と DEM のカップリングによる固気液3相計算システムの開発, 土木学会論文集B2（海岸工学）, 第67巻, 第2号, pp. I_21-I_25, 2011.

5.2.14) 有川太郎, 関克己, 大木裕貴, 平野弘晃, 千田優, 荒木和博, 石井宏一, 高川智博, 下迫健一郎：階層型連成シミュレーションによる高精細津波遡上計算手法の開発, 土木学会論文集B2（海岸工学）, 第73巻, 第2号, pp. I_325-I_330, 2017.

5.2.15) 大木裕貴, 草野瑞季, 関克己, 妙中真治, 森安俊介, 出路丈時, 上田秀樹, 有川太郎：流体地盤弱連成解析モデルを用いた水位変動による間隙水圧計算の妥当性の検討, 土木学会論文集B2（海岸工学）, 第73巻, 第2号, pp. I_1111-I_1116, 2017.

5.2.16) CADMAS-SURF 研究会（仮称）：<https://github.com/cadmassurf>（入稿2021年5月15日時点で整備中）

5.2.17) 前野詩朗, 藤田修司：VOF-FEM モデルによる波浪場における護岸周辺地盤の動的挙動の検討, 海岸工学論文集, 第48巻, pp. 971-975, 2001.

5.2.18) 中村友昭, 許東秀, 水谷法美：波動場・地盤連成数値計算手法に基づく埋立土砂の吸い出し機構に関する研究, 海岸工学論文集, 第52巻, pp. 836-840, 2005.

5.2.19) 中村友昭, 許東秀, 水谷法美：捨石護岸背後の埋立土砂の吸い出し機構, 土木学会論文集B, Vol. 62, No. 1, pp. 150-162, 2006.

5.2.20) 中村友昭, 水谷法美：地形変化の影響を考慮した地盤解析手法の開発とその適用, 土木学会論文集B2（海岸工学）, Vol. 69, No. 2, pp. I_1026-I_1030, 2013.

5.2.21) 熊谷隆宏：VOF－弾塑性 FEM 連成モデルによる基礎地盤および構造物の変形解析と破壊メカニズムに関する考察, 土木学会論文集B2（海岸工学）, Vol. B2-65, No. 1, pp. 871-875, 2009.

5.2.22) 熊谷隆宏：VOF－弾塑性 FEM 連成モデルによる混成堤および基礎地盤の動的応答と変形に関する数値解析, 土木学会論文集B2（海岸工学）, Vol. 66, No. 1, pp. 921-925, 2010.

5.2.23) Jeng, D.-S., Ye, J.-H., Zhang, J.-S., and Liu, P.L.-F.: An integrated model for the wave-induced seabed response around marine structures: Model verifications and applications, Coastal Eng., Vol. 72, pp. 1-19, 2013.

5.2.24) Ye, J., Jeng, D., Wand, R., and Zhu, C.: Validation of a 2-D semi-coupled numerical model for fluid–structure–seabed interaction, J. Fluids Structures, Vol. 42, pp. 333-357, 2013.

5.2.25) Hsu, T.-J., Sakakiyama, T., and Liu, P.L.-F.: A numerical model for wave motions and turbulence flows in front of a composite breakwater, Coastal Eng., Vol. 46, pp. 25-50, 2002.

5.2.26) Ye, J., Jeng, D., Liu, P.L.-F., Chan, A.H.C., Wang, R., and Zhu, C.: Breaking wave-induced response of composite breakwater and liquefaction in seabed foundation, Coastal Eng., Vol. 85, pp. 72-86, 2014.

5.2.27) Ye, J., Jeng, D., Wang, R., and Zhu, C.: A 3-D semi-coupled numerical model for fluid-structures-seabed-interaction (FSSI-CAS3D): model and verification, J. Fluids Structures, Vol. 40, pp. 148-162, 2013.

5.2.28) Ye, J., Jeng, D., Wang, R., and Zhu, C.: Numerical simulation of the wave-induced dynamic response of poro-elastoplastic seabed foundations and a composite breakwater, Applied Mathematical Modelling, Vol. 39, pp. 322-347, 2015.

5.2.29) Zhang, C., Zhang, Q., Wu, Z., Zhang, J., Sui, T., and Wen, Y.: Numerical study on effects of the embedded monopile foundation on local wave-induced porous seabed response, Mathematical Problems in Eng., Vol. 2015, 13 p., 2015.

5.2.30) Zhang, C., Sui, T., Zheng, J., Xie, M., Nguyen, V. T.: Modelling wave-induced 3D non-homogeneous seabed response, Applied Ocean Res., Vol. 61, pp. 101-114, 2016.

5.2.31) Zhang, J.-S., Zhang, Y., Zhang, C., Jeng, D.-S.: Numerical modeling of seabed response to combined wave-current loading, J. Offshore Mech. Arctic Eng., ASME, Vol. 135, 031102, 7 p., 2020.

5.2.32) Lin, J., Zhang, J., Sun, K. Wei, X, Guo, Y.: Numerical analysis of seabed dynamic response in vicinity of mono-pile under wave-current loading, Water Science Eng., Vol. 13, No. 1, pp. 74-82, 2020.

5.2.33) Chang, K.-T. and Jeng, D.-S.: Numerical study for wave-induced seabed response around offshore wind turbine foundation in Donghai offshore wind farm, Shanghai, China, Ocean Eng., Vol. 85, pp. 32-43, 2014.

5.2.34) Li, Y., Ong, M. C., and Tang, T.: A numerical toolbox for wave-induced seabed response analysis around marine structures in the OpenFOAM® framework, Ocean Eng., Vol. 195, 106678, 18 p., 2020.

5.2.35) Fujisawa, K. and Murakami, A.: Numerical analysis of coupled flows in porous and fluid domains by the Darcy-Brinkman equations, Soils and Foundations, Vol. 58, pp. 1240-1259, 2018.

5.2.36) 後藤仁志：粒子法　連続体・混相流・粒状体のための計算科学，森北出版，304 p.，2018.

5.2.37) 後藤仁志，酒井哲郎，富永圭司，豊田泰晴：変動波圧を受ける海底地盤の挙動の数値模擬への個別要素法の応用，海岸工学論文集，第 41 巻，pp. 596-600，1989.

5.2.38) 後藤仁志，酒井哲郎：表層せん断を受ける砂層の動的挙動の数値解析，土木学会論文集，No. 521，II-32，pp. 101-112，1995.

5.2.39) 酒井哲郎，後藤仁志，原田英治，羽間義晃，井元康文：波浪による海底地盤の液状化が漂砂量に及ぼす影響，海岸工学論文集，第 48 巻，pp. 981-985，2001.

5.2.40) 陳光斉，善功企，笠間清伸，高松賢一：波浪による海底地盤砂粒子挙動の数値シミュレーション，海岸工学論文集，第 48 巻，pp. 476-480，2001.

5.2.41) 後藤仁志，原田英治，酒井哲郎：三次元個別要素法による数値移動床の一般化，水工学論文集，第 46 巻，pp. 613-618，2002.

5.2.42) 原田英治，後藤仁志，酒井哲郎，鄭知博：波浪による護岸隣接砂層内の空洞成長過程の 3D シミュレーション，海岸工学論文集，第 50 巻，pp. 891-895，2003.

5.2.43) 本田中，長尾毅，吉岡健，興野俊也，安田勝則，中瀬仁：個別要素法によるマウンド支持力破壊モードの分析，海洋開発論文集，第 21 巻，pp. 981-986，2005.

5.2.44) 高山知司，東良宏二郎，金泰民：個別要素法を用いた混成堤の挙動計算，海岸工学論文集，第 51 巻，pp. 756-760，2004.

5.2.45) 高山知司，高橋通夫：ケーソンを単一要素とした個別要素法による混成堤の挙動計算，海岸工学論文集，第 53 巻，pp. 841-845，2006.

5.2.46) 辻尾大樹，高山知司，大里睦男，山口佑太，鈴木信夫，瀬良敬二：個別要素法を用いた粘り強い防波堤の安定照査法の検討，土木学会論文集 B2 (海岸工学)，Vol. 68, No. 2, pp. I_841-I_845, 2012.

5.2.47) 後藤仁志，酒井哲郎，林稔，織田晃治，五十里洋行：遡上津波の戻り流れによる護岸法先洗掘のグリッドレス解析，海岸工学論文集，第 49 巻，pp. 46-50，2002.

5.2.48) 五十里洋行，後藤仁志，吉年英文：斜面崩壊誘発型津波の数値解析のための流体-弾塑性体ハイブ

リッド粒子法の開発，土木学会論文集 B2（海岸工学），Vol. B2-65, No. 1, pp. 46-50, 2009.

5.2.49) 後藤仁志，五十里洋行，駒口友章，三島豊秋，吉年英文：粒子法による護岸背後地盤空洞形成過程の数値解析，土木学会論文集 B2（海岸工学），Vol. 66, No. 1, pp. 821-825, 2010.

5.2.50) 五十里洋行，後藤仁志，吉年英文：ケーソン式混成堤の大変形解析のための改良型弾塑性 MPS 法の基礎的検討，土木学会論文集 B2（海岸工学），Vol. 67, No. 2, pp. I_731-735, 2011.

5.2.51) 後藤仁志，鶴田修己，原田英治，五十里洋行，久保田博貴：固液混相流解析のための DEM-MPS 連成手法の提案，土木学会論文集 B2（海岸工学），Vol. 68, No. 2, pp. I_21-I_25, 2012.

5.2.52) 後藤仁志，五十里洋行，原口和靖，中島寿，殿最浩司，石井倫生：混成防波堤の越流破壊解析と対策工検討のための粒子法型数値波動水槽の開発，土木学会論文集 B2（海岸工学），Vol. 69, No. 2, pp. I_881-I_885, 2013.

5.2.53) 五十里洋行，後藤仁志，吉永健二，反保朋也：MPS 法高次 Laplacian モデルの改良と鉛直噴流による洗掘過程の数値解析，土木学会論文集 B2（海岸工学），Vol. 70, No. 2, pp. I_36-I_40, 2014.

5.2.54) 五十里洋行，後藤仁志，反保朋也，江尻知幸：微細土砂の巻き上げを考慮した粒子法鉛直噴流洗掘解析，土木学会論文集 B2（海岸工学），Vol. 71, No. 2, pp. I_19-I_24, 2015.

5.2.55) 五十里洋行，後藤仁志，江尻知幸，小西晃大：流体－弾塑性体連成粒子法によるケーソン防波堤越流洗掘型津波被災過程の数値解析，土木学会論文集 B2（海岸工学），Vol. 73, No. 2, pp. I_1033-I_1038, 2017.

5.2.56) 五十里洋行，後藤仁志，松島良太郎，丹羽元樹：MLS による応力補正を導入した弾塑性粒子法によるケーソン防波堤の津波越流洗掘解析，土木学会論文集 B2（海岸工学），Vol. 74, No. 2, pp. I_157-I_162, 2018.

5.2.57) 清水裕真，原田英治，五十里洋行，後藤仁志，伊賀修平：防波堤マウンド越流洗掘過程に関する水理実験及び数値解析，土木学会論文集 B2（海岸工学），Vol. 74, No. 2, pp. I_349-I_354, 2018.

5.2.58) 今瀬達也，前田健一，三宅達夫，鶴ヶ崎和博，澤田豊，角田紘子：捨石マウンド－海底地盤への津波浸透による混成堤の不安定化，土木学会論文集 B2（海岸工学），Vol. 67, No. 2, pp. I_551-I_555, 2011.

5.2.59) 今瀬達也，前田健一，三宅達夫，澤田豊，鶴ヶ崎和博，角田紘子，張鋒：地震および越流による地盤損傷を考慮した津波力を受ける混成堤の支持力破壊検討，土木学会論文集 B2（海岸工学），Vol. 68, No. 2, pp. I_866-I_870, 2012.

5.2.60) 大家隆行，WANG Dong，高谷岳志，荒木和博，LI Shaowu，後藤仁志，有川太郎：ISPH 法による越流に伴う防潮堤背後の洗掘計算，土木学会論文集 B2（海岸工学），Vol. 71, No. 2, pp. I_253-I_258, 2015.

5.2.61) Gotoh, H., Khayyer, A., Ikari, H., Arikawa, T., and Shimosako, K.: On enhancement of Incompressible SPH method for simulation of violent sloshing flows, Applied Ocean Res., Vol. 46, pp. 104-115, 2014.

5.2.62) 三通田脩人，有川太郎：ISPH 法による護岸前面洗掘現象の検討，土木学会論文集 B2（海岸工学），Vol. 72, No. 2, pp. I_595-I_600, 2016.

5.2.63) 上島浩史，佐藤愼司：津波越流に対する海岸堤防背後の洗掘とその対策に関する研究，土木学会論文集 B2（海岸工学），Vol. 74, No. 2, pp. I_355-I_360, 2018.

5.2.64) 後藤仁志，鈴木高二朗，五十里洋行，有川太郎，Abbas KHAYYER，鶴田修己：高精度粒子法を用いた高機能型数値波動水槽の開発，土木学会論文集 B2（海岸工学），Vol. 73, No. 2, pp. I_25-I_30, 2017.

5.2.65) 鶴田修己，Abbas KHAYYER，後藤仁志，鈴木高二朗：高精度粒子法を用いた防波堤の津波越流洗掘のための粒子堆積モデルの開発，土木学会論文集 B2（海岸工学），Vol. 74, No. 2, pp. I_151-I_156,

2018.

5.2.66) 前野詩朗，小川誠，Lechoslaw G. Bierawski：VOF-DEM-FEM 連成モデルによる潜堤の挙動解析，
海岸工学論文集，第 53 巻，pp. 886-890，2006.

5.2.67) 山口敦志，前田健一，松田達也，高木健太郎：表層流れに起因する地盤の流動および間隙水圧変
化に関する DEM-CFD 解析，土木学会論文集 B2（海岸工学），Vol. 73, No. 2, pp. I_517-I_522, 2017.

5.3　流体と地盤の遷移領域の取扱い

5.3.1) Çeşmelioğlu, A. and Rivière, B.: Existence of a weak solution for the fully coupled Navier–Stokes/Darcy-
transport problem, Journal of Differential Equations, 252, 4138-4175, 2012.

5.3.2) Chidyagwai, P. and Rivière, B.: A two-grid method for coupled free flow with porous media flow, Advances in
Water Resources, 34, 1113-1123, 2011.

5.3.3) Badea, L., Discacciati, M. and Quarteroni, A.: Numerical analysis of the Navier–Stokes/Darcy coupling,
Numerische Mathematik, 115, 195-227, 2010.

5.3.4) Girault, V. and Rivière, B.: DG approximation of coupled Navier-Stokes and Darcy equations by Beaver-Joseph-
Saffman interface condition, SIAM Journal on Numerical Analysis, 47(3), 2052-2089, 2009.

5.3.5) Chidyagwai, P. and Rivière, B.: On the solution of the coupled Navier–Stokes and Darcy equations, Computer
Methods in Applied Mechanics and Engineering, 198, 3806-3820, 2009.

5.3.6) Cai, M., Mu, M. and Xu, J.: Numerical solution to a mixed Navier–Stokes/Darcy model by the two-grid approach,
SIAM Journal on Numerical Analysis, 47(5), 3325-3338, 2009.

5.3.7) Urquiza, J.M., N'Dri, D., Garon, A. and Delfour, M.C.: Coupling Stokes and Darcy equations, Applied
Numerical Mathematics, 58, 525-538, 2008.

5.3.8) Mu, M. and Xu, J.: A two-grid method of a mixed Stokes-Darcy model for coupling fluid flow with porous media
flow, SIAM Journal on Numerical Analysis, 45(5), 1801-1813, 2007.

5.3.9) Beavers, G.S. and Joseph, D.D.: Boundary conditions at a naturally permeable wall, Journal of Fluid Mechanics,
30(1), 197-207,1967.

5.3.10) Saffman, P.G.: On the boundary condition at the surface of a porous medium, Studies in Applied Mathematics,
50, 93-101, 1971.

5.3.11) Neale, G. and Nader, W.: Practical significance of Brinkman's extension of Darcy's law: Coupled parallel flows
within a channel and a bounding porous medium, The Canadian Journal of Chemical Engineering, 52, 475-478,
1974.

5.3.12) Bars, M.L. and Worster, M.G.: Interfacial conditions between a pure fluid and a porous medium: implications
for binary alloy solidification, Journal of Fluid Mechanics, 550, 149-173, 2006.

5.3.13) Ochoa-Tapia, J. and Whitaker, S.: Momentum transfer at the boundary between a porous medium and a
homogeneous fluid: I. theoretical development, International Journal of Heat and Mass Transfer, 38, 2635-2646,
1995a.

5.3.14) Ochoa-Tapia, J. and Whitaker, S.: Momentum transfer at the boundary between a porous medium and a
homogeneous fluid: II. comparison with experiment, International Journal of Heat and Mass Transfer, 38, 2647-
2655, 1995b.

5.3.15) Yu, P., Lee, T.S., Zeng, Y., Low, H.T.: A numerical method for flows in porous and homogenous fluid domains
coupled at the interface by stress jump. Int. J. Numer. Meth. Fluids, 53, 1755-1775, 2007.

5.3.16) Fujisawa, K. and Murakami, A.: Numerical analysis of coupled flows in porous and fluid domains by the Darcy-
Brinkman equations, Soils and Foundations, 58(5), 1240-1259, 2018.

5.3.17) Kobayashi, H.: The subgrid-scale models based on coherent structures for rotating homogeneous turbulence and turbulent channel flow, Phys. Fluids, 17, 045104, 2005.

5.4　粒子法による底質土砂輸送

5.4.1) Cundall, P. A. and Strack, O. D. L.: A discrete numerical model for granular assemblies, *Géotechnique*, Vol. 29, No. 1, pp. 47-65, 1979.

5.4.2) 小林敏雄：数値流体力学ハンドブック，丸善，723 p.，2003.

5.4.3) 後藤仁志：数値流砂水理学 –粒子法による混相流と粒状体の計算力学–，森北出版，223 p.，2004.

5.4.4) Yeganeh, A., Gotoh, H. and Sakai, T.: Applicability of Euler-Lagrange coupling multiphase-flow model to bed-load transport under high bottom shear, *J. Hydrau. Res.*, Vol. 38, No. 5, pp. 389-398, 2000.

5.4.5) Drake, T. G. and Calantoni, J.: Discrete particle model for sheet flow sediment transport in the nearshore, *J. Goophys. Res.*, Vol. 106, No. C9, pp. 19,859-19,868, 2001.

5.4.6) Calantoni, J. and Thaxton, C. S.: Simple power law for transport ration with bimodal distributions of coarse sediments under waves, *J. Goophys. Res.*, Vol. 113, C03003, 2008.

5.4.7) El Shamy, U., and Zeghal, M.: Coupled continuum-discrete model for saturated granular soils, *J. Eng. Mech.*, **131**(4): 413–426. (2005)

5.4.8) Suzuki, K., Bardet, J.P., Oda, M, Iwashita, K., Tsuji, Y., Tanaka, T. and Kawaguchi, T. Simulation of upward seepage flow in a single column of spheres using Discrete-Element Method with fluid-particle interaction, *J. Geotech. Geoenviron. Eng.*, Vol. 133, No. 1, pp. 104-109, 2007.

5.4.9) Peskin, C. S.: Numerical analysis of blood flow in the heart, *J. Comput. Phys.*, Vol. 25, pp. 220-252, 1977.

5.4.10) Kajishima, T. and Takiguchi, S.: Interaction between particle clusters and particle-induced turbulence, *Int. J. Heat Fluid Flow*, Vol. 23, pp. 639-646, 2002.

5.4.11) Tsuji, T., Narutomi, R., Yokomine, T., Ebara, S. and Shimizu, A.: Unsteady three-dimensional simulation of interactions between flow and two particles, *Int. J. Multiphase Flow*, Vol. 29, No. 9, pp. 1431-1450, 2003.

5.4.12) 秋山守，有富正憲：新しい気液二相流数値解析 -多次元流動解析-，コロナ社，261 p.，2002.

5.4.13) 牛島省，竹村雅樹，山田修三，禰津家久：非圧縮性流体解析に基づく粒子-流体混合系の計算法（MICS）の提案，土木学会論文集，740/II-64，pp. 121-130，2003.

5.4.14) 山田修三，牛島省，禰津家久：遮蔽効果を伴う物体初期移動過程に対する MICS による数値計算，水工学論文集，第 49 巻，757-762，2005.

5.4.15) 原田英治，鶴田修己，後藤仁志：混合粒径シートフロー漂砂の鉛直分級過程の固液混相流型 LES，土木学会論文集 B2（海岸工学），Vol. 67，No. 2，pp. I_471-I_475，2011.

5.4.16) Fukuoka, S.: Prediction of three-dimensional movement of gravel particles in a movable-bed numerical channel, *THESIS 2013*, France, 2013.

5.4.17) Ginglod, R. A. and Monaghan, J. J.: Smoothed particle hydrodynamics: theory and application to non-spherical stars, *Mon. Not. R. Astron. Soc.*, Vol. 181, pp. 375-389, 1977.

5.4.18) Koshizuka, S. and Oka, Y.: Moving-particle semi-implicit method for fragmentation of incompressible fluid, *Nuclear Sci. Eng.*, Vol. 123, pp. 421-434, 1996.

5.4.19) 太田光浩，酒井幹夫，島田直樹，本間俊司, 松隈洋介：混相流の数値シミュレーション，丸善出版，149 p.，2015.

5.4.20) 後藤仁志：粒子法 連続体・混相流・粒状体のための計算科学，森北出版，289 p.，2018.

5.4.21) Inman, D. L.: Wave-generated ripples in nearshore sands, U.S. Army Corps of Eng., Beach Erosion Board, Tech. Memo 100, 1957.

5.4.22) Bagnold, R. A.: Motion of waves in shallow water, interaction between waves and sand bottoms, Proceedings of the Royal Society of London Series A, Vol. 187, pp. 1–15, 1946.

5.4.23) Mogridge, G. R., and Kamphuis, J. W.: Experiments on bedform generation by wave action, In Proc 13th Conf, edited by Am. Soc. Civ. Engr, Vancouver, Canada, pp. 1123–1142, Coastal Engineering, 1972.

5.4.24) Sleath, J. F. A.: On rolling grain ripples. *Journal of Hydraulic Research*, Vol. 14, pp. 69-81, 1976.

5.4.25) Dingler, J. R., and Inman, D. L.: Wave-formed ripples in nearshore sands, In Proc. 15th Conf. edited by Am. Soc. Civ. Engr, Honolulu, Hawaii, pp. 2109–2126, Coastal Engineering, 1976.

5.4.26) Harada,E., Tazaki, T. and Gotoh, H.: Numerical investigation of ripple in oscillating water tank by DEM-MPS coupled solid-liquid two-phase flow model, *Journal of Hydro-environment Research*, Vol. 32, pp. 26-47, 2020.

5.4.27) 後藤仁志，鶴田修己，原田英治，五十里洋行，久保田博貴：固液混相流解析のための DEM-MPS 練成手法の提案，土木学会論文集 B2（海岸工学），Vol. 68，No. 2，pp. I_21-I_25，2012.

5.4.28) Khayyer, A. and Gotoh, H.: Modified moving particle semi-implicit methods for the prediction of 2D wave impact pressure, *Coastal Engineering*, Vol. 56, No. 4, pp. 419-440, 2009.

5.4.29) Khayyer, A. and Gotoh, H.: A higher order Laplacian model for enhancement and stabilization of pressure calculation by the MPS method, *Applied Ocean Research*, Vol. 32, No. 1, pp. 124-131, 2010.

5.4.30) Khayyer, A. and Gotoh, H.: Enhancement of stability and accuracy of the moving particle semi-implicit method, *Journal of Computational Physics*, Vol. 230, No. 8, pp. 3093-3118, 2011.

5.4.31) Tsuruta, N., Khayyer, A. and Gotoh, H.: A short note on dynamic stabilization of moving particle semi-implicit method, *Computers & Fluids*, Vol. 82, No. 15, pp. 158-164, 2013.

5.4.32) Harada, E., and Gotoh, H.: Computational mechanics of vertical sorting of sediment in sheetflow regime by 3D granular material model, *Coastal Engineering Journal*, Vol. 50, No. 1, pp. 19-45, 2008.

5.4.33) Ergun, S.: Fluid flow through packed columns, *Chemical Engineering Progress*, Vol. 48, pp. 89-94, 1952.

5.4.34) Wen, C. Y. and Yu, Y., H.: Mechanics of fluidization, *Chemical Engineering Progress Symposium Series*, Vol. 62, pp. 100-111, 1966.

5.4.35) Ayrton, H., and Ayrton, W. E.: The origin and growth of ripple-mark. Proceedings of the Royal Society of London. Series A, Containing Papers of a Mathematical and Physical Character, Vol. 84, No. 571, pp. 285-310, 1910.

5.4.36) 河野眞，田﨑拓海，原田英治，後藤仁志：高精度粒子法による振動流下リップル初期形成過程の検討，2020 年度土木学会関西支部年次学術講演会講演概要集，II-49，2020.

5.5 格子法による地盤の波浪応答

5.5.1) 蒋勤，高橋重雄，村西佳美，磯部雅彦：波・地盤・構造物の相互作用に関する VOF-FEM 予測モデルの開発，海岸工学論文集，第 47 巻，pp. 51-55，2000.

5.5.2) 有川太郎，山田文則，秋山実：3 次元数値波動水槽における津波波力に関する適用性の検討，海岸工学論文数，第 52 巻，pp. 46-50，2005.

5.5.3) 中村友昭，水谷法美：地形変化の影響を考慮した地盤解析手法の開発とその適用，土木学会論文集 B2（海岸工学），Vol. 69，No. 2，pp. I_1026-I_1030，2013.

5.5.4) Bear, J.: Dynamics of Fluids in Porous Media, American Elsevier Pub. Co., New York, p. 166, 1972.

5.5.5) van Gent, M. R. A.: Wave Interaction with Permeable Coastal Structures, Ph.D. thesis, Delft University, 177 p., 1995.

5.5.6) 水谷法美，前田健一郎，Ayman M. Mostafa，William G. McDougal，透水性構造物の抵抗係数の評価と波・潜水透水性構造物の非線形相互作用の数値解析，海岸工学論文集，第 43 巻，pp. 131-135，1996.

5.5.7) Sarpkaya, T.: Vortex shedding and resistance in harmonic flow about smooth and rough circular cylinders at high Reynolds numbers, Naval Postgraduate School, Monterey, California, 1976.

5.5.8) 鹿島遼一, 榊山勉, 松山昌史, 関本恒浩, 京谷修：安定限界を越える波浪に対する消波工の変形と防波機能の変化について, 海岸工学論文集, 第39巻, pp. 671-675, 1992.

5.5.9) 榊山勉, 小笠原正治：潜堤による衝撃砕波力の低減と実験スケール効果, 海岸工学論文集, 第40巻, pp. 746-750, 1993.

5.5.10) Gu, Z. and Wang, H.: Gravity waves over porous bottoms, Coastal Eng., Vol. 15, pp. 497-524, 1991.

5.5.11) 高橋重雄, 鈴木高二朗, 村西佳美, 磯部雅彦：波・地盤・構造物の相互作用に関するU-□形式VOF-FEM（CADMAS GEO-SURF）の開発, 海岸工学論文集, 第49巻, pp. 881-885, 2002.

5.5.12) 中村友昭, 趙容桓, 水谷法美：不飽和地盤へ適用可能なVOF法に基づく数値計算モデルの開発と不飽和地盤の浸透, 侵食現象への適用, 土木学会論文集B3（海洋開発）, Vol. 75, No. 2, pp. I_229-I_234, 2019.

5.5.13) 吉川高広, 野田利弘, 小高猛司, 崔瑛：空気〜水〜土骨格連成有限変形解析を用いた不飽和浸透模型実験の数値シミュレーション, 第26回中部地盤工学シンポジウム, pp. 13-18, 2014.

5.5.14) 杉井俊夫, 山田公夫, 奥村恭：高飽和時における砂の不飽和透水係数に関する考察, 平成13年度土木学会中部支部研究発表会講演概要集, III-6, pp. 267-268, 2002.

5.5.15) 與田敏昭：河川堤防の越流侵食のメカニズムに関する研究, 京都大学学位論文, 148 p., 2014.

6. 今後の課題

　現在は、地球温暖化や気候変動等により、将来の居住環境の安全性が不透明な時代であり、そのため、科学技術による長期的な予測、それに基づく適応策の検討が、ますます重要な役割を担うようになってきた。居住環境の挙動を予測していくためには、土、水、コンクリート、鉄のほか、様々な物質から構成されている複雑な構造の予測技術の向上が必須となる。また、現段階においては、そういった複雑な構造の予測に対して、統一的に考えられるようなシステムは未だ確立されていないため、様々な工夫をして検討することとなる。その例の代表的なものが模型実験や、数値計算である。

　しかし、特に土木構造物のように大きな構造物を取り扱う場合、そのままのスケールで実験を実施することは難しく、通常は実物より小さな模型を用いた実験を行う。また、数値計算においては、複数の基礎方程式を連成させて計算する手法が現在は主流である。このように、いずれの場合においても、何かしらの仮定もしくは制約条件の中で得られた結果から、現実世界で生じることを推測することとなる。

　そのため、模型実験であれば、縮小して行っている実験を、どのように現地のスケールに戻すのかという相似則の問題が発生し、数値計算であれば、基礎方程式の妥当性もさることながら、境界条件の取扱いや方程式のなかの係数の取扱いが問題となる。そもそも、同じ方程式でも状況が異なれば相似則も異なるうえに、構成している基礎方程式も異なることがあるという、とても複雑な問題を扱うことになる。

　そのような視座のもと、本書は、沿岸域の波動と地盤の複合場における相互作用を取り扱うための方策について、模型実験、その際の相似則、そして、数値計算手法についてまとめたものである。具体的な事例検証として、防波堤下部の吸い出し現象、および、砂浜の養浜をとりあげた。それぞれの現象における模型縮尺の考え方について検討した。以下に、課題について列挙する。詳細は各章を参照していただきたい。

　第2章の模型実験では、水理模型実験について、海岸および地盤の両方の視点からまとめており、着目している現象の違いから実験方法の発展の仕方が変わっているということが分かる。これは、模型を縮小するにあたり制約条件が変わってくるからである。一方で、統一された実験手法の確立までには至っていないのが現状であり、地盤材料の特性を十分に考慮しきれていないため、今後もさらなる工夫を行い向上させていくことが課題となる。また、模型実験を行う場合、洗掘、侵食、吸出し等の作用に伴う進行速度や地形が均衡状態に至るまでの時間の相似性が未だ不明確であることは認識しておく必要がある。

　第3章の相似則についての検討では、異なる実験方法に応じた相似則、実験目的に応じた相似則、実験の材料の材質に応じた相似則などについてまとめられている。ここからも、統一することの困難さをうかがい知ることができる。また、地形の最終形状など定常になった際の相似則も検討事例によって異なるが、変形過程や履歴特性などが重要となるような場合において、その時間の相似比に対しては、検討事例が不足しており、取扱いには注意が必要

である。この点については、遠心力場での実験による解決が一つ大きな鍵を握る可能性があると思われ期待されるところである。

　第4章では、具体的な事例検討を行い、相似則をどう適用すると良いのかということを明らかにしている。吸い出し現象のように、表層における砂の挙動については、模型縮尺の効果は、砂の粒径についてディーン数を適用することで、吸い出し形状がうまく表現できることが分かった。一方で、養浜盛土のような場合、変形過程における時間の相似比については、養浜盛土の変形過程において生じる各現象の機構に応じて決める必要があり、さらに、不飽和土については、不飽和地盤の特性を考慮した相似則の適用が必要となる。気相も含めた複合的な事象であり、今後、実験手法も含めて、検討していく必要があるだろう。

　また、本書では議論が収束に至らず掲載できなかったものに、海岸砂浜の変形問題のような移動床実験の問題が挙げられる。移動床模型実験で現地の洗掘現象などを再現する場合、外力となる水位や流速についてはフルード則を適用しても、洗掘深や洗掘時間がフルード則にならないことがあることが委員会において議論となった。そのため、模型実験で得られた変形課程をどのように現地スケール換算すればよいのかについて、引き続き検討していく必要がある。これらのことが解明されることで、海岸における砂の堆積、侵食過程に応用され、メカニズムの解明や漂砂予測の向上につながることが期待される。

　最後に、第5章では、数値計算手法についてまとめた。現在においては、境界条件の取扱いや計算機そのものの発展に伴って、様々な検証ができるようになっている。まだ、その統一的な取扱いには課題が残るものの、一方で、格子サイズなど計算解像度と計算機の性能の制約は、未だ大きいと感じる。1mm以下の格子サイズを用いることができるようになってくると、砂の挙動を含めて、精度がよくなると期待されるが、現段階においては、10mmつまり1cmの格子サイズ程度の計算においても、実験室レベルの再現を計算するには、計算コストが高い。その1000倍以上を望むとすると、ムーアの法則からすると、15年〜20年後ぐらいには、そういうレベルの計算が可能となり、より現象の理解が進むと予想される。

　波動と地盤の複合現象に対する研究は、まだまだこれからであるが、相似則などを整理し、実験手法、計算手法の現状を示すことで、今後の課題も見えてきたと思われる。まとめると、遠心力場を用いた実験などをうまく活用しながら、メカニズムを明らかにし、かつ、数値計算の高度化を図り、変形過程や履歴特性なども考慮できる汎用的な相似則を確立することが、次の10年の課題となるのではないかと思われる。また、計算機の将来からバックキャスティングして考えることで、どのような実験データを取得していくべきかを検討することで、実験技術そのものも高度化していくことが期待される。本書を読み、そのような研究に取り組む技術者がさらに増えることを切に願う。

定価 1,320 円（本体 1,200 円＋税 10%）

水理模型実験の理論と応用－波動と地盤の相互作用－

令和 3 年 9 月 15 日　　第 1 版・第 1 刷発行

編集者……公益社団法人　土木学会
　　　　　海岸工学委員会　水理模型実験における地盤材料の取扱方法に関する
　　　　　研究小委員会
　　　　　　委員長　有川　太郎
発行者……公益社団法人　土木学会　専務理事　塚田　幸広

発行所……公益社団法人　土木学会
　　　　　〒160-0004　東京都新宿区四谷 1 丁目（外濠公園内）
　　　　　TEL　03-3355-3444　FAX　03-5379-2769
　　　　　http://www.jsce.or.jp/
発売所……丸善出版株式会社
　　　　　〒101-0051　東京都千代田区神田神保町 2-17
　　　　　TEL　03-3512-3256　FAX　03-3512-3270

©JSCE2021／Coastal Engineering Committee
ISBN978-4-8106-1037-6
印刷・製本：昭和情報プロセス（株）　用紙：京橋紙業（株）

オンライン土木博物館

ドボ博
DOBOHAKU
www.dobohaku.com

オンライン土木博物館「ドボ博」は、ウェブ上につくられた全く新しいタイプの博物館です。

ドボ博では、「いつものまちが博物館になる」をキャッチフレーズに、地球全体を土木の博物館に見立て、独自の映像作品、貴重な図版資料、現地に誘う地図を巧みに融合して、土木の新たな見方を提供しています。

展示内容の更新や「学芸員」のブログ、関連イベントなどの最新情報をドボ博フェイスブックでも紹介しています。

あらゆる境界をひらき
持続可能な社会の礎を築く

公益社団法人 土木學會
Japan Society of Civil Engineers